Essence

BEAUTY NUTRITION

미용영양학

메디시인

머리말

인간의 아름다움에 대한 열망은 역사 이래 가장 큰 관심사이며, 아름다워지고 아름다움을 표현하고자 하는 노력은 인류의 역사가 지속되는 한 끊임없이 계속될 것입니다.

피부는 일차적으로 영양상태를 가장 잘 표현하는 기관이므로 일생동안 피부를 건강하게 관리하여 아름다움을 유지하기 위해서는 균형잡힌 식생활을 통한 영양관리가 가장 중요합니다.

식품섭취를 통한 피부관리는 체내에서 소화 흡수되는 대사과정을 거치므로 눈에 보이는 효과를 나타내기에는 시간이 소요될 수 있으나, 인체에서 가장 부작용이 없고 일생동안 안전하고 무해합니다.

식품도 균형있게 섭취하지 않으면 오히려 해가 될 수 있으므로 식품이 지닌 영양소에 대한 지식을 습득하여야 합니다. 예를 들어 지방이 많은 식품을 과잉섭취하면 비만이나 지루성 피부염, 탈모, 고지혈증, 동맥경화증 등의 원인이 됩니다. 그러나 지방을 섭취하지 않으면 필수지방산 결핍으로 인해 피부가 거칠어지고 피부질환도 유발되며 감염에 노출되고 상처 치유 등의 면역기능이 저하됩니다.

탄수화물 식품도 섭취하지 않으면 체내에 열량을 공급하지 못하여 여러 기능을 수행할 수 없지만 너무 많이 섭취하면 여드름이나 비만 등의 원인이 될 수 있습니다. 즉, 식품이 함유한 영양소를 과잉되거나 부족하지 않게 섭취하는 것이 피부건강에 중요합니다.

진정한 아름다움은 외면의 아름다움과 건강한 정신에서 우러나오는 내면의 아름다움이 조화를 이뤄야 완성될 수 있습니다. 외적인 아름다움은 피부를 깨끗하게 가꿈으로써 나타납니다. 피부 상태는 영양적 · 정신적 · 육체적 상태에 의해 크게 영향을 받습니다. 바른 식생활을 통해서 영양이 균형을 이루면 신체가 건강하고, 스트레스를 이겨내는 정신력을 갖게 되며, 운동 등으로 생활습관을 건전하게 하면 질병도 예방되고 노화도 억제할 수 있어서 삶의 질을 향상시킬 수 있습니다.

이를 위해 식품이 가진 영양소와 기능, 대사과정을 거치는 동안 인체에 미치는 영향 등에 대한 지식을 습득하는 것은 아름다움을 추구하는 미용 관련 모든 분들에게 매우 중요합니다.

〈미용 영양학〉은 현대사회에 필요한 새로운 학문의 흐름이며, 이 새로운 시대 조류에 맞추어 건강하고 아름다운 피부를 위한 바람직한 영양생활에 대해 연구하는 학문입니다.

이 책의 구성내용은 다음과 같습니다.

첫째, 피부와 모발에 필수적인 영양소의 종류, 기능, 소화 · 흡수 및 대사, 함유된 식품에 대한 지식을 제공하여 건강한 식생활에 도움을 주고 실생활과 직업 등 중요한 분야에 적용할 수 있게 합니다.

둘째, 피부와 모발에 대한 기초적인 과학지식을 잘 이해할 수 있게 하였으며, 영양소와 관련된 피부 질환－비만, 색소질환, 자외선의 영향 등－에 대한 영양관리방법을 체계적으로 정리하였습니다.

셋째, 허브나 기능성 식품에 대한 지식과 최근에 많은 관심을 받고 있는 대체의학의 내용도 미용 분야에서는 꼭 필요하므로 학문적으로 검증된 분야 위주로 비중있게 다루었습니다.

넷째, 부록에는 국제화 시대에 뷰티 분야에서 취득할 수 있는 피부미용 · 영양관련 분야 국제자격증 시험 예와 과목, 2020년 한국인 영양섭취기준 등 다양한 자료를 넣어 미용 영양학에 대한 이해를 도왔습니다.

이 책이 피부를 전공하는 분들과 건강 · 보건 관련분야에 종사하는 분들, 아름다움과 건강에 관심있는 모든 분들에게 도움이 되기를 기대합니다.

이 책이 나오기까지 미용 관련하여 자료와 아이디어를 제공해 준 고수민 선생님과 책 출간에 도움을 주신 메디시언 가족에게 진심으로 감사한 마음을 전합니다.

신축년 만추에 한 정 순

차례

차례

차례

Chapter 08 피부질환과 영양

차례

Contents

PART III 체내 대사와 미용

Chapter 10 에너지 대사와 체중

Chapter 11 미용을 위한 통합요법

차례

Contents

Chapter 13 미용 영양 소재

부록

Part I 아름다움과 영양

Chapter 1 미용 영양학

Chapter 1

미용 영양학

1. 미용 영양학의 개요

아름다움에 대한 추구는 인류가 탄생한 이래로 가장 보편적인 관심사이다.

아름다움의 기준은 시대와 문화에 따라 변천되어 왔다. 현대인들은 아름다움의 첫째 조건으로 육체적 · 정신적으로 질병 없는 건강함을 꼽는다. 건강은 우리 체내에 필요한 영양소를 함유한 식품섭취를 통한 식생활과 운동, 스트레스를 극복하는 생활습관을 통해 유지할 수 있다. 건강한 식생활은 우리 인체에서 가장 큰 면역기관인 피부에 영양소를 공급하여 피부를 아름답게 하고 건강하게 한다.

잘못된 식생활과 과다한 음주, 흡연, 자외선 등은 영양불균형과 체내 대사를 교란해 면역기능을 약화시키고 여러 가지 대사질환과 피부의 손상과 노화의 원인이 된다. 한 예로 지방을 과잉으로 섭취하면 비만이나 지루성 피부염, 탈모, 이상지질혈증, 동맥경화증 등을 일으킨다. 그러나 지방을 섭취하지 않으면 필수지방산 결핍으로 인해 피부가 거칠어지고 각종 피부질환이 유발되며, 감염으로부터 보호하는 기능과 상처의 치유도 지연된다.

건강한 식생활을 통한 식습관은 단기간에 이룰 수 있는 것이 아니기 때문에 모체 내에 있는 태아기부터 수명을 다하는 순간까지 일생동안 지속되어야 한다.

진정한 아름다움은 외면의 아름다움과 건강한 정신에서 우러나오는 내면의 아름다움이 함께 조화를 이룰 때 완성된다. 또한 피부 상태는 영양적 · 정신적 · 육체적 요인에 영향을 많이 받으므로 피부를 깨끗하고 건강하게 유지하기 위해서는 각종 영양소가 골고루 함유된 식품을 섭취하고, 노화를 예방하기 위해 각종 항산화제가 풍부하게 들어 있는 피토케미컬 식품 등을 식생활에서 매일 공급받아야 한다. 즉, 건강하고 아름답기 위해서는 바른 식생활을 실천해 영양의 부족함이 없어야 한다. 또한 육체적 건강을 위해 운동을 하고 스트레스를 이겨내는 정신력을 기르는 등 생활습관을 건전하게 하는 것이 필요하다.

미용 영양학은 현대사회에서 요구하는 새로운 영양학의 흐름이며, 이러한 새로운 시대 흐름에 맞춰 건강하고 아름다운 피부를 위해 바람직한 식생활을 어떻게 하는 것이 피부건강에 바람직한지에 대해 연구하고 습득하는 학문이다.

그러므로 미용 영양학에서는 첫째로 피부와 모발에 필수적으로 필요한 영양소에 대한 지식, 둘째로 피부와 모발에 대한 기초 과학지식의 이해돕기, 셋째로 피부건강에 도움을 주고 있는 각종 항산화제 및 허브나 기능성 식품에 대한 정보, 넷째로 최근에 많은 관심과 연구가 되고 있는 대체의학 지식에 대한 정보를 제공하여 아름다움에 대한 새로운 패러다임을 제시하고자 한다.

2. 영양(Nutrition)과 영양소(Nutrient)

영양이란 살아 있는 유기체가 생명을 유지하고 성장 · 발달하기 위해 식품을 섭취해 체내에서 대사시켜 이용하는 모든 과정을 말한다. 즉, 우리는 바람직한 식생활을 통해 체내에 필요한 영양소를 섭취해 건강을 유지하고 있다.

영양소는 식품으로부터 공급되어 생명을 유지하고 신체를 구성하고 에너지를 공급함으로써 성장 · 발달, 생리기능 유지 및 건강에 필수적인 물질로 탄수화물, 단백질, 지질, 무기질, 비타민 및 물 등이 있다. 식이섬유도 중요한 영양소이다. 수분, 탄수화물, 단백질, 지질은 체내에 많이 필요하므로 다량영양소라고 하며 비타민과 무기질은 적은 양으로 생리기능을 조절하므로 미량영양소라 한다.

영양소 이외에도 식물성 식품에 들어 있는 피토케미컬(phytochemicals), 어류나 유제품 등에 들어있는 생리기능 활성 물질들을 섭취하면 건강에 도움이 되는데, 이런 식품들을 기능성 식품이라고 한다. 기능성 식품에는 암과 여성건강 및 골다공증의 위험 감소에 도움이 되는 콩을 비롯한 두류 제품 등이 있으며 불포화지방산이 많아 심혈관계 질환을 예방하고 생리기능을 지닌 어류가 있고, 그 밖에 토마토, 브로콜리나 마늘 등 다양한 식품들이 있다.

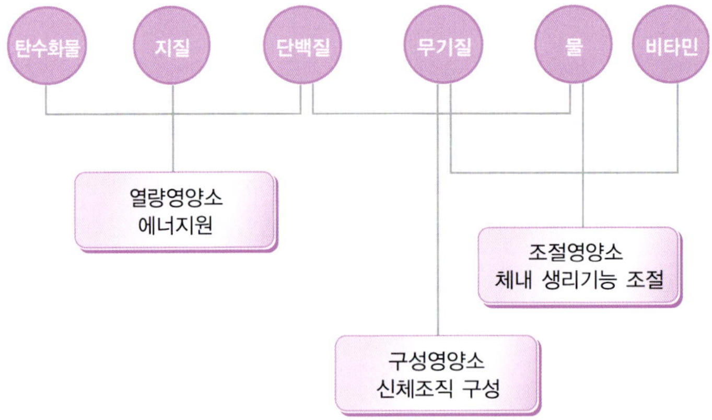

그림 1-1 영양소의 분류

1. 탄수화물(carbohydrates)

1. 탄수화물의 정의

탄수화물은 탄소, 수소, 산소로 구성된 유기화합물로 지질, 단백질과 함께 3대 영양소이다.

2. 탄수화물의 종류

(1) 단당류

단당류는 탄소수에 따라 삼탄당, 사탄당, 오탄당, 육탄당으로 분류한다. 자연계에 가장 많이 존재하는 단당류에는 포도당, 과당, 갈락토오스가 있다.

① 포도당(glucose)

식물은 클로로필을 함유해 물과 이산화탄소로 광합성을 하여 포도당을 합성하고 고분자 탄수화물을 만든다. 동물은 식물을 통해 섭취한 탄수화물을 분해하여 포도당을 얻는다.

포도당은 세포에 에너지를 공급하며, 사용되고 남은 양은 지방으로 전환되어 열량을 장기간 저장하는 데 사용된다. 소량은 글리코겐으로 전환되어 저장되며, 녹말(전분)이나 맥아당 등의 최종 가수분해산물이 된다.

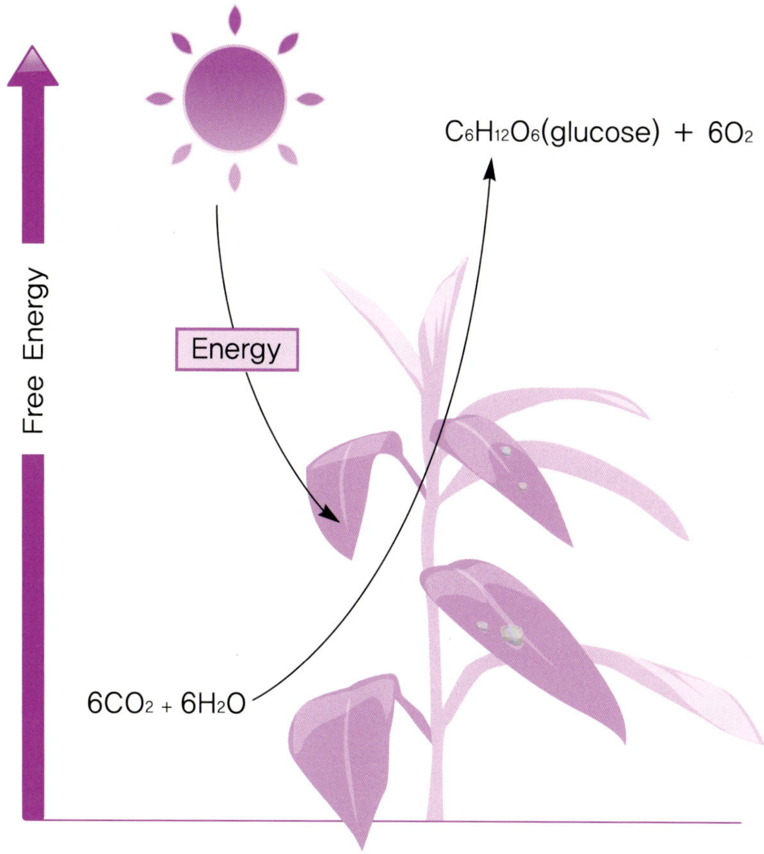

그림 1-2 식물의 광합성에 의한 포도당 합성

② 과당(fructose)

벌꿀, 과즙, 고과당 옥수수시럽 등에 들어 있으며 가장 당도가 높다.

③ 젖당(galactose)

유당을 구성하며 유즙에 주로 있다. 당지질과 당단백질의 성분으로 세포막을 구성한다.

④ 리보오스(ribose)

핵산(RNA 구성물질), 조효소의 구성성분(NAD, FAD), ATP의 구성성분이다.

(2) 이당류

두 분자의 단당류가 결합해 생성된다.

① 서당(sucrose)

포도당과 과당이 각각 한 분자씩 결합해 만들어진다. 사탕수수나 사탕무에 들어 있다.

② 맥아당(maltose)

두 분자의 포도당이 결합된 것으로 전분이 소화되는 과정에서 형성된다.

③ 유당(lactose)

포도당과 갈락토오스가 결합된 것으로 과량을 섭취하거나 유당분해효소가 부족하면 소화되기 어렵다.

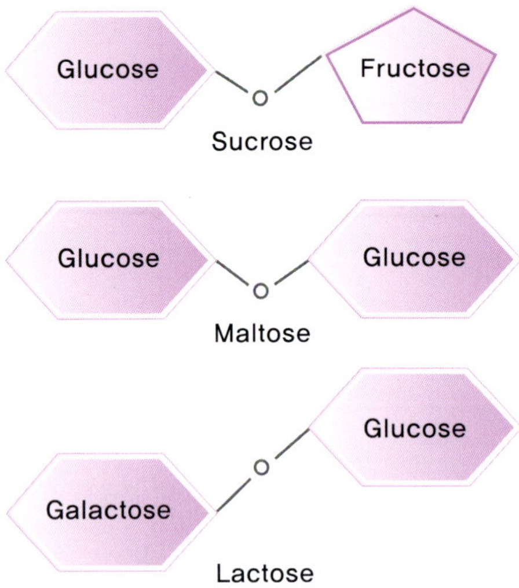

그림 1-3 영양소의 분류

(3) 올리고당류(소당류)

3~10개의 단당류로 구성되어 있으며 당단백질이나 당지질의 구성성분이다.

① 라피노스(raffinose)

갈락토오스–포도당–과당으로 구성되어 있다. 면실이나 사탕무의 당밀에 들어 있다.

② 스타키오스(stachyose)

갈락토오스–갈락토오스–포도당–과당으로 구성되어 있으며, 콩류 등에 많다.

(4) 다당류

① 단순다당류

• 전분(starch)

포도당이 수십 개에서 수천 개 이상이 결합된 중합체로 아밀로오스(amylose－포도당 α-1, 4 결합으로만 이루어진 사슬 모양 구조)와 아밀로펙틴[amylopectin(포도당이 α-1, 4 결합으로 이루어지다가 중간에 α-1, 6 결합에 의해 가지를 친 구조)]이 있다.

• 덱스트린(dextrin)

전분을 산, 효소, 열로 가수분해할 때에 생성되는 분해생성물이다. 가용성전분, 아밀로덱스트린(amylodextrin), 에리트로덱스트린(erythrodextrin), 아크로덱스트린(achrodextrin)을 거쳐 말토덱스트린(maltodextrin)으로 분해된다.

• 글리코겐(glycogen)

포도당이 α-1, 4 결합된 구조에 α-1, 6 결합이 가지를 치고 있으나, 전분보다 가지가 더 많아 효소들이 동시에 당 결합을 가수분해하여 포도당을 필요할 때에 신속히 공급할 수 있다. 동물의 에너지 저장 형태(간에 100 g, 근육에 250 g 저장)이다. 간과는 달리, 근육에는 포도당을 혈액으로 방출하는 데 필요한 효소가 부족해 근육 글리코겐에서 생성된 포도당은 근육활동을 위해서만 사용된다.

• 셀룰로오스(cellulose)

포도당이 β-1, 4 결합으로 이루어진 구조이다. 인체 내에 소화효소가 없어서 에너지원으로 이용되지 않으나 장운동을 원활히 하여 배변을 촉진한다. 반추동물은 셀룰라아제(cellulase)가 있어 포도당으로 분해한다.

② 복합다당류

• 한천(agar)

인체에는 소화효소가 없어 소화되지 않으며 연동운동을 촉진하며 변비를 예방한다.

• 헤미셀룰로오스(hemicellulose)

인체 내에 소화효소가 없어 소화되지 않으며 장 통과시간을 감소시키고 분변량을 증가시킨다.

• 펙틴(pectin)

변비에 효과적이며, 포도당 흡수를 지연시키고 콜레스테롤의 흡수를 억제한다.

과일 · 채소류에 많다.

• β–글루칸

포도당 분자의 분지형 사슬로 이루어진 비전분 다당류이다

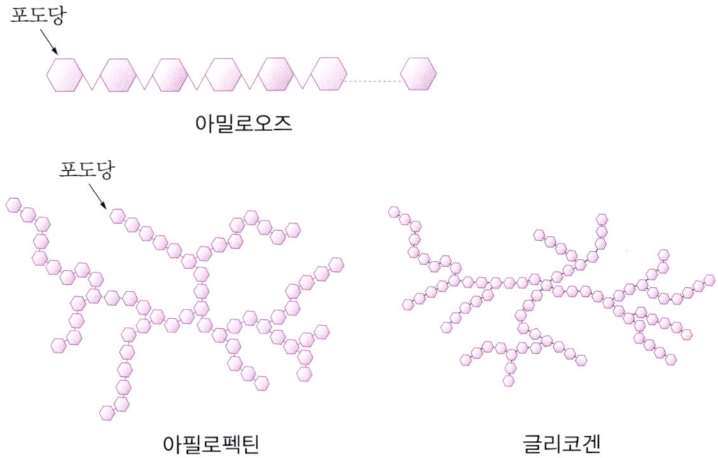

그림 1–4 전분과 글리코겐의 구조

3. 탄수화물의 기능

(1) 에너지 급원

탄수화물은 1 g당 4 kcal의 에너지를 공급하며 소화 · 흡수율은 98% 정도이다. 특히 뇌, 적혈구, 신경세포는 포도당만을 에너지원으로 이용한다. 그러므로 이들 세포의 기능 유지를 위해서도 탄수화물의 섭취는 꼭 필요하다.

성인의 경우에 2020년 한국인 영양소 섭취기준에서는 1일 섭취 에너지의 55~65%를 권장한다.

(2) 단백질 절약작용(protein sparing action)

식사에서 적절한 열량공급을 받지 못하면, 체조직의 구성과 보수에 사용하여야 할 단백질이 열량원으로 사용된다. 그러므로 당질을 충분히 섭취하면 단백질을 절약할 수 있다.

(3) 지질 대사의 조절

당질 섭취가 부족하면 체지방이 에너지원으로 이용된다. 이때 다량의 아세틸

CoA가 생성된다. 아세틸 CoA가 과다 생성되면 옥살로 아세트산이 상대적으로 부족하게 되어 TCA 회로로 들어가지 못하고 탈수 · 축합하여 아세톤, 아세토아세트산, β–하이드록시 부티르산 등의 케톤체(ketone body)를 생성한다. 합성된 케톤체는 혈류를 따라 뇌, 심장, 골격근육, 신장 등으로 이동하여 에너지로 사용된다.

케톤체는 포도당을 절약하고 근육 손실을 방지한다. 그러나 케톤체는 혈액을 산성화하고 식욕상실 등의 다양한 증상을 유발하는 케톤증(ketosis)을 일으킨다. 그러므로 케톤증 예방을 위해서 적어도 1일 100 g 이상의 당질 섭취가 필요하다.

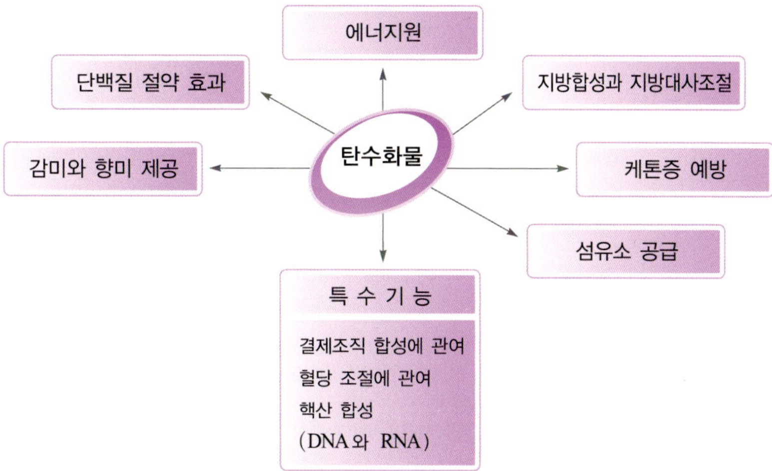

그림 1–5 탄수화물의 기능

(4) 혈당 유지

정상인의 혈당은 0.1%로 거의 일정하게 유지되고 있다.

(5) 감미 제공

단맛을 제공하며 감미도는 설탕의 단맛을 100으로 하였을 때, 과당 170, 전화당 130, 포도당 74, 맥아당 33, 유당 16이다.

(6) 섬유소의 공급

셀룰로오스(cellulose), 헤미셀룰로오스(hemicellulose), 펙틴(pectin), 그리고 검(gum) 등을 공급한다. 장운동을 원활하게 하며, 콜레스테롤 등의 흡수를 억제하여 동맥경화증이나 이상지질혈증 등을 예방한다.

4. 탄수화물의 소화

고분자 화합물인 탄수화물을 체내에 흡수되기 쉬운 형태로 바꾸는 것을 소화(digestion)라고 한다. 단당류 외에는 그 자체로 흡수되지 못하므로 다당류, 이당류는 단당류로 가수분해된다. 타액선에서 분비된 아밀라아제는 전분의 α-1, 4결합을 가수분해하여 덱스트린으로 바꾸며 소장에서 최종적으로 포도당으로 분해된다.

표 1-1 탄수화물의 소화

소화기관	효 소	분비기관	작 용
입	타액 아밀라아제	타액선	아밀로오스, 아밀로펙틴 → 덱스트린
위	없음		타액 아밀라아제의 활성이 저하된다. 연동운동 → chyme(유미즙) 형성
췌장	아밀라아제	췌장	아밀로오스 → 덱스트린 → 맥아당 아밀로펙틴 → 덱스트린 → 맥아당 + 한계 덱스트린
소장	말타아제(maltase)	소장벽	maltose → glucose + glucose
	수크라아제(sucrase)	소장벽	sucrose → glucose + fructose
	락타아제(lactase)	소장벽	lactose → glucose + galactose

* 한계 덱스트린: 3~4분자의 포도당이 아밀로펙틴처럼 α-1, 6 결합을 하고 있는 형태로 미세융모막 흡수세포 표면에서 합성되어 같은 장소에 있는 α-덱스트리나아제(α-dextrinase)에 의해 α-1, 6 결합이 분해된다.

5. 탄수화물의 흡수

소화된 영양소가 소장 점막의 상피세포 내로 들어가는 과정을 흡수(absorption)라고 한다. 당질의 흡수 형태는 단당류(포도당, 과당, 갈락토오스)이며 흡수율은 98%이다. 당질의 흡수 속도는 포도당의 흡수 속도를 100으로 볼 때, 갈락토오스 110, 과당 43, 만노오스 19, 자일로오스 15이다. 갈락토오스와 포도당은 능동수송으로, 과당은 촉진 확산에 의해 흡수된다.

6. 탄수화물과 건강

① 비만

정제된 당질 식품이나 설탕을 비롯하여 설탕이 함유된 식품을 많이 섭취하면 소비되고 남은 당이 지방으로 저장되어 비만이 될 수 있다.

② 당뇨병

당뇨병은 인슐린이 부족하거나 효율적으로 이용되지 않아 고혈당과 당뇨가 나타나는 만성대사 질환으로 정제된 당의 과잉 섭취로 인한 체중 과다와 비만으로 인해 발생하는 경우가 많다.

③ 유당불내증(lactose intolerance)

선천적으로 유당 분해효소인 락타아제(lactase)가 결핍됨으로써 우유나 유제품이 소화되지 않으므로 복부 경련이나 배에 가스가 차서 불편함 등의 증상을 유발하는 것으로 동양인에게 많다.

7. 식이섬유소(Dietary fiber)

사람의 체내 소화효소에 의해 가수분해되지 않는 고분자 화합물을 말한다.

(1) 식이섬유소의 종류

① 불용성 식이섬유

셀룰로스(Cellulose), 헤미셀룰로스(hemicellulose), 리그닌(lignin), 키틴(chitin) 등이 있다. 세포벽을 구성하고 장 내용물의 장내 통과시간을 단축하여 배변을 용이하게 한다.

② 수용성 식이섬유

식물성 검(gum), 해조다당류, 펙틴 등이 있다. 소장으로의 음식물 이동을 느리게 하여 포만감을 준다. 혈중 포도당 수준을 저하시키며 콜레스테롤의 흡수를 억제해 혈중 콜레스테롤을 저하시킨다.

대장에서 박테리아에 의해 분해되어 부티르산, 프로피온산, 초산 등의 단쇄지방산이 된 후에 흡수된다. 간으로 이동하여 콜레스테롤 합성을 억제한다. 과일, 채소, 두류 등에 많이 들어 있다.

(2) 식이섬유소의 생리기능

포만감이 있어 비만인에게는 체중조절 효과가 있다. 정장작용, 대장암 예방, 혈중 콜레스테롤의 저하, 포도당의 흡수를 억제하여 혈당이 급격하게 상승하는 것 등을 막아 준다. 당뇨병을 예방할 수 있으며 치료에도 도움이 된다. 그러나 영양소의 흡수를 방해하며, 복부 팽만감 등을 유발할 수 있다.

(3) 권장량

12세 이후 남자는 30g, 여자는 25g을 충분섭취량으로 정해 권장하고 있다.

8. 올리고당

3~10개의 단당류로 이루어진 당단백질이나 당지질의 구성성분이다. 세포 내에서는 주로 생체막에 부착되어 있고, 소포체와 골기체 등의 분비형 단백질과 결합되어 있다.

3당류인 라피노스와 4당류인 스타키오스는 사람의 소화효소로는 소화할 수 없으며, 대장에 있는 박테리아에 의해 분해되어 가스와 그 부산물이 생성된다.

기능성 올리고당(fructooligosaccharides) *Check point*

장내 세균 중 유익한 균총인 비피도박테리아(bifidobacteria)를 자극하고 활성화해 장의 건강을 유지한다. 기능성 올리고당류로는 이소말토올리고당(isomaltooligosaccharides)과 갈락토올리고당(galactooligosaccharides) 등이 있으며 유제품과 유아식품 등에 이용된다.

Q & A

1. 포도당에 대한 설명으로 옳지 않은 것은?

(가) 유당의 구성성분이다.

(나) 혈액에 0.1% 농도로 존재한다.

(다) 뇌, 신경조직, 적혈구의 에너지 급원이다.

(라) 자연계에 두 번째로 많이 존재하는 단당류이다.

[Tip] 포도당은 자연계에 가장 많이 존재하는 단당류이다.

2. 모유에 들어 있으며 영아기 두뇌발달에 필수적인 단당류는?

(가) 포도당 (나) 과당 (다) 갈락토오스 (라) 리보오스

[Tip] 모유 내의 유당은 포도당과 갈락토오스로 구성되어 있는 이당류이다. 갈락토오스는 뇌신경조직의 당지질인 세레브로시드 등의 성분으로 두뇌발달에 관여한다.

3. 올리고당에 대한 설명으로 옳은 것은?

① 인체 내에는 소화시키는 효소가 없어 위에서 소화되지는 않으나 대장에서 박테리아에 의해 발효된다.
② 충치원인균인 스트렙토코쿠스 뮤턴트(streptococcus mutants)의 발육에 거의 이용되지 않으므로 충치예방효과가 있다.
③ 칼로리가 적다.
④ 장내 유익한 비피더스균을 증식시켜 장을 튼튼하게 한다.

㈎ ①, ②, ③ ㈏ ①, ③ ㈐ ②, ④ ㈑ ①, ②, ③, ④

4. 글리코겐으로 저장되고 남은 당은 어떻게 되나?

㈎ 소변으로 배설된다.
㈏ 체지방으로 합성되어 저장된다.
㈐ 계속 글리코겐으로 저장된다.
㈑ 단백질로 전환되어 저장된다.

5. 다음 탄수화물 중 포도당 분자가 많은 분지 형태의 배열을 하고 있는 것은?

㈎ 유당 ㈏ 서당 ㈐ 아밀로오스 ㈑ 글리코겐

2. 지 질 (lipid)

1. 지질의 정의

물에 녹지 않고 에테르(ether), 아세톤(acetone), 알코올(alcohol), 벤젠(benzene), 클로르포름(chloroform) 등의 유기용매에 녹는 화합물이다. 탄수화물과 같이 탄소, 수소, 산소로 구성되어 있으나 배열과 조성이 달라 당질과는 전혀 다른 성질을 나타낸다. 당질이나 단백질과 같이 생체 구성성분이며, 에너지 효율이 높다.

2. 지질의 구조

지질은 글리세롤에 지방산이 1개, 2개 혹은 3개가 결합되어 있다. 3개가 결합되어 있으면 트리글리세라이드라고 한다.

지방산은 이중결합 유무로 포화지방산과 불포화지방산으로 분류한다.

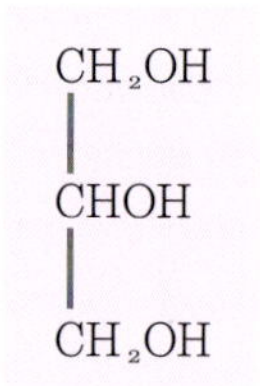

글리세롤

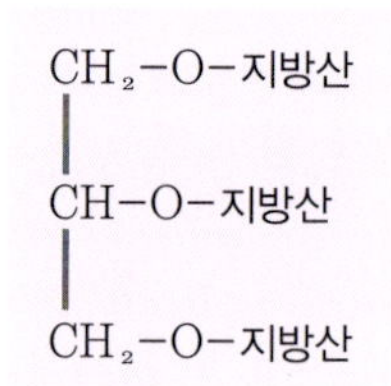

트리글리세라이드

3. 지질의 분류

(1) 화학적인 분류

① 단순지질

지방산과 알코올의 에스테르 결합으로 이루어져 있으며, 중성지방과 왁스가 해당한다.

② 복합지질

단순지질에 다른 성분이 결합된 것으로 인지질, 당지질, 지단백질이 해당한다.

③ 유도지질

스테롤이 해당한다. 콜레스테롤은 동물성 식품에만 존재하며, 뇌, 신경조직, 간 등에 많이 들어 있다. 체내에서 호르몬(성호르몬, 부신피질호르몬), 담즙산, 비타민 D 등의 전구체이다.

비타민 D 전구체인 7-데히드로콜레스테롤(7-dehydrocholesterol)은 자외선을 받으면 비타민 D_3로 전환된다. 에르고스테롤은 식물에 존재하는 스테롤로 효모나 표고버섯에 많다. 자외선을 받으면 비타민 D_2로 전환된다.

4. 지방산 구조 및 분류

(1) 지방산의 구조

지방산은 탄소원자가 길게 연결된 구조로, 한쪽 끝에 카르복실기(—COOH)를, 다른 한쪽 끝에는 메틸기(—CH_3)를 가지고 있다.

$$CH_3 - CH_2 - CH_2 - CH_2 - CH_2 - CH_2 - CH_2 - COOH$$

메틸기말단 카르복실기말단

(2) 지방산의 분류

① 탄소 수에 의한 분류

탄소의 수는 4~22개까지 다양하며 탄소의 수가 적은 지방산일수록 부분적으로 물에 녹을 수 있는 경향이 크다. 예를 들어 우유에 들어 있는 짧은사슬지방산은 물에 녹기 쉽다. 짧은사슬지방산은 탄소수가 4~6개로 이루어져 있으며, 탄소수 8~12개로 이루어진 지방산은 중간사슬지방산이라고 한다. 긴사슬지방산은 탄소수 14~20개로 이루어진 지방산이다.

② 포화 정도에 따른 분류

포화지방산은 $CnH2nO_2$나 $CnH_{2n+1}COOH$의 일반식으로 표시하며, 탄소수가 증가함에 따라 물에 녹기 어렵고 융점이 상승한다. 탄소가 수소원자에 싸여 있어 지방산이 구부러지지 못해 경직되어 있으며 상온에서 고체이다. 천연유지 중에 함량이 많은 것은 팔미트산(palmitic acid)과 스테아르산(stearic acid)이다.

불포화지방산은 $CnH_{2n-2x}O_2$의 일반식으로 표시되며 X는 불포화도를 나타낸다. 불포화지방산은 이중결합을 가지며 수소원자가 적어서 구부러진다. 불포화지방산은 탄소수가 같은 포화지방산에 비해 융점이 낮아 소화가 잘된다. 불포화지방산을 많이 함유할수록 상온에서 액체 상태이다.

단일불포화지방산(Monounsaturated fatty acid, MUFA)은 이중결합이 하나뿐인 올레산이 대표적이다. 다가불포화지방산(Polyunsaturated fatty acid, PUFA)은 이중결합이 두 개 이상인 지방산으로 불안정하여 공기 중에서 쉽게 산화한다.

불포화지방산은 이중결합 주위의 수소원자 배열 방식에 따라 분류된다. 천연에 존재하는 대부분의 지방산은 이중결합의 수소원자들이 같은 쪽에 배열된 시스 결합이며, 수소원자가 이중결합의 반대방향으로 배열되면 트랜스 이중결합으로 트랜스 이중결합을 가지고 있는 지방산을 트랜스지방산이라고 한다. 트랜스지방산은 상온에서 고체 상태이다.

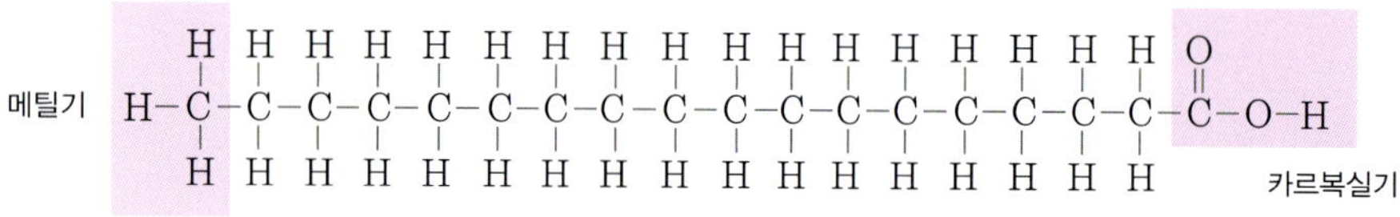

포화지방산(스테아르산, C18:0)

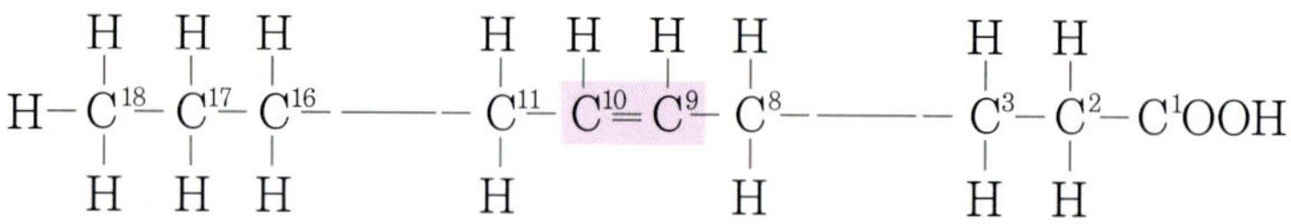

단일 불포화지방산(올레산, C18:1)

그림 1-6 포화지방산과 불포화지방산의 구조

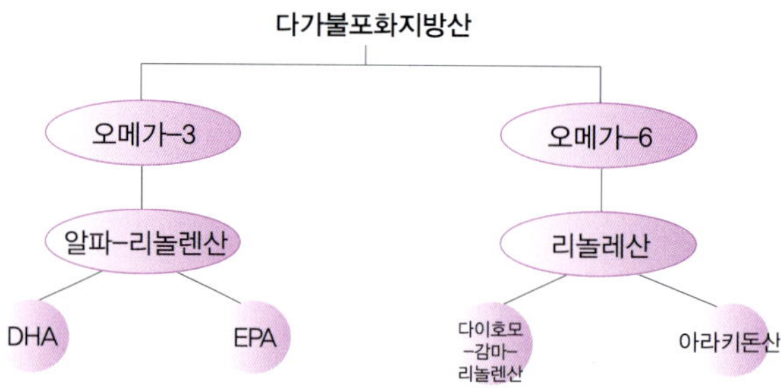

그림 1-7 다가불포화지방산의 분류

③ 오메가 지방산

지방산의 마지막인 메틸기에서 가장 가까운 이중결합을 이루는 탄소의 위치에 따라 오메가3(ω3, n-3), 오메가6(ω6, n-6), 오메가9(ω9, n-9) 지방산으로 분류한다.

- ω3 지방산 : 메틸기(α)로부터 세번째 탄소에서 처음 이중결합이 나타나는 불포화지방산으로 linolenic acid(C18:3), EPA(C20:5 eicosapentaenoic acid), DHA(C22:6 docosahexaenoic acid)가 있다. 등푸른 생선에 많이 함유되어 있다. 리놀렌산으로부터는 에이코사펜토엔산(EPA) 도코사헥사엔산(DHA)이 합성된다. 성인은 아라키돈산과 DHA를 합성할 수 있으나 영아들은 충분히 합성할 수 없다.
- ω6 지방산 : 메틸기로부터 6번째 탄소에서 처음 이중결합이 나타나는 불포화지방산으로 리놀레산[linoleic acid(C18:2)], 아라키돈산[arachidonic acid(C20:4)]이 있으며 콩기름, 옥수수기름 등에는 리놀레산이 많고, 육류에는 아라키돈산이 많다. 리놀레산은 탄소 2개와 이중결합 2개를 첨가하여 아라키돈산을 만들 수 있다.

• ω9 지방산 : 올레산[oleic acid(C18:1)]이 대표적이며 올리브유와 카놀라유에 많이 있다.

④ 필수지방산(essential fatty acid, EFA)

체내에서 합성되지 않거나 불충분하게 합성되어 반드시 식사로 매일 일정량을 섭취해야 하는 지방산으로 성장과 생리기능을 정상으로 수행하기 위해 필요하다.

표 1–2 필수지방산의 기능 및 급원

필수지방산	기 능	급 원
linoleic acid(C18:2개의 이중결합)	항피부병 인자, 성장 인자	일반 식물성유(종실유)
α-linolenic acid(C18:3개의 이중결합)	성장 인자	들기름, 콩기름

세포막과 혈청 지단백질의 구성성분이다. 혈청 콜레스테롤의 감소, 성장촉진, 피부병 예방, 지방간 예방 등의 기능을 한다. 부족하면 피부염, 성장불량, 지방간 등의 증세를 보인다. 아이코사노이드(eicosanoids: 프로스타글란딘 등)를 합성한다.

5. 지질의 생리기능

① 고에너지원으로 1 g당 9 kcal를 낸다.

② 필수지방산인 리놀레산(linoleic acid), 리놀렌산(linolenic acid) 등을 공급하며, 지용성 비타민 A, D, E, K의 흡수를 촉진한다.

③ 세포막과 신경 보호막의 구성성분이다.

④ 열을 차단하는 단열재 효과가 있어 체온을 유지해주며 체내기관을 보호한다.

⑤ 식품에 맛과 향을 제공한다.

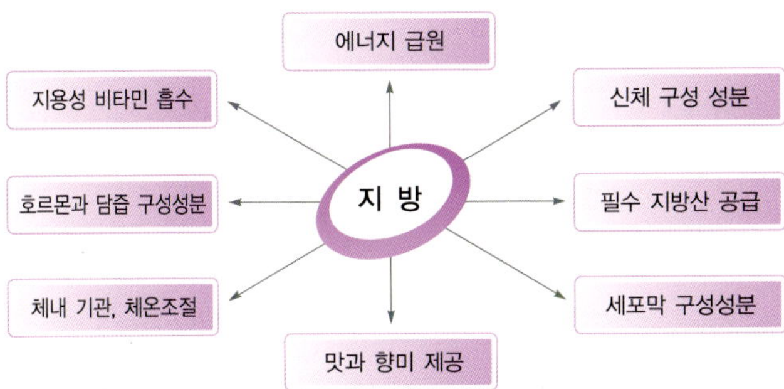

그림 1–8 지방의 기능

6. 아이코사노이드(Eicosanoids)

아이코사노이드는 탄소 수가 20개인 지방산들이 산화효소의 작용을 받아 합성되는 물질로 프로스타노이드(prostanoids)와 류코트리엔(leukotrienes, LT)으로 분류된다. 프로스타노이드(prostanoids)에는 프로스타글란딘(prostaglandin, PG), 프로스타사이클린(prostacyclin, PGI), 트롬복산(thromboxane, TX)이 있으며, 여러 생리기능을 조절한다.

아이코사노이드는 작용 부위와 가까운 조직에서 생성되어 필요할 때에 빠르게 작용하고 분해되며 국소 호르몬처럼 작용한다.

ω3계 지방산인 α-리놀렌산으로부터 만들어진 EPA가 산화되면 TXA_3와 PGE_3가 생기는데 이들은 혈소판 응집을 억제하고 혈관을 확장시켜 혈액의 흐름을 원활하게 한다. 그러므로 EPA를 많이 섭취하면 심장순환계 질환이나 관절염 등이 예방되고 면역기능이 강화된다.

그러나 리놀레산(ω6계)이 다이호모-감마-리놀렌산을 거쳐 아라키돈산으로 전환된 뒤에 생성된 트롬복산(TXA_2 thromboxane A_2)은 혈소판에서 합성되어 혈소판을 응집시키고 혈관을 수축시켜 심장순환계 질환을 유발하고, 천식 등을 악화시킨다. 루코트리엔은 백혈구, 혈소판, 대식세포에서 형성되고 염증이나 알레르기 반응에 관여한다.

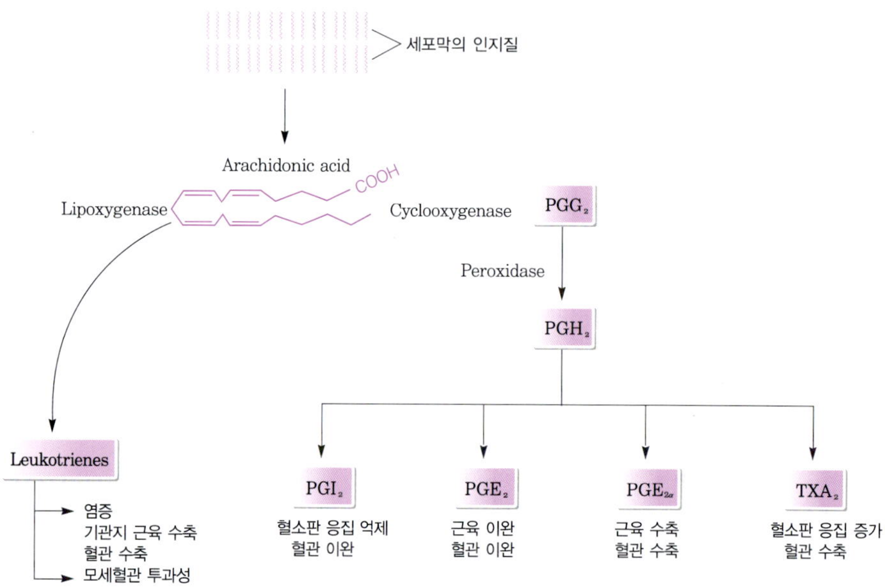

그림 1-9 아이코사노이드

7. 지질의 소화와 흡수

(1) 중성지질의 소화와 흡수

식품 중 중성지질은 위에서 소량의 리파아제와 혼합되지만 지질의 대부분은 소장에서 담즙과 리파아제에 의해 소화된다. 담즙은 간에서 합성되며 담낭에 농축 · 저장되었다가 지방 식품을 섭취하면 소장으로 분비된다.

담즙은 콜레스테롤과 레시틴 그리고 유화제로 작용하는 담즙산을 함유한다. 담즙산은 중성지질을 소화효소의 작용을 받기 쉽도록 작은 지방구로 나누어 표면적을 넓혀 주는 유화작용을 한다.

췌장에서 분비되는 리파아제는 중성지질을 모노글리세라이드(MG)와 두 개의 지방산으로 분해한다. 지질 분해물인 MG와 두 개의 지방산은 담즙산염, 인산, 콜레스테롤과 함께 소장의 연동작용을 받아 미셀(micelle)을 형성해 장벽세포까지 이동한다.

소장 점막세포에 다다르면 미셀에 있는 지방산과 MG는 소장세포로 쉽게 확산되어 들어가며, 담즙은 흡수되지 않고 소장관에 남아 있다가 회장에서 재흡수된다. 소장 점막세포 내에서 흡수된 지방산과 MG는 다시 에스테르 결합을 해 중성지질(TG)을 형성한다.

중성지질은 콜레스테롤 에스터(Cholesterol ester, CE), 인지질, 아포단백질과 결합하여 킬로미크론[chylomicron(유미지립)]을 형성한다. 킬로미크론의 중심부에는 중성지질이나 CE 등이 존재하고 바깥 부분에는 인지질과 단백질이 있어 수용성 용매인 혈장과 접하게 된다. 킬로미크론은 림프관을 거쳐 흉관을 통과한 후에 혈관계로 들어가서 간이나 그 밖의 조직으로 운반된다.

(2) 중간사슬지방산의 소화와 흡수

중간사슬지방산(Medium Chain Fatty Acid)은 긴사슬지방산보다 물과 섞이기 쉬우며 담즙 없이 지방산으로 분해된다. 세포로 들어온 지방산은 다시 중성지질로 재합성되지 않고, 그대로 모세혈관을 거쳐 문맥을 통해 직접 간으로 들어간다.

중간사슬지방산은 체내에서 저장지방으로 축적되지 않고, 거의 모두가 에너지원으로 이용되기 때문에 비만이나 지방간의 예방 및 치료, 담즙의 분비가 나쁜 환자나 간 및 췌장 질병환자 등의 병인식으로도 많이 이용된다.

(3) 콜레스테롤의 소화와 흡수

콜레스테롤 에스터(Cholesterol ester, CE)는 췌장효소인 콜레스테롤 에스터레이즈(cholesterol esterase)에 의해 유리형 콜레스테롤이 되고, 이것은 담즙산염과 미셀을 형성하여 흡수된다. 흡수율은 20~40%이며 흡수 후에 CE로 재합성한 후 킬로미크론을 형성한다.

(4) 인지질의 소화와 흡수

레시틴이나 세파린 등의 인지질은 췌장 리파제(lipase), 포스포리파제(phospholipase)에 의해 가수분해되어 소장점막을 통과한 후 인지질로 재합성되어 킬로미크론을 형성한다.

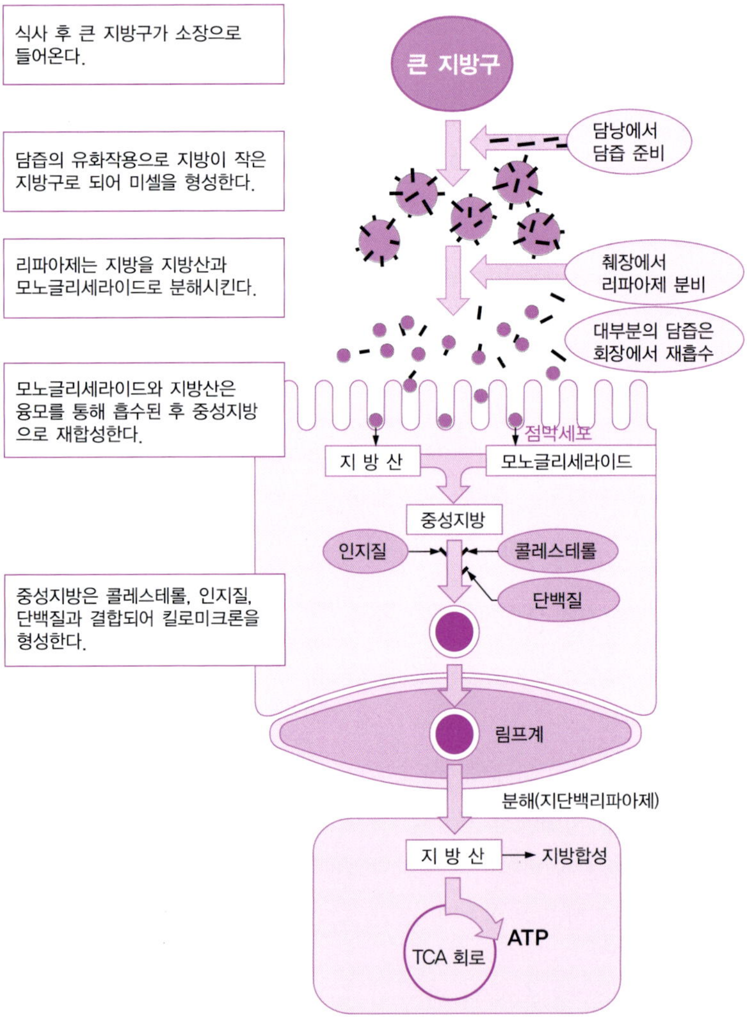

그림 1-10 지질의 소화, 흡수 및 대사

8. 지질의 운반

지질이 혈액 내에서 운반되려면 물에 잘 섞일 수 있는 운반체가 필요하다. 지단백질은 중성지방 · 콜레스테롤 같은 비극성 물질이 안쪽을, 인지질 · 단백질 같은 극성 물질은 바깥쪽을 둘러싸고 혈액 내에서 자유롭게 이동한다.

지방을 운반하는 물질인 지단백은 밀도에 따라 킬로미크론(chylomicron), 초저밀도 지단백(very low density lipoprotein, VLDL), 저밀도 지단백(low density lipoprotein, LDL), 고밀도 지단백(high density lipoprotein, HDL)으로 나뉜다.

표 1-3 혈청 지단백질의 종류 및 기능

종 류	주된 구성성분	생성장소	기 능
킬로미크론 (chylomicron)	TG 중성지방 [(트리글리세라이드, TG)]	소장	식이성 TG를 운반하며, TG가 풍부하여 밀도가 가장 낮다. 공복 상태에서는 존재하지 않으며 생성 후 분해 속도가 빠르다.
VLDL (초저밀도 지단백)	TG	간	간에서 합성되는 중성지질을 조직으로 운반한다.
LDL (저밀도 지단백)	콜레스테롤 에스터 [(cholesterol ester), CE]	혈액	VLDL의 최종 분해산물이며 CE가 가장 많은 지단백으로 CE를 조직 으로 운반한다. 동맥경화의 원인이 되는 물질이다.
HDL (고밀도 지단백)	단백질	간	아포 B가 없는 유일한 지단백으로 조직에서 간으로 콜레스테롤을 운반하며 항동맥경화성 지단백이다.

9. 지질의 대사

(1) 중성지질의 대사

① 지질분해(lipolysis)

공복 시에 지방조직이나 간 등에 저장된 중성지질이 글리세롤과 지방산으로 분해되면 지방산의 산화가 미토콘드리아에서 진행된다.

② 지질합성(lipogenesis)

열량을 과잉 섭취하면 여분의 열량은 피하, 복강, 장기주변 등의 지방조직에 중성지방 형태로 저장된다. 지질합성은 주로 세포질에서 이루어지며 지방산 합성에 이용되는 아세틸(acetyl)-CoA는 당질 대사, 일부 아미노산의 탄소골격, 지방산의 산화에서 유래된다.

(2) 콜레스테롤 대사

① 콜레스테롤의 합성

주로 간에서 아세틸-코에이(acetyl-CoA)로부터 1.5~2.0g이 생성된다.

② 콜레스테롤의 분해

콜레스테롤은 스테로이드 호르몬과 비타민 D 합성에 일부 사용되고 나머지는 배설을 위해 HDL을 통해 간으로 돌아간다. 간에서 담즙을 형성하여 매일 장으로 배출된다. 배출된 담즙은 대부분 문맥으로 흡수되어 간으로 들어가고, 필요할 때에 다시 담즙으로 재배출되는 장간 순환(enterohepatic circulation)을 한다.

(3) 지단백질의 대사

① **킬로미크론**: 지방 식사를 한 후에 생성되며 혈액에서 조직으로 중성지질을 전달하고 작아진 킬로미크론은 간으로 옮겨진 뒤 중성지질과 콜레스테롤로 분해된다.

② VLDL: 간에서 합성된 VLDL은 간 이외의 지방조직이나 근육에 중성지방을 제공하고, 남는 것은 IDL을 거쳐 LDL로 전환된다.

③ LDL: 콜레스테롤 함량이 많은 LDL은 말초조직의 세포막 수용체와 결합하여 세포 내로 이동하며, 리소좀(lysosome)에 의해 가수분해되어 이용된다.

④ HDL: 조직에서 유리형 콜레스테롤을 에스테르화하여 간으로 이동시킨다. 조직 내 콜레스테롤 제거와 LDL의 조직 내 유입을 억제한다.

(4) 케톤체의 형성

당질 섭취가 부족하거나 기아 · 단식 상태가 지속되거나 혹은 당뇨병으로 당질 대사가 원활하지 않으면 저장되었던 지방이 산화되어 케톤체가 생성된다.

또한 지방산의 β-산화에서 다량 생산된 아세틸 CoA에 비해 옥살로아세트산(oxaloacetic acid) 생성량이 부족해지거나 oxaloacetic acid의 결핍으로 TCA회로로 순조롭게 들어가지 못한 아세틸 CoA가 과잉 축적되면, 아세틸 CoA 2분자가 축합반응하여 케톤체를 생성한다.

케톤체에는 아세토아세트산(acetoacetic acid), 아세톤(acetone), β-히드록시부티르산(β-hydroxybutyric acid) 등이 있다. 케톤증(ketosis, 산독증)은 혈액내 케톤체의 농도가 정상이상인 상태이다.

10. 지질과 건강

(1) 비만

지방조직이 과잉으로 침착하여 표준 체중의 20%를 초과한 경우를 말한다. 심장질환, 동맥경화, 당뇨병 등 대사질환의 원인이 된다.

(2) 지방간(fatty liver)

간에 중성지방이 축적된 것으로 포화지방산 · 콜레스테롤 · 알코올 · 설탕의 과잉 섭취, 필수지방산의 결핍, 콜린 · 이노시톨 · 메티오닌 · 레시틴 · 베타인 등의 항지방간 인자(lipotropic factor)와 비타민 B_6 등이 결핍되면 발생한다.

(3) 동맥경화증, 관상심장병

① **동맥경화증**: 동맥의 내벽에 지질과 결합조직, 평활근 세포, 대식세포로 구성된 물질이 침착되면서 혈관벽이 굳어지고 탄력성이 없어진 것을 말한다.

② **관상심장병**: 동맥경화증의 합병증이며 혈액응고물이 심장근에 분포된 관상동맥이나 뇌로 나가는 혈관을 막으면 심장마비나 뇌졸중이 된다. 고콜레스테롤혈증, 흡연, 고혈압이 주요 위험인자이다.

(4) 이상지질혈증(hyperlipidemia)

혈청 중 콜레스테롤이나 중성지질이 정상 이상으로 증가한 상태를 말한다.

(5) 암

지질, 특히 동물성 지방 섭취와 포화지방산 및 n-6계 지방산 섭취량이 증가할수록 암 유병률이 증가하며, 트랜스 지방산 함량이 많은 식품의 섭취도 대장암이나 유방암 등의 발생원인이 된다.

식이에서 n-3계 지방산이 증가할수록 암 발생을 억제한다고 알려져 있다.

11. 권장섭취량

지질은 1일 섭취 에너지의 20%를 초과하지 않도록 한다. 불포화지방산과 포화지방산은 P/S = 1~2:1, P/M/S = 1:1:1의 비율로 섭취한다.

고도불포화지방산인 n-6과 n-3는 4~10:1의 비율로 섭취할 것을 권하고 있다.

12. 지질의 급원식품

지방은 버터나 식용유 등과 같이 눈에 보이는 지방과 육류의 살코기 지방이나 유지방 등 눈에 보이지 않는 지방으로 나눌 수 있다.

돼지기름, 소기름(팔미트산, 올레산), 옥수수기름, 콩기름(리놀레산), 생선기름(EPA, DHA), 올리브유(올레산), 들기름(리놀렌산), 마가린, 쇼트닝(트랜스지방산) 등이 지방의 대표적 예이다.

13. 지질 대치식품

(1) 필요성 및 이용

우리나라뿐만 아니라 전 세계적으로 심혈관계 질환으로 인한 사망률이 증가하고 있기 때문에 에너지는 적으면서 지질의 맛을 제공하는 지질 대용품의 개발 요구 및 이용이 증가하고 있다. 주로 가공식품에 이용된다.

(2) 종류

① 심플리스(Simplesse)

물과 우유단백질을 2:1의 비율로 섞어서 만든 것으로 마요네즈와 유사한 맛과 질감이 있다. 지질의 약 1/7 정도의 에너지를 제공한다.

예를 들면 심플리스 3 g(물 2 g + 단백질1 g)은 4 kcal이나, 지질 3 g은 27 kcal에 해당한다.

열에 약하므로 고온 조리에는 사용할 수 없다. 아이스크림과 샐러드유의 제조에 적합하다.

② 올레스트라(Olestra)

설탕과 기름을 섞어서 만든 제품이다. 조리할 때에 첨가하면 지방과 같은 물리적 특성을 제공하나 체내에서 소화되지 않아 에너지를 제공하지 않는다.

고온에 강하므로 튀김과 같은 고온조리에 이용한다. 지용성 비타민의 흡수를 저해하므로 첨가식품에는 지용성 비타민의 강화가 필요하다.

Q & A

1. 지방과 지방산에 대한 설명으로 옳지 않은 것은?

㈎ 식품에 함유된 모든 지질은 인체 내에서 에너지원으로 이용된다.

㈏ 인지질과 콜레스테롤은 세포막의 주요 구성성분이다.

㈐ 콜레스테롤은 스테로이드 호르몬, 담즙산, 비타민 D_3의 전구체이다.

㈑ α−리놀렌산은 EPA와 DHA의 전구체이다.

[Tip] 식품 중 저장지방인 중성지방은 에너지원으로 인지질이나 콜레스테롤 등은 세포막을 구성하는 막지질로 작용한다.

2. 필수지방산에 대한 설명으로 옳은 것은?

㈎ 필수지방산 중 n-6계 지방산은 리놀렌산과 아라키돈산이다.

㈏ n-9계 지방산은 체내에서 합성되지 않는다.

㈐ 리놀렌산으로부터 DHA는 합성이 되지 않는다.

㈑ 체내에서 합성되지 않거나 합성되는 양이 적으므로 식사를 통해 섭취해야 한다.

3. 다음 중 n-3 지방산은?

㈎ 리놀레산

㈏ 올레산

㈐ 아라키돈산

㈑ 도코사헥사에노익산(DHA)

4. 담즙에 대한 설명으로 옳지 않은 것은?

㈎ 지방을 섭취할 때 많이 분비된다.

㈏ 콜레시스토키닌에 의해 분비가 촉진된다.

㈐ 간에서 합성되어 지방을 유화시킨다.

㈑ 사용된 담즙은 대부분 대변으로 배설된다.

[Tip] 장으로 배출된 담즙의 대부분은 문맥으로 흡수되어 간으로 들어가고 필요할 때에 다시 담즙으로 재배출된다. 이를 장간순환이라 한다. 일부는 담즙산염으로 바뀌어 대변으로 배설되거나 중성 스테로이드로 배설된다.

5. 지방의 체내 기능에 대한 설명으로 옳지 않은 것은?

(가) 농축된 에너지원이다.
(나) 외부와 절연체 역할을 한다.
(다) 장기를 보호한다.
(라) 수용성 비타민의 흡수를 촉진한다.

6. 지단백의 설명으로 옳지 않은 것은?

(가) HDL-콜레스테롤은 좋은 콜레스테롤이다.
(나) HDL-콜레스테롤은 밀도가 가장 높은 지단백이다.
(다) LDL-콜레스테롤은 콜레스테롤 에스터가 가장 적은 지단백질이다.
(라) 킬로미크론은 공복에는 존재하지 않는다.

7. 중년 남성인 장씨는 튀긴 음식과 빵에 마가린을 발라 자주 먹는 습관이 있다. 아래의 보기 중에서 장씨가 많이 섭취하는 물질은?

(가) 리놀레산 (나) 아라키돈산
(다) EPA (라) 트랜스지방산

3. 단백질 (protein)

1. 단백질

단백질은 생명유지에 필수적인 영양소이며 생리기능을 조절한다. 당질이나 지질과는 달리 탄소, 수소, 산소 외에 질소를 함유하는 질소화합물로, 아미노산은 펩티드 결합으로 이루어진 고분자화합물의 대표적 예이다.

2. 아미노산 (amino acid)

(1) 구조

α-탄소에 카르복실기와 아미노기가 결합된 구조이다. 단백질을 구성하는 아미

노산은 20여 종으로, 모두 L형에 속하며, α－아미노산이다.

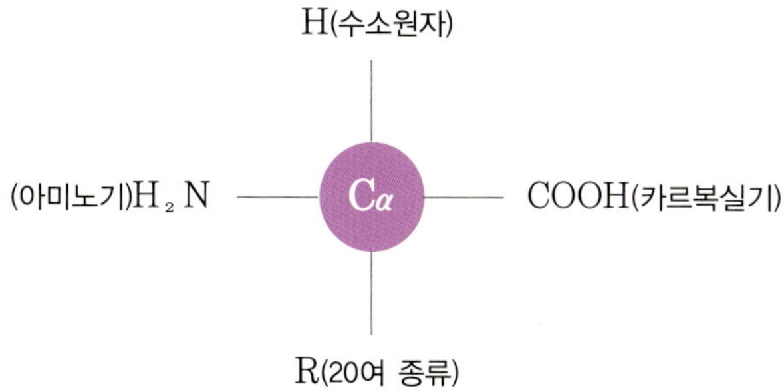

그림 1-11 아미노산의 구조

(2) 종류

중성, 산성, 염기성, 방향족, 함황, 필수아미노산이 있다.

① R 부분의 구조적 차이에 의한 분류

- **중성 아미노산**: 알라닌(alanine), 발린(valine), 류신(leucine), 이소류신(isoleucine), 글리신(glycine), 세린(serine), 트레오닌(threonine)
- **산성 아미노산**: 글루탐산(glutamic acid), 아스파르산(aspartic acid), 아스파라긴(asparagine), 글루타민(glutamine), 프롤린(proline)
- **염기성 아미노산**: 리신(lysine), 아르지닌(arginine), 히스티딘(histidine)
- **방향족 아미노산**: 페닐말라닌(phenylalanine), 타이로신(tyrosine), 트립토판(trytophan)
- **함황 아미노산**: 메티오닌(methionine), 시스테인(cysteine)

② 필수아미노산(essential amino acid)

인체가 합성할 수 없어서 반드시 식품으로부터 섭취해야 하는 아미노산으로 이 중 한 종류라도 결핍되면 성장이 정지되고 음(–)의 질소평형이 된다. 성인에게는 리신, 루신, 이소루이신, 발린, 메티오닌, 페닐알라닌, 트레오닌, 트립토판, 히스티딘이 필수아미노산이다.

3. 단백질의 종류

(1) 구성성분에 따른 분류

① 단순단백질: 가수분해하면 α－아미노산으로만 구성되어 있다.

표 1-4 단순단백질의 종류 및 용해도

<table>
<tr><th rowspan="2">명 칭</th><th colspan="4">용해성</th><th rowspan="2">예</th></tr>
<tr><th>물</th><th>염류</th><th>묽은 산</th><th>묽은 알칼리</th></tr>
<tr><td rowspan="2">알부민
(albumin)</td><td>+</td><td>+</td><td>+</td><td>+</td><td rowspan="2">ovoalbumin(난백)</td></tr>
<tr><td colspan="4">열, 알코올에 의해 응고</td></tr>
<tr><td rowspan="2">글로불린
(globulin)</td><td>−</td><td>+</td><td>+</td><td>+</td><td rowspan="2">ovoglobulin(난백),
lactoglobulin(젖), glycinin(콩),
serum globulin(혈청),
myosin(근육), fibrinogen(혈청)</td></tr>
<tr><td colspan="4">열에 응고, 주로 알부민과 같이 있음.</td></tr>
<tr><td rowspan="2">글루텔린
(glutelin)</td><td>−</td><td>−</td><td>+</td><td>+</td><td rowspan="2">oryzenin(쌀), glutenin(밀),
hordenin(보리)</td></tr>
<tr><td colspan="4">알코올에 불용</td></tr>
<tr><td rowspan="2">프롤라민
(prolamin)</td><td>−</td><td>−</td><td>+</td><td>+</td><td rowspan="2">hordein(보리), gliadin(밀),
zein(옥수수)</td></tr>
<tr><td colspan="4">70~80% 알코올에 가용</td></tr>
<tr><td rowspan="2">알부미노이드
(albuminoid)</td><td>−</td><td>−</td><td>−</td><td>−</td><td rowspan="2">keratin(피부, 머리털),
collagen(연골, 결체조직)
elastin(심줄), fibroin(명주)</td></tr>
<tr><td colspan="4">강산, 강알칼리에 녹으나 변질</td></tr>
<tr><td rowspan="2">프로타민
(protamine)</td><td>+</td><td>+</td><td>+</td><td>+</td><td rowspan="2">salmin(연어의 정액), clupein
(청어의 정액), scobrin(고등어의
정액), sturin(상어의 정액)</td></tr>
<tr><td colspan="4">열에 응고되지 않음.
핵단백질, 구성단백질</td></tr>
<tr><td rowspan="2">히스톤
(histone)</td><td>+</td><td>+</td><td>+</td><td>+</td><td rowspan="2">globin(혈색소), 흉선 히스톤</td></tr>
<tr><td colspan="4">열에 응고되지 않음. 핵단백질, 구성단백질</td></tr>
</table>

② **복합단백질**: 단순단백질에 비단백성 물질이 결합되어 있다.

표 1-5 복합단백질의 종류 및 성질

명 칭	비단백질 부분	특 징	급 원
인단백질 (phosphoprotein)	인산	핵단백질과 지단백질에는 인산이 비단백 성분의 일부를 차지	casein(우유), vitellin(난황), vitellenin(난황) 등 동물성 식품에만 존재
핵단백질 (nucleoprotein)	핵산	히스톤 혹은 프로타민이 결합	배아와 효모 등 동식물 세포 핵의 주성분
당단백질 (mucoprotein)	다당류	당질 부분에 아미노당 함유	mucin(타액), mucoid(난백) 등 동식물 세포, 점성 분비물에 존재

명 칭	비단백질 부분	특 징	급 원
당단백질 (mucoprotein)	다당류	당질 부분에 아미노당 함유	mucin(타액), mucoid(난백) 등 동식물 세포, 점성 분비물에 존재
금속단백질 (metalloprotein)	금속	철, 구리, 아연 및 마그네슘 함유	hemocyanin(연체동물의 혈액), ferritin(비장), insulin(췌장)
지단백질 (lipoprotein)	지질	중성지질, 인지질, 콜레스테롤이 핵단백질, 인단백질, 단순단백질과 결합	lipovitellin(난황), lipovitellenin(난황)
색소단백질 (chromoprotein)	색소	heme, chlorophyll, carotenoid, flavin	hemoglobin(혈액), myoglobin(근육), rhodopsin(시홍), astaxanthin(갑각류의 외피), flavoprotein(황색 색소)

③ **유도단백질**: 천연단백질이 물리적 · 화학적 · 효소적인 분해로 성질이 변한 것으로, 변화 정도에 따라 제1차 유도단백질, 제2차 유도단백질로 분류한다.

• **제1차 유도단백질(변성 단백질)**

열이나 자외선 등의 물리적 작용이나 효소의 작용으로 천연단백질의 성질이 약간 변해 응고된 것이다. 응고단백질이나 para-casein 및 젤라틴 등이 있다.

• **제2차 유도단백질(분해 단백질)**

제1차 유도단백질이 다시 가수분해되어 아미노산이 되기까지의 중간산물을 말한다. proteose, peptone, peptide 등이 있다.

(2) 형태의 의한 분류

① **구상단백질**: 혈청 albumin(알부민), lactoalbumin(유즙), myogen(근육) 등이 있다.

② **섬유상 단백질**: collagen(연골), keratin(머리카락, 손톱), myosin(근육), fibroin(피브로인) 등이 있다.

(3) 필수아미노산의 조성과 양에 의한 분류

① **완전단백질(complete protein)**

필수아미노산의 종류와 양을 충분히 함유하여 정상적인 성장을 돕고 체중을 증가시키며 생리기능을 돕는 단백질이다. 생물가가 높은 양질의 단백질로 젤라틴을 제외한 모든 동물성 단백질이 포함된다. 우유의 카세인(casein), 락토알부민(lactoalbumin), 달걀의 알부민(albumin), 대두의 글리시닌(glycinin) 등이 있다.

② 부분적 불완전단백질(partially incomplete protein)

필수아미노산의 종류는 충분하나 한 종류의 필수아미노산이 양적으로 부족한 제한아미노산이다. 성장을 돕지는 못하나 생명을 유지시킬 수 있는 단백질이다. 밀의 글리아딘(gliadin), 보리의 호르데인(hordein) 등이 있다.

③ 불완전단백질(incomplete protein)

필수아미노산 중 한 가지가 완전히 결여되어 있어 불완전단백질만 섭취할 경우 동물의 성장이 지연되고 체중이 감소되며 생명에 지장을 초래한다. 생물가가 낮은 단백질로 젤라틴(gelatin)이나 옥수수의 제인(zein) 등이 있다.

제한아미노산 *Check point*

식품 단백질의 필수아미노산 구성 면에서, 기준 단백질의 필수아미노산의 조성과 비교해 가장 낮은 비율의 아미노산을 말한다.

4. 단백질의 기능

(1) 새로운 조직의 합성과 보수

단백질은 체내 여러 장기, 뼈, 근육, 피부나 머리카락을 구성한다. 성장기(성장), 임신기(태아의 성장), 수유기(유즙 생성), 수술이나 출혈 시(세포의 회복) 단백질이 필요하다.

(2) 혈장단백질 구성

혈장단백질인 알부민, 글로불린, 피브리노겐의 구성성분이다.

(3) 효소 및 호르몬의 형성

체내에서 일어나는 화학반응은 효소에 의해 촉매되는데 효소는 모두 단백질이다. 인슐린과 글루카곤도 역시 단백질이다. 부신수질호르몬인 에피네프린, 노르에피네프린, 갑상선 호르몬 등은 티로신으로부터 합성된다.

(4) 항체 형성

바이러스나 박테리아 등의 유해물질이 체내에 침입하면 생체는 자기방어를 위해 항원에 선택적으로 결합하는 물질인 항체(antibody)를 형성한다.

항체는 분자량이 10~100만 정도의 단백질인 글로불린(globulin)이다. 단백질은 질병에 대한 저항력을 제공하며 식이로 섭취하는 단백질이 충분하지 못하면 면역 체계의 기능이 떨어지게 된다.

(5) 삼투압 조절(수분 평형)

단백질은 혈액 내에서 교질삼투압을 형성하여 조직의 삼투압과 수분 평형을 조절한다. 혈장단백질 농도가 떨어지면 혈액의 교질삼투압이 감소해 조직의 물이 혈관 내로 이동하지 못하고, 물이 조직에 축적되어 부종(edema)이 생긴다. 단백질을 보충하면 조직 내에 있던 수분이 다시 혈장으로 이동해 부종이 사라진다.

(6) 산·염기 조절 (pH 조절)

단백질은 분자 내에 (+)이온과 (−)이온을 가지는 양성물질로 산 · 알칼리 평형에 관여하며 pH를 조절한다.

(7) 포도당 신생

당질 섭취가 부족할 경우, 혈당을 일정하게 유지하기 위해 간에서 아미노산으로 포도당을 생성하여 적혈구나 신경조직에 필요한 에너지를 공급한다.

(8) 에너지원

단백질 1 g당 4 kcal의 에너지를 발생한다. 당질이나 지질 섭취량이 부족하면 단백질이 분해되어 에너지를 공급한다. 인체는 에너지 보급이 우선이므로 당질과 지질이 충분해야만 단백질이 본래의 중요한 역할(신체의 구성)을 할 수 있다.

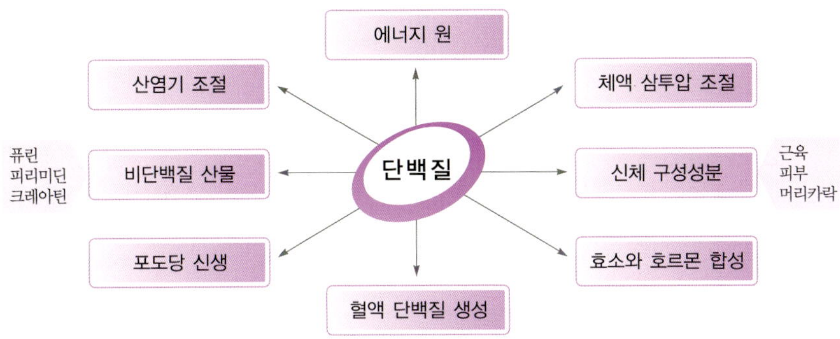

그림 1-12 단백질의 기능

5. 단백질의 소화와 흡수 및 대사

(1) 단백질의 소화

단백질의 소화는 위에서 분비되는 펩신에 의해 단백질 일부가 작은 분자인 폴리펩티드로 바뀌는 것부터 시작한다. 폴리펩티드가 십이지장에 도달하면 췌장에서 분비되는 트립신과 키모트립신(chymotrypsin)에 의해 더 작은 폴리펩티드와 디펩티드로 분해된다. 이어 카르복시펩티다아제(carboxypeptidase)와 소장에서 분비되는 아미노펩티다아제(aminopeptidase)와 디펩티다아제(dipeptidase)에 의해 아미노산으로 분해된다.

표 1-6 단백질의 소화효소와 작용

기관	효소			펩티드 결합에 대한 특이성	분해산물
	활성형	활성촉진물질	전구체(불활성형)		
입	없음				기계적 소화
위	펩신(pepsin) 레닌 [rennin(유아)]	염산(HCl)	펩티노겐 (pepsinogen)	Phe, Trp Tyr, Leu Glu, Gln	단백질(protein) → 폴리펩티드(polypeptide) 카세인(casein) → 파라 카세인(para casein)
췌장	트립신 (trypsin)	엔테로키나아제 (enterokinase)	트립시노겐 (trypsinogen)	Lys, Arg	단백질(protein), 폴리펩티드(polypeptide) → 폴리펩티드(polypeptide), 디펩티드(dipeptide)
	키모트립신 (chymotrypsin)	트립신 (trypsin)	키모트립시노겐 (chymotrypsino)	Phe, Trp Tyr	단백질(protein), 폴리펩티드(polypeptide) → 폴리펩티드(polypeptide), 디펩티드(dipeptide)
	카르복시펩티다아제 (carboxypeptidase)	트립신 (Trypsin)	프로카복시 (procarboxy) 펩티다아제 (peptidase)	카르복실 말단 잔기를 차례로 절단	단백질(protein) → 단순 펩티드(simpler peptide), 디펩티드(dipeptide), 아미노산 (amino acid)
소장	아미노펩티다아제 (aminopeptidase) 디펩티다아제 (dipeptidase)			아미노기 말단 잔기를 차례로 절단, 디펩티드 절단	폴리펩티드(polypeptide) → 펩티드(peptide), 디펩티드 (dipeptide), 아미노산(amino acid) 디펩티드(dipeptide) → 아미노산(amino acid)

(2) 단백질과 아미노산의 흡수 및 대사

대부분은 아미노산까지 분해되지만 간혹 완전히 분해되지 않은 저분자 펩티드는 소장점막세포에 흡수된다.

점막세포로의 아미노산 흡수는 대부분 능동수송에 의해 매우 빠르게 진행된다. 흡수된 아미노산은 모세혈관을 통해 문맥을 거쳐 간으로 운반된다. 단백질의 평균 흡수율은 92%이다.

① 아미노산 풀(amino acid pool)

식이섭취와 단백질 분해 등으로 세포 내에 유입되는 아미노산의 양을 말하며 아미노산 풀의 크기는 식이섭취량이나 체내 함량 등에 의해 결정된다.

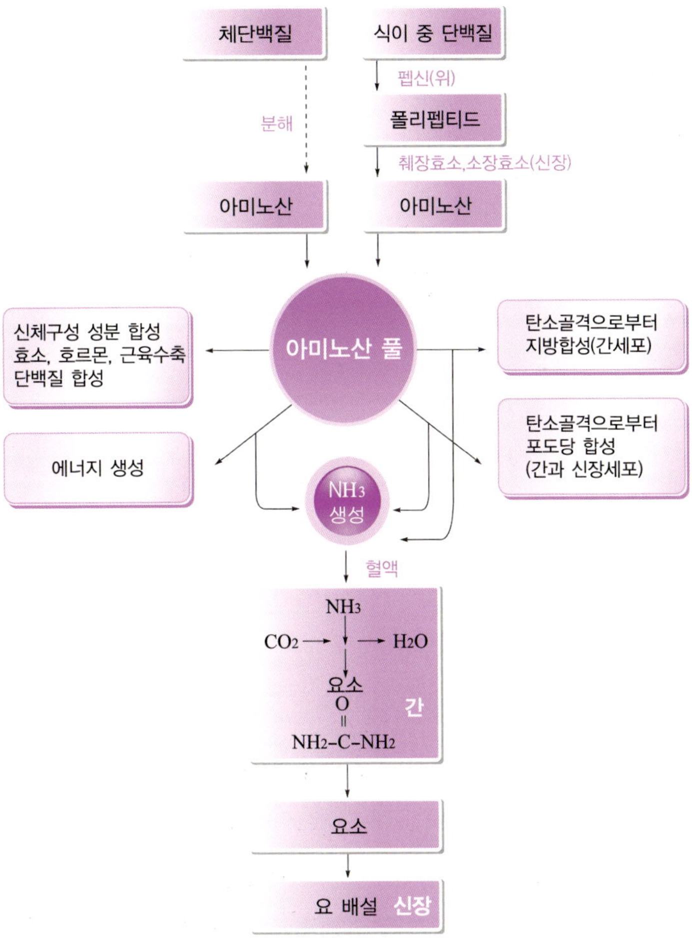

그림 1-13 단백질의 대사

아미노산 풀의 크기가 지나치게 클 경우는 과잉의 아미노산들이 에너지, 포도당, 지방생성에 사용된다. 단백질 섭취의 부족으로 아미노산 풀이 감소하면 부족한 아미노산은 세포내 단백질을 분해하여 사용한다.

② 동적 평형상태

단백질의 합성과 분해가 지속적으로 일어나는 현상으로 동적인 평형상태인 성인은 하루에 섭취하는 단백질 양과 체외로 배설되는 양이 같다.

③ 단백질의 전환율 및 전환

단백질이 합성과 분해를 반복하면서 동적인 평형상태를 유지하는 과정을 단백질의 전환이라 한다. 체내에서는 하루에 약 250~300g의 단백질이 합성되고 분해된다.

실제 합성 · 분해되는 단백질 양의 약 5/6 정도는 단백질 분해 후에 재이용되므로, 매일 공급되어야 하는 단백질 필요량은 하루에 합성 · 분해되는 단백질량의 1/6 정도이다.

(3) 흡수된 아미노산의 기능

① 혈액, 근육, 골격 등 조직 단백질을 형성한다.
② 호르몬, 효소, 비타민 및 핵산 등의 합성에 이용된다.
③ 에너지원으로 이용된다.
④ 요소로 배설(아미노기)된다.
⑤ 당질이나 지방으로 전환된다.
⑥ 당 신생에 이용된다.
⑦ 비필수아미노산을 합성한다.

6. 단백질의 영양가 평가방법

(1) 생물학적인 방법(체중증가법)

① **단백질효율**(protein efficiency ratio, PER): 섭취단백질에 대한 체중증가량의 비율이다. 체중증가량과 단백질 보유량이 반드시 비례하지는 않는다.
② **진정단백질효율**(net protein ratio, NPR): 단백질효율의 결점을 보완한 것으로 단백질 식이에 의한 체중증가량에서 무단백질 식이에 의한 체중감소량을 뺀 것을 단백질 섭취량으로 나눈 것이다.

표 1-7 단백질의 생물학적 영양가 평가방법

평가구분	방 법
체중증가량	• 단백질효율(PER)=체중증가량/섭취단백질량 • 진정단백질효율(NPR)=(단백질 사료에 의한 체중증가량−무단백질사료에 의한 체중감소량)/섭취단백질
질소평형	• 생물가(BV)=(체내 보유된 질소량/흡수된 질소량)×100, 흡수된 N량=섭취 N량−대변 N량, 보유된 N량=식이 N량−(소변 N량+대변 N량) • 진정단백질이용률(NPU)=(보유질소량/섭취질소량)×100=식이 N량−(소변 N량+대변 N량)/식이 N량×100=BV×소화율

(2) 질소출납법

① **생물가**(biological value, BV): 생물 체내로 흡수된 질소량과 체내에 보유된 질소량의 비율을 백분율로 나타낸 것으로 질소 평형실험에 의해 산출된다.

② **실제 단백질이용률**(net protein utilization, NPU): 섭취한 총 식이질소가 동물체 내에 보유된 정도를 백분율로 나타낸 것으로 소화흡수율을 고려한다.

(3) 화학적 방법

① **단백가**(protein score, PS): 식품 중 단백질과 질소 1g당 각 필수아미노산의 양을 FAO(1957년) 비교단백질의 필수아미노산의 조성과 비교하는 것이다.

② **아미노산가**(amino acid score, AAS): FAO/WHO/UNC(1973)의 표준아미노산 구성에 대한 제1 제한아미노산의 함량비(%)이다.

표 1-8 단백질의 화학적 영양가 평가방법

평가구분	방 법
아미노산 조성	• 단백가(Protein Score): FAO(1957)의 비교단백질에 대한 제1 제한아미노산의 함량비(%)
	• 아미노산가(Amino Acid Score): FAO/WHO/UNC(1985)의 표준아미노산 구성에 대한 제1 제한아미노산의 함량비(%)

7. 단백질의 상호보충

(1) 단백질의 상호보충 효과

질이 낮은 단백질에 부족한 아미노산을 보충하거나 그 아미노산을 함유한 단백질을 함께 섭취함으로써 부족된 필수아미노산을 보충하여 단백질의 질을 향상시킨다.

예 쌀(lysine, threonine 부족)+콩(쌀의 제한아미노산 풍부)
밀(lysine, tryptophan 부족)+우유(밀의 제한아미노산 풍부)

(2) 아미노산의 불균형(amino acid imbalance)

실제 제한아미노산을 보충할 때에 한 개의 아미노산이 너무 많이 첨가되거나, 동물성 식품의 과잉 섭취로 필수아미노산의 상대적인 비율이 적당하지 않은 경우를 말한다.

이런 경우에는 양적으로는 충분해도 아미노산의 이용에 방해가 되어 영양가가 낮아지고 성장이 저하될 수 있다.

8. 단백질 권장섭취기준

단백질 필요량에 영향을 미치는 요인은 다음과 같다.

① **체격**: 근육이 많을수록 근육유지를 위해 단백질 필요량이 증가한다.

② **연령**: 성장기 어린이나 청소년기에 필요량이 증가한다.

③ **신체의 건강상태**: 질병, 감염병, 수술의 경우에 새로운 조직의 합성을 위해 필요량이 증가한다.

④ **식이 중 열량식품 공급**: 탄수화물, 지방공급이 부족할 경우에 열량원으로 쓰이기 위해 필요량이 증가한다.

⑤ **단백질의 질**: 식물성 단백질이 동물성 단백질보다 생물가가 낮아 더 많이 섭취해야 한다. 2020년 한국인 영양소 섭취기준에서는 성인 남자 19~29세 65 g, 30~49세 65 g이며, 여자 19~29세 55 g, 30~49세는 50 g을 권장하고 있다.

9. 단백질과 건강

(1) 단백질-에너지 영양불량 (Protein and energy malnutrition, PEM)

단백질과 열량이 부족한 식사를 하면 영양결핍증으로 인해 성장이 저해되고 질병에 걸리기 쉽다.

① **콰시오커(Kwashiorkor)**: 단백질이 극도로 부족한 상태에서 나타나는 질병

이다.

② 마라스무스(Marasmus): 에너지와 단백질이 모두 부족한 기아상태에서 나타나는 질병이다.

표 1-9 단백질 결핍증

특 징	콰시오커	마라스무스
발생시기	12~48개월(이유기 후 어린이나 5세 이하의 급성장기 어린이)	6~18개월(이유기와 유아기)
체중	저체중	극저체중
외모	둥근 얼굴(moon face), 근육 약화, 체지방 정상, 지방간, 간 비대, 피부염, 머리털 변색, 부종(손이나 발등 부위)	근육 소모, 체지방 감소, 피부, 모발, 간기능 정상, 부종 없음, 피하지방이 거의 없음
신경계	무감각, 냉담, 의욕상실	신경질적, 잘 놀람

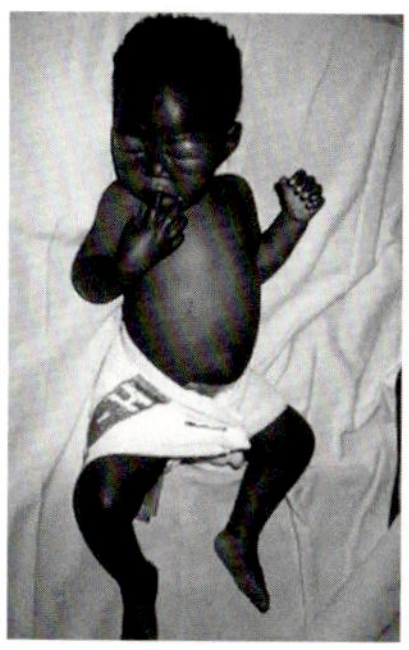

콰시오커

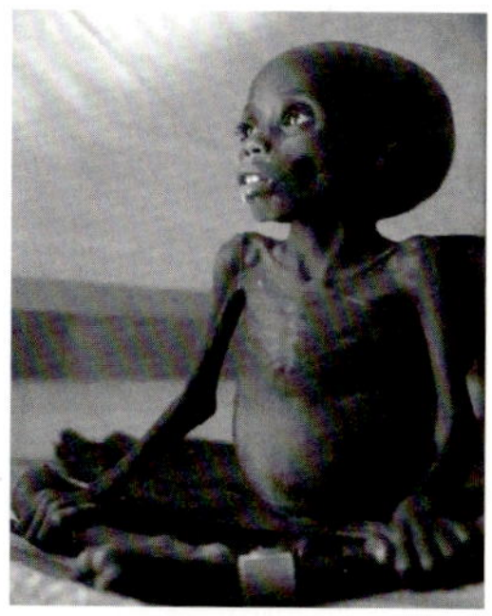

마라스무스

그림 1-14 단백질 결핍증

(2) 단백질 과잉섭취의 문제점

대사항진, 체중증가, 혈압상승, 피로, 골다공증, 요독증, 간성혼수를 유발할 수 있다.

10. 단백질의 급원

어육류와 난류 및 유제품 등의 동물성 식품, 콩류나 견과류의 식물성 식품 등에 풍부하다.

Q & A

1. 아미노산의 특성에 대한 설명으로 옳지 않은 것은?

(가) 펩티드 결합으로 서로 연결된다.

(나) 탄소, 수소, 산소로 구성된다.

(다) 단백질을 구성하는 아미노산은 모두 L형이다.

(라) 아미노기와 카르복실기를 갖는다.

2. 단백질의 기능을 설명한 내용으로 옳지 않은 것은?

(가) 피부, 머리카락, 근육, 뼈 등의 구성성분이다.

(나) 효소, 호르몬, 글루타티온을 합성한다.

(다) 1 g당 4 kcal의 열량을 내며, 열량원으로 쓰인다.

(라) 혈액의 pH를 산성으로 유지하는 역할을 한다.

[Tip] 단백질은 양이온과 음이온이 함께 있는 양쪽성 이온을 형성할 수 있어 체액의 중성 유지에 관여한다.

3. 불완전단백질 식품은?

(가) 우유 (나) 계란 (다) 보리 (라) 젤라틴

4. 단백질 · 열량 결핍증과 관련된 설명으로 옳은 것은?

(가) 콰시오커는 이유기 직전에 많이 발생한다.

(나) 마라스무스는 부종이 나타나는 것이 특징이다.

(다) 단백질보다는 열량의 결핍이 중요한 변수이다.

(라) 콰시오커는 혈청 알부민 농도가 낮다.

[Tip] 콰시오커는 이유를 하게되면서 단백질 섭취를 못하게 된 어린이에게서 많이 나타나며 혈청 알부민 농도가 낮고 부종이 흔하다. 마라스무스는 체지방 손실이 심하고 부종은 나타나지 않는다.

5. 위에서 분비되며 우유의 단백질인 카세인을 응고시키는 효소는?

(가) 레닌 (나) 펩신 (다) 트립신 (라) 스테압신

6. 단백질 대사과정에서 생기는 암모니아가 배설되는 형태는?

(가) 요소 (나) 요산 (다) 크레아틴 (라) 시트률린

7. 생물가가 가장 높은 식품은?

㈎ 쇠고기 ㈏ 우유 ㈐ 달걀 ㈑ 밀가루

4. 비타민 (Vitamin)

사람을 포함한 동물의 정상적인 성장과 생리기능 유지 등 대사활동에 필수적이며, 체내합성이 어려워 반드시 식품으로부터 공급받아야 하는 유기화합물로 주로 조효소로 작용한다.

비타민 전구체(provitamin)는 체내에 흡수되어야 비로소 활성화되는 물질이다. β-카로틴은 비타민 A 전구체로 소장점막에서 레티놀로 전환되며, 7-디하이드로콜레스테롤(7-dehydrocholesterol)은 자외선 조사에 의해 비타민 D_3로, 에르고스테롤은 자외선에 의해 비타민 D_2로 전환되는 비타민 D의 전구체이다. 트립토판은 간에서 니아신으로 전환된다.

항비타민(antivitamins, antagonist)은 비타민과 화학적 구조와 성질이 유사하나 정상적인 신체의 생리작용을 저해한다. 예를 들어 천연 항비타민제인 디쿠마롤(dicumarol)은 비타민 K의 작용을 억제하며, 아비딘은 비오틴의 작용을, 인공합성제제 데옥피리독신(deoxypyridoxine)은 비타민 B_6의 작용을 저해한다.

1. 지용성 비타민

탄소, 수소, 산소로 구성되어 있고 유기용매에 녹는다. 지질과 함께 림프관으로 흡수되며, 여분의 양은 체내에 저장(간, 지방조직)되고 결핍증은 서서히 나타난다. 필요량을 매일 공급할 필요는 없으며 전구체가 존재한다.

(1) 비타민 A

비타민 A는 레틴올(retinol)과 레티날(retinal), 레티노익 에시드(retinoic acid)의 세 가지 형태가 있다. 어떤 식품은 레티노이드와 비슷한 화합물을 가지고 있는데 이를 카로티노이드라고 하며 베타카로틴은 체내에서 비타민 A로 전환될 수 있다. 비타민 A로 전환되지 않은 카로티노이드에는 리코펜, 루테인, 아스타잔틴, 제아잔틴이 있다.

① 비타민 A의 생리기능

비타민 A는 시각과 점막을 정상으로 유지하며, 질병을 예방하고 성장 · 발달을 도와준다. 또한 피부나 머리카락, 뼈, 잇몸 등을 건강한 상태로 유지시킨다. 동물성 식품에 함유된 비타민 A는 레티놀이며, 그대로 흡수된다. 식물성 식품에 함유된 카로틴은 체내에서 비타민 A로 전환되어 비타민 A의 효능을 나타낸다.

베타카로틴은 암의 예방과 치료에 도움이 된다. 특히, 폐암에 대한 예방작용이 있는 것으로 알려져 있다. 바이러스 등에 의한 감염을 막고 호흡기 계통 질환의 감염에 대해 저항력이 강하다.

② 비타민 A 함유식품 및 권장량

식물성 식품에 함유된 비타민 A는 지용성 용매에 가열하는 것이 흡수율도 높아진다. 한국인 영양소 섭취기준에서는 하루 성인 남자 700~800 μg RAE, 성인 여자는 600~650 μg RAE를 권장하고 있다.

표 1-10 비타민 A 주요 급원식품(100 g 당 함량)[1)]

급원식품 순위	급원식품	함량 (μg RAE/100 g)	급원식품 순위	급원식품	함량 (μg RAE/100 g)
1	돼지 부산물(간)	5,405	16	고구마	75
2	소 부산물(간)	9,442	17	배추김치	15
3	과일음료	219	18	요구르트(호상)	59
4	우유	55	19	수박	71
5	시금치	588	20	채소음료	107
6	달걀	136	21	아이스크림	117
7	당근	460	22	부추	178
8	상추	369	23	열무김치	73
9	장어	1,050	24	케이크	131
10	시리얼	1,605	25	무청	149
11	고추장	291	26	토마토	32
12	닭 부산물(간)	3,981	27	건미역	515
13	들깻잎	630	28	크림	389
14	고춧가루	614	29	돼지고기(살코기)	7
15	김	991	30	닭고기	10

[1)] 2017년 국민건강영양조사의 식품별 섭취량과 식품별 레티놀과 베타-카로틴 함량(국가표준식품성분표 DB 9.1 [121]) 자료를 활용하여 비타민 A 주요 급원식품 상위 30위 산출

표 1-11 비타민 A 고함량 식품(100 g 당 함량)[1)]

함량 순위	식품	함량 (μg RAE/100 g)	함량 순위	식품	함량 (μg RAE/100 g)
1	소 부산물, 간, 삶은것	9,442	16	모시풀잎, 생것	782
2	거위 부산물, 간, 생것	9,309	17	왕호장잎, 생것	778
3	돼지 부산물, 간, 삶은것	5,405	18	들깻잎, 생것	630
4	닭 부산물, 간, 삶은것	3,981	19	고춧가루, 가루	614
5	꿀풀(하고초), 생것	1,725	20	제비쑥, 생것	591
6	잔대 순, 생것	1,631	21	시금치, 생것	588
7	시리얼	1,605	22	로즈마리, 말린것	575
8	메밀 싹, 생것	1,510	23	고구마잎, 생것	571
9	골든세이지, 말린것	1,481	24	순채, 생것	533
10	녹차잎, 말린것	1,139	25	홑잎나물, 생것	525
11	라벤다, 말린것	1,106	26	버터	524
12	장어, 뱀장어, 생것	1,050	27	미역, 말린것	515
13	김, 구운것	991	28	당근, 생것	460
14	박쥐나무잎, 생것	901	29	고춧잎, 생것	434
15	가시오갈피 순, 생것	811	30	호박잎, 생것	421

[1)] 국가표준식품성분표 DB 9.1 [121]

시각과 비타민 A

Check point

망막에는 원추세포와 간상세포가 있다. 원추세포는 밝은 곳에서 강한 빛에 흥분되어 명암이나 형태시각 및 색채감각을 일으키고 간상세포는 어두운 곳에서 작용하여 명암과 형태시각만을 일으킨다.

간상세포 속에는 시홍(rhodopsin, visual purple)이라고 하는 홍자색의 감광물질이 있는데, 이것은 옵신(opsin)이란 단백질에 cis-레티날(retinal)이 붙어 있어 빛이 닿으면 cis-레티날이 trans-레티날로 전환되고 옵신과 분리되면서 신경자극이 뇌로 전달된다. trans-레티날은 cis-리티날이나 레티노익산으로 바뀐다.

비타민 A가 부족하면 어두울 때에 시력이 저하된다. 이는 빛이 망막으로 닿을 때마다 trans-레티날이 cis-레티날로 바뀐 후에 옵신과 재결합해 로돕신(시홍)이 되어야 하는데 trans-레티날의 일부는 레티노익산으로 바뀌어 로돕신 형성에 사용되지 못하므로 시력이 유지되려면 여분의 레티날이 필요하다. 때문에 레티날이 부족하면 야맹증이 생긴다.

③ 결핍증

눈의 결막이나 각막 표면이 건조하고 뿌옇게 탁해지고 연화되며, 감염되어 화농하면 실명하며, 안구건조증이 생긴다. 그리고 야맹증이 나타나며 미각, 후각의 기능이 저하된다. 피부가 거칠어지거나 입술이 갈라지며 손톱도 약하게 물러진다. 점막이 약해져 감기에 걸리기 쉽고 감염증에 걸리기 쉬우며 성장발육이 늦다.

④ 과잉증

피로감, 구토증, 수면장애, 식욕부진, 피부가 거칠어지는 등의 증세가 나타난다.

(2) 비타민 D

비타민 D는 항구루병인자로 콜레스테롤로부터 만들어지며 D_2와 D_3가 있다. 비타민 D_2는 식물성 스테롤인 에르고스테롤, 비타민 D_3는 동물성 스테롤인 7-디하이드로콜레스테롤이 자외선에 의해 프로비타민 D_3로 바뀌고 다시 비타민 D_3(콜레칼시페롤)로 전환되어 혈액을 통해 간으로 간다. 비타민 D는 간에 가장 많이 저장되고 다음으로 피부, 폐, 비장, 뇌, 뼈 등에도 저장된다.

① 생리기능

칼슘과 인의 흡수를 촉진시키며 조직 중의 인산을 칼슘과 결합시켜 뼈에 침착시킨다. 치아 건강에 필수적이며 성장기 어린이의 치아와 뼈 형성을 도와준다. 혈액 중의 칼슘농도를 일정하게 유지한다.

② 흡수

식품을 통해 섭취된 비타민 D는 약 80% 정도가 흡수된다. 흡수되기 위해서는 담즙산이 필요하며 소장의 공장과 회장에서 흡수된다. 소장 점막으로 흡수된 비타민 D는 중성지방이나 콜레스테롤처럼 킬로미크론의 형태로 림프계를 거쳐 간으로 운반된다.

간에서 25-(OH)비타민 D_3가 되어 순환계로 들어간다. 혈장에서 25-(OH)비타민 D_3는 신장으로 이동된 후 혈액 칼슘 농도의 변화에 반응하여 1, 25-$(OH)_2$비타민 D_3로 활성화되며 활성화된 비타민 D는 체내에서 이용된 후 담즙의 형태로 배설되고 소량은 소변을 통해 배설된다.

③ 대사

비타민 D는 혈중 칼슘 농도를 조절하여 칼슘 항상성을 유지한다. 혈액의 칼슘 농도가 감소하면 부갑상선호르몬이 분비되어 신장에서 활성형 비타민 D의 형성을 촉진한다.

활성형 비타민 D_3는 소장 점막세포에서 칼슘과 인의 흡수를 촉진시켜 칼슘 결합 단백질을 비롯해 칼슘의 흡수에 필요한 단백질을 합성하고 세포막의 유동성을 증가시켜 칼슘과 인이 쉽게 세포막을 통과할 수 있게 한다.

파골세포에서 뼈의 칼슘이 혈액으로 용해되어 나오는 것을 촉진시킨다. 또한 뼈의 성장과 탈석회화에 관여하여 혈장 농도를 유지하기 위한 칼슘과 인을 제공한다. 신장에서 칼슘의 배설을 감소시켜 혈장의 칼슘농도를 높인다.

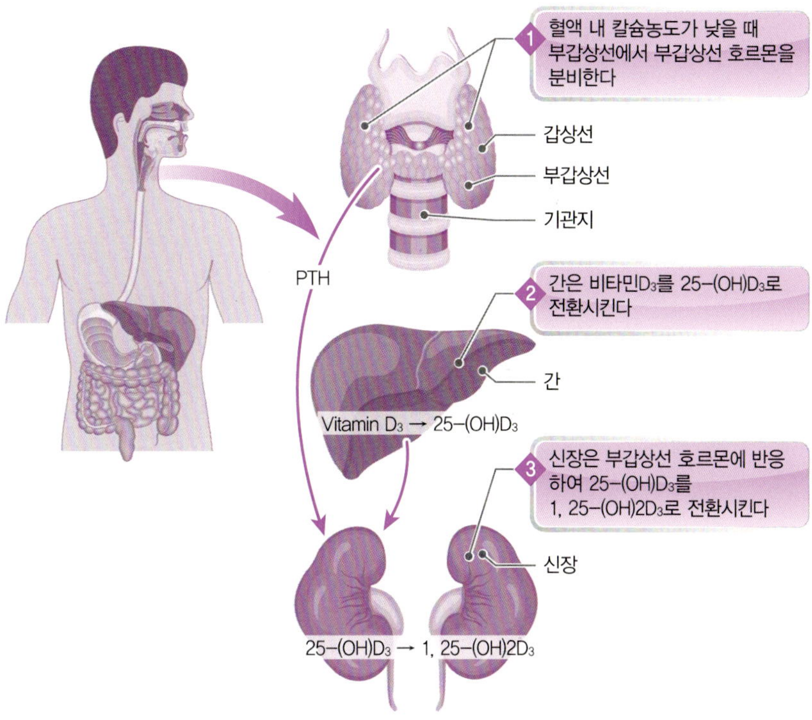

그림 1-15 비타민 D의 활성화 기전

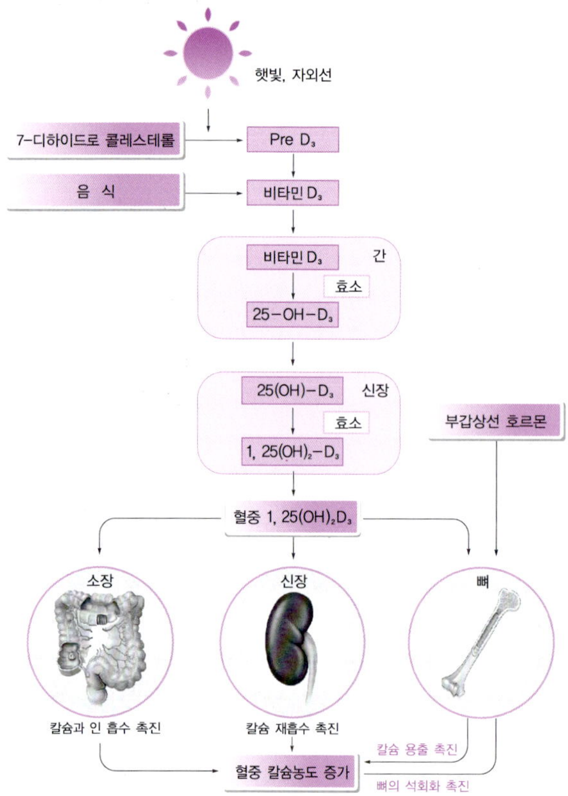

그림 1-16 비타민 D와 칼슘의 항상성 조절 기전

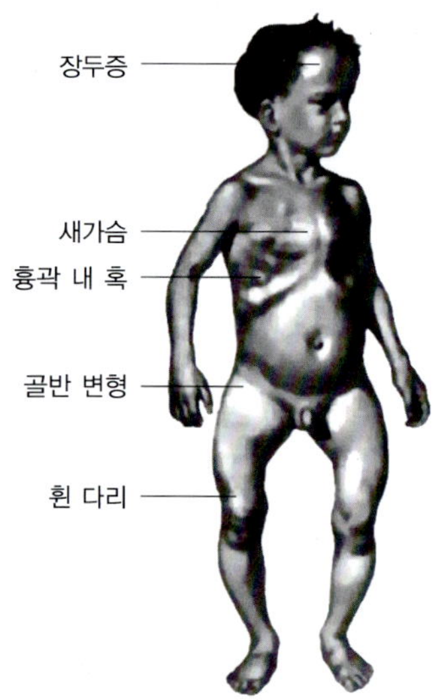

그림 1-17 비타민 D 결핍증

④ 결핍증

비타민 D가 부족하면 구루병, 충치, 골절 및 골다공증, 골연화증이 발생한다.

⑤ 과잉증

식욕감퇴 · 메스꺼움 · 구토 · 갈증 · 설사 · 허약 · 체중감소 등의 증상이 나타난다. 또한, 뼈조직뿐 아니라 심장 · 근육 등의 각종 연조직에 칼슘이 침착되어 혈관 경화를 일으키며, 신장에 석회화가 일어나 신장결석이 생긴다. 비타민 D의 투여를 중단하고 칼슘 함유량이 적은 식사를 하면 없어진다.

⑥ 급원식품

생선 간유, 표고버섯, 정어리, 고등어, 말린 생선, 난황 등이 있다.

표 1-12 비타민 D 주요 급원식품(100 g 당 함량) [1)]

급원식품 순위	급원식품	함량 (μg/100 g)	급원식품 순위	급원식품	함량 (μg/100 g)
1	달걀	20.9	16	돔	5.6
2	돼지고기(살코기)	0.8	17	소 부산물(간)	1.2
3	연어	33.0	18	어패류알젓	17.0
4	오징어	6.0	19	방어	5.4
5	조기	8.4	20	메추리알	2.3
6	멸치	4.1	21	대구	0.9
7	꽁치	13.0	22	크림	0.5
8	고등어	2.1	23	임연수어	4.6
9	두유	1.0	24	전갱이	11.7
10	넙치(광어)	4.3	25	아이스밀크	0.1
11	쥐치포	33.7	26	연유	7.0
12	볼락	4.6	27	칠면조고기	0.3
13	미꾸라지	5.5	2	어패류 부산물(내장)	5.0
14	시리얼	3.8	29	팽창제, 효모	2.8
15	오리고기	2.0	30	잉어	12.3

[1)] 2017년 국민건강영양조사의 식품별 섭취량과 식품별 비타민 D 함량(국가표준식품성분표 DB 9.1 [90]) 자료를 활용하여 비타민 D 주요 급원식품 상위 30위 산출

표 1-13 비타민 D 고함량 식품(100 g 당 함량)[1)]

함량 순위	식품	함량 (μg/100 g)	함량 순위	식품	함량 (μg/100 g)
1	어패류부산물, 은어 내장, 생것	40.0	16	미꾸라지, 삶은것	5.5
2	쥐치포, 말린것	33.7	17	방어, 구운것	5.4
3	연어, 생것	33.0	18	만새기, 생것	5.0
4	달걀, 생것	20.9	19	닭기름	4.8
5	어패류알젓, 청어 알, 염장	17.0	20	볼락, 생것	4.6
6	꽁치, 구운것	13.0	21	넙치(광어), 생것	4.3
7	잉어, 삶은것	12.3	22	멸치, 삶아서 말린것	4.1
8	청새치, 생것	12.0	23	시리얼	3.8
9	전갱이, 구운것	11.7	24	자라고기, 생것	3.6
10	애꼬치, 생것	11.0	25	팽창제, 효모, 말린것	2.8
11	조기, 생것	8.4	26	메추리알, 생것	2.3
12	연유	7.0	27	고등어, 생것	2.1
13	보리, 엿기름, 말린것	6.6	28	오리고기, 생것	2.0
14	오징어, 생것	6.0	29	은어, 구운것	1.5
15	돔, 구운것	5.6	30	소 부산물, 간, 삶은것	1.2

[1)] 국가표준식품성분표 DB 9.1 [90]

(3) 비타민 E

비타민 E는 연황색의 점성 있는 기름으로 열에 안정하나 산화와 자외선에 의해 쉽게 파괴된다. 식품 중의 비타민 A나 카로틴 및 포화지방산 등 다른 화합물들을 산화로부터 보호하는 항산화제이다.

① 생리기능

비타민 E는 항산화제로 다불포화지방산(polyunsaturated fatty acid, PUFA)의 산화를 막는다. 인체 내의 대사과정 동안 산소는 때로 유리기(free radical)라고 하는 강력한 파괴력을 가진 중간 대사물로 환원된다.

유리기는 세포막에 있는 불포화지방산을 산화시킨다. 지질산화는 연쇄반응으로 진행되어 세포의 구조를 손상시키고 세포의 기능을 변화시킨다.

비타민 E는 지질이 산화되어 과산화지질이 되는 연쇄반응을 차단하여 세포막 손상을 막으며, 백혈구와 적혈구를 보호함으로써 신체의 면역기능을 강화시킨다.

② 흡수와 대사

비타민 E는 소장점막에서 흡수되며, 담즙을 필요로 하고 킬로미크론에 실려 림프관을 경유해 일반 순환계로 들어간다. 혈중에서는 지단백에 의해 운반되며 주로 지방조직에 저장되고 소량이 간과 근육조직에서 발견된다.

부신선(adrenal gland)과 뇌하수체(pituitary gland)도 상당량의 비타민 E를 함유한다. 비타민 E의 흡수는 A보다 덜 효율적이며 섭취량의 50~80%만이 혈류로 흡수된다. 섭취량이 증가할수록 흡수효율은 낮아진다. 비타민 E의 대사물들은 소변과 대변으로 배출된다.

③ 결핍증

사람에게 비타민 E 결핍은 드물지만 장기간의 비타민 E 결핍증은 척추와 망막을 포함하는 신경 근육계의 기능저하를 초래한다. 비타민 E 결핍으로 인한 신경근육의 약화와 위축은 식사 시에 비타민 E를 보충함으로써 치유될 수 있다.

④ 과잉증

비타민 E가 체내에 축적되면 혈중 중성지방의 증가, 갑상선호르몬의 저하, 심한 설사와 구토감, 두통, 피로감, 흐린 시력, 근육약화, 발한과 맥박의 증가, 혈액응고의 손상 등의 부작용을 나타낸다. 비타민 E의 다량 복용은 비타민 K의 혈액응고 작용을 방해할 수 있고 혈액응고 방지 약물의 항응고 효과를 높여 출혈을 초래한다.

⑤ 섭취기준

한국인의 충분섭취기준은 성인남녀 하루 12 mg α−TE(tocopherol equivalent, α−TE)으로 설정되어 있다.

식물유나 생선유가 풍부한 식사를 하여 다량의 다불포화지방산(PUFA)을 섭취하는 사람들은 지질산화를 방지하기 위해 보다 많은 비타민 E를 필요로 한다.

⑥ 급원식품

주요 급원식품은 식용유, 마가린, 전곡, 견과류, 종실류, 콩류, 진한 녹색 잎채소이다. 육류, 조육, 생선, 계란 등에도 적은 양이 함유되어 있다. 식물유 중 밀의 배아유와 대두유는 특히 비타민 E가 풍부하다.

적혈구 용혈(erythrocyte hemolysis)

Check point

혈중 비타민 E 농도가 일정 수준 이하로 떨어지면 적혈구가 파괴되어 나오는 증세로, 주로 임신 마지막 몇 주 동안 모체에서 태아로 비타민 E 전달이 일어나기 전에 태어난 미숙아에게서 발견된다. 이는 적혈구 세포막에 있는 다불포화지방산(PUFA)의 산화로 인한 세포막의 손상이 원인인 것으로 알려져 있다.

표 1-14 비타민 E 주요 급원식품(100 g 당 함량)[1)]

급원식품 순위	급원식품	함량 (mg α-TE/100 g)	급원식품 순위	급원식품	함량 (mg α-TE/100 g)
1	고춧가루	27.6	16	시리얼	6.1
2	배추김치	0.8	17	복숭아	0.5
3	콩기름	9.6	18	유채씨기름	10.3
4	달걀	1.3	19	새우	2.3
5	과자	4.1	20	현미	0.8
6	마요네즈	10.2	21	김	5.4
7	돼지고기(살코기)	0.4	22	아몬드	8.1
8	고추장	2.6	23	닭고기	0.2
9	과일음료	0.6	24	초콜릿	3.1
10	백미	0.1	25	당근	0.7
11	두부	0.7	26	소고기(살코기)	0.2
12	빵	0.7	27	넙치(광어)	2.2
13	참기름	5.8	28	쌈장	1.9
14	시금치	1.4	29	콩나물	0.4
15	대두	2.6	30	상추	0.5

1) 2017년 국민건강영양조사의 식품별 섭취량과 식품별 α-, β-, γ-, δ- 토코페롤과 α-, β-, γ-, δ- 토코트리에놀 함량(국가표준식품성분표 DB 9.1 [50]) 자료를 활용하여 비타민 E 주요 급원식품 상위 30위 산출

(4) 비타민 K

① 구조와 성질

비타민 K는 퀴논(quinone)류에 속하는 황색의 결정체 화합물이다.

자연계에는 K_1(phylloquinone)과 K_2(menaquinone)가 있다. K_1은 식물에서 합

성되고, K_2는 미생물의 대사산물로서 장내 박테리아에 의해 합성되며 K_1에 비해 75%의 활성을 가진다. K_3(menadione)는 자연계에 존재하지 않고 합성된 형태이다.

② 생리기능

비타민 K는 혈액응고에 관여한다. 비타민 K는 프로트롬빈 전구체 분자 내의 글루타민산 잔기와 카르복시화를 활성화하며, 프로트롬빈은 활성형인 트롬빈으로 전환되고 트롬빈은 혈액응고의 기초가 되는 피브린(fibrin)의 형성에 필요하다.

비타민 K는 또한 뼈 단백질의 합성에 참여한다. 뼈 단백질의 합성 속도는 비타민 D에 의해 조절되지만 비타민 K가 없으면 뼈는 무기질에 결합할 수 없는 비정상적인 단백질을 생성한다.

위장관의 박테리아는 비타민 K를 합성할 수 있으나 박테리아에 의한 합성만으로는 신체의 요구량을 모두 충족시키기에 불충분하다.

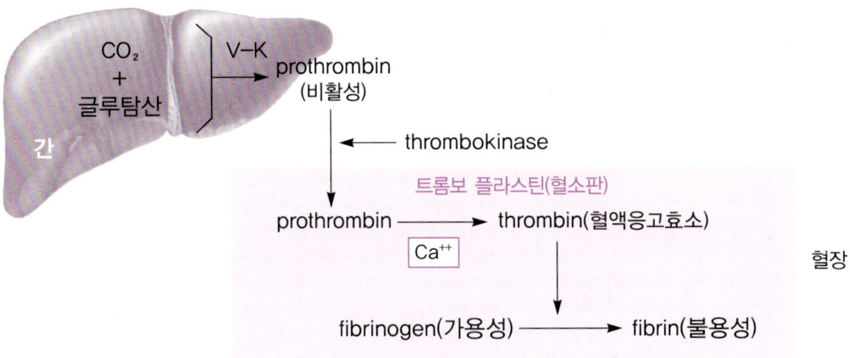

그림 1–18 혈액응고 과정

③ 흡수와 대사

킬로미크론은 비타민 K를 간으로 운반하고 간에서 초저밀도 지단백(VLDL)과 결합하여 순환계로 들어간다. 비타민 K는 간에 짧은 시간 동안 저장되기는 하나 체내 저장량은 소량이다.

소량이 피부, 근육, 신장, 심장 등에 저장되며 대사산물은 담즙과 소변으로 배설된다. 장내 박테리아에 의해 합성된 비타민 K_2가 인체에서 비타민 K의 주요 급원이다.

④ 결핍증

비타민 K는 장내 박테리아에 의해 생산되고 식품 중에 널리 분포하므로 결핍증은 흔하지 않다. 결핍되면 지방이 흡수되지 않으며 담즙 생산이 안 되고 설사 등의 증상이 나타난다.

⑤ 독성

비타민 K 독성은 흔하지 않으나 합성된 비타민 K를 과량섭취할 때에 일어날 수 있다. 중독 증세로는 적혈구 용혈, 황달, 뇌손상 등이 보고되어 있다.

디쿠마롤(Dicumarol)과 쿠마딘(Coumadin)과 같은 항응고제들은 응고과정을 느리게 함으로써 비타민 K와 길항작용을 한다. 비타민 K를 다량 복용하면 혈액 항응고제의 효과를 감소시키므로 항응고제를 복용하는 사람은 비타민 K가 풍부한 식품을 섭취해야 한다.

⑥ 권장량

비타민 K는 식품 중에 광범위하게 존재할 뿐만 아니라 사람의 공장이나 회장 부분에서 장내 박테리아에 의해 1일 요구량의 약 50%가 합성되어 공급되므로 정상적인 상태에서는 부족하지 않다. 한국인의 하루 충분섭취량은 성인남자 75 μg, 성인여자 65 μg이다.

⑦ 급원식품

일반적으로 녹색 잎채소, 브로콜리, 시금치와 양배추-콜리플라워과에 속하는 채소류들이 좋은 급원이다.

표 1-15 비타민 K 주요 급원식품(100 g 당 함량) [1)]

급원식품 순위	급원식품	함량 (μg/100 g)	급원식품 순위	급원식품	함량 (μg/100 g)
1	배추김치	75	8	파	88
2	시금치	450	9	열무김치	123
3	들깻잎	787	10	콩나물	93
4	무시래기	461	11	김	656
5	상추	209	12	배추	95
6	건미역	1543	13	콩기름	105
7	채소음료	158	14	오이	20

(계속)

급원식품 순위	급원식품	함량 (μg RAE/100 g)	급원식품 순위	급원식품	함량 (μg RAE/100 g)
15	부추	92	23	갓 김치	121
16	취나물	150	24	고춧가루	69
17	풋고추	54	25	쑥	606
18	브로콜리	182	26	양상추	106
19	아욱	454	27	소고기(살코기)	5
20	포도	21	28	미나리	127
21	열무	346	29	양배추	12
22	고춧잎	871	30	두릅	323

[1)] 2017년 국민건강영양조사의 식품별 섭취량과 식품별 비타민 K 함량(국가표준식품성분표 DB 9.1 [38]) 자료를 활용하여 비타민 K 주요 급원식품 상위 30위 산출

표 1-16 지용성 비타민의 생리적 기능, 결핍증 및 과잉증

지용성 비타민	안정성	공급원	생리적 기능	결핍증	과잉증
비타민 A (retinol)	공기, 광선에 불안정	간, 버터, 난황, 당근	시각작용, 생식기능, 상피조직 보호, 성장과 관련	야맹증, 각막건조 · 연화증	피로, 권태, 두통
비타민 D (calciferol)	공기, 광선, 열에 안정	말린 생선, 버섯, 청어, 연어, 달걀, 우유	뼈 강화, 칼슘과 인의 체내 이용 도움	구루병(유아, 어린이) 골연화증, 골다공증	혈액의 칼슘 농도 증가, 식욕감퇴
비타민 E (tocopherol)		콩, 밀, 배아, 식물성유	항산화제, 적혈구 보호, 고지혈증 예방	적혈구 파괴, 신경근육 기능 장애	두통, 구역질, 피로, 현기증
비타민 K		곡류, 콩기름, 푸른 채소	혈액응고에 필요, 간 기능 개선, 프로트롬빈 생성 도움	혈액응고 안 됨, 노화촉진	용혈성 빈혈, 황달

2. 수용성 비타민

탄소, 수소, 산소, 질소 외에 황이나 코발트 등으로 구성되어 있다. 조효소의 구성성분이며 물에 녹고 당질이나 아미노산과 함께 문맥으로 흡수되며 여분의 양은

배설된다. 결핍증이 빨리 나타나며 필요량을 매일 식품으로 섭취해야 한다. 전구체가 존재하지 않으나 니아신은 예외이다.

(1) 비타민 C

비타민 C는 대부분의 포유동물의 체내에서 포도당으로부터 합성된다. 그러나 사람, 원숭이, 조류 등은 글로노락톤 산화효소가 없어 비타민 C를 합성하지 못하므로 식품을 통해 공급받아야 한다. 환원형인 아스코르브산과 산화형인 디히드로 아스코르브산이 비타민 C 활성을 지닌다.

비타민 C는 산성에서는 안정하나 수용액에서는 열과 알칼리에 의해 파괴된다. 또한 구리 · 철 · 금속이온에 의하여 산화가 촉진되고, ascorbinase(ascorbic acid), oxidase, peroxidase 등에 의하여도 산화가 촉진된다.

① 생리기능

비타민 C는 생체 내에서 여러 가지 효소반응의 조효소로 쓰이며 콜라겐과 카르니틴 형성, 신경전달물질의 합성, 철의 흡수, 면역기능, 상처회복 등에 관여한다.

비타민 C는 강한 환원력으로 수용성 환경 내에서 생성되는 대부분의 자유기를 제거한다. Fe^{3+}를 흡수되기 쉬운 Fe^{2+}형으로 만드는 데 관여하며 티로신(tyrosine)의 산화계에 작용하여 멜라닌 색소의 합성을 억제한다.

백혈구(호중구, 림프구, 단핵구)에서 비타민 C는 강력한 항산화작용을 나타내고 혈장이나 적혈구의 비타민 C보다 농도가 높다. 비타민 C 농도가 증가할수록 산화스트레스 손상에 대한 보호효과도 증가한다.

② 흡수 및 대사

비타민 C는 소장에서 능동수송에 의해 흡수되며 일부는 단순확산으로 흡수된다. 흡수된 비타민 C는 음이온 형태로 혈장으로 이동하는데 이는 식사 중의 비타민 C 함량에 영향을 받는다.

흡수된 비타민 C는 부신피질, 뇌하수체, 수정체, 간, 폐, 췌장, 지라, 신장 등으로 운반된다.

③ 결핍증

비타민 C가 결핍되면 콜라겐 합성이 되지 않으므로 결합조직에 문제가 생겨 연골과 근육조직이 변형되기도 한다. 또한 모세혈관이 약해져 멍이 쉽게 들고 골격 형성이 잘 안 되어 성장이 지연되며 부족이 오래가면 괴혈병이 나타난다.

④ 권장량

비타민 C의 한국인영양소 섭취기준에서 정하는 성인권장량은 100 mg/일이다.

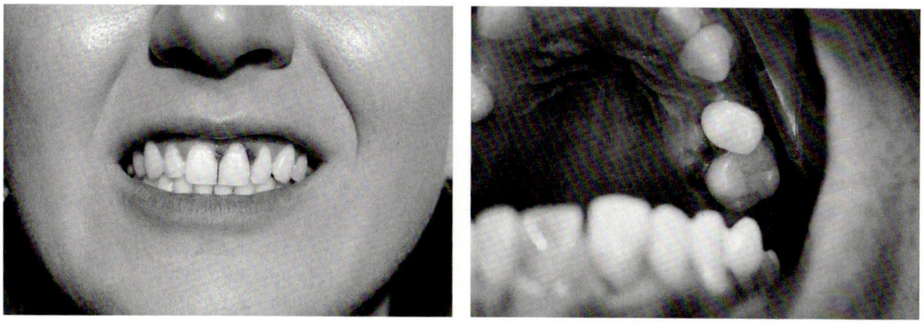

그림 1-19 비타민 C 결핍증

⑤ 함유식품

감귤류, 고추, 녹황색 채소, 과실에 많고, 곡류나 두류에는 적지만 발아하면 많아진다.

표 1-17 비타민 C 주요 급원식품((100 g 당 함량)

급원식품 순위	급원식품	함량 (mg/100 g)	급원식품 순위	급원식품	함량 (mg/100 g)
1	가당음료(오렌지주스)	44.1	13	양배추	19.6
2	귤	29.1	14	풋고추	44.0
3	딸기	67.1	15	배추	24.4
4	시금치	50.4	16	오이	11.3
5	시리얼	190.9	17	양파	5.9
6	오렌지	43.0	18	키위	86.5
7	햄/소시지/베이컨	28.1	19	파프리카	91.8
8	배추김치	3.2	20	유산균음료	24.4
9	토마토	14.2	21	돼지 부산물(간)	23.6
10	고구마	14.5	22	과일음료	3.4
11	무	7.3	23	김	78.1
12	감	14.0	24	감자	4.5

(계속)

급원식품 순위	급원식품	함량 (mg/100 g)	급원식품 순위	급원식품	함량 (mg/100 g)
25	바나나	5.9	28	우유	0.8
26	파인애플	45.4	29	구아바	220.0
27	사과	1.4	30	돼지고기(살코기)	1.1

[1)] 2017년 국민건강영양조사의 식품별 섭취량과 식품별 비타민 C 함량(국가표준식품성분표 DB 9.1 [76]) 자료를 활용하여 비타민 C 주요 급원식품 상위 30위 산출

표 1-18 비타민 C 고함량 식품(100 g 당 함량) [1)]

함량 순위	식품	함량 (mg/100 g)	함량 순위	식품	함량 (mg/100 g)
1	아세로라, 생것	800.0	16	영아자, 생것	109.0
2	어수리잎, 생것	253.0	17	돌나물, 생것	108.0
3	아주까리잎, 생것	244.0	18	라벤다, 말린것	102.0
4	구아바, 생것	220.0	19	로즈마리, 말린것	102.0
5	모링가(드럼스틱), 생것	216.8	20	가시오갈피 순, 생것	100.7
6	시리얼	190.9	21	꽃양배추, 생것	99.0
7	블랙커런트, 생것	181.0	22	순채, 생것	97.0
8	박쥐나무잎, 생것	151.0	23	유자, 생것	95.0
9	파슬리, 생것	139.0	24	물냉이, 생것	92.0
10	갓, 생것	135.0	25	천마, 생것	92.0
11	왕호장잎, 생것	132.0	26	파프리카, 생것	91.8
12	탱자, 생것	132.0	27	산자나무 열매, 생것	91.0
13	고추, 생것	122.7	28	프로폴리스	90.0
14	토스카노(잎브로콜리), 생것	118.0	29	키위, 생것	86.5
15	골든세이지, 말린것	111.0	30	대추, 생것	86.0

[1)] 국가표준식품성분표 DB 9.1 [76]

(2) 비타민 B_1 (Tiamin)

① 생리기능

티아민은 조효소로 탄수화물, 단백질, 지질의 대사에 중요한 역할을 한다.

② 흡수 및 대사

섭취된 티아민은 공장에서 흡수된다. 흡수된 티아민은 혈장과 적혈구를 통해 각 조직으로 운반되며 그 밖의 티아민 및 티아민 대사물은 주로 소변을 통해 빠르게 배설된다.

③ 결핍증

비타민 B_1이 부족하면 당질의 대사가 진행되지 않아서 혈액이나 뇌, 그 밖의 조직에 젖산 등이 축적되어 여러 가지 장해를 일으킨다. 도정된 쌀을 주식으로 하는 한국, 일본, 중국 등의 동남아시아 지역 주민에게서 많이 발생한다.

대표적인 결핍증은 각기병이며, 습성인지 건성인지에 따라 그 증세가 달라진다. 습성 각기병(wet beriberi)은 세포에 수분이 축적되어 체조직, 특히 하반신에 부종이 생긴다. 건성 각기병(dry beriberi)의 증세는 근육이 쇠약해져 근위축이 되며, 하지의 신경반응이 둔해지고, 발가락과 발의 감각 감소 등이 나타난다.

각기병 증세가 심해짐에 따라 심장이 비대해지며, 심장박동이 불규칙해지고 호흡곤란 등의 증세가 악화되어 치료하지 않으면 사망에 이른다.

비타민 B_1은 알코올 대사에도 관여하므로 음주량이 많은 데 비해 다른 음식의 섭취가 부족할 때도 결핍현상이 일어난다. 심한 알코올 중독자는 티아민의 저장이 고갈되어 정신적 혼란과 기억상실 및 팔과 다리의 협동적 조절이 잘 되지 않으며 안구가 불수의적으로 계속 움직이고 비틀거림 등의 증상이 나타나는 베르니케-코르사코프 증세가 나타난다.

④ 권장량

비타민 B_1은 에너지 섭취량에 비례해 권장량이 증가한다. 영양소 섭취기준에서는 1일 성인남자 1.2 mg, 성인여자 1.1 mg을 권장하고 있다.

⑤ 급원식품

비타민 B_1은 돼지고기, 배아, 효모, 견과류 등에 많이 함유되어 있다.

지방의 비타민 B_1 절약작용 *Check point*

발열 시나 중노동 또는 임신이나 수유 중일 때는 에너지 대사가 왕성하기 때문에 당질 대신에 지방에서 에너지를 얻으면 비타민 B_1을 절약할 수 있다.

알리티아민(Allithiamin)

Check point

비타민 B_1은 마늘에 존재하는 알리신(allicin)과 반응하여 알리티아민 [allithiamin(thiamin allyl disulfide)]을 생성하는데 이것은 물에 녹기 어려워 쉽게 유출되지 않는다. 따라서 비타민 B_1보다 장관에서 흡수가 좋으며, 체내에서 다시 비타민 B_1으로 재이용된다.

표 1-19 티아민 주요 급원식품(100 g 당 함량) [1)]

급원식품 순위	급원식품	함량 (mg/100 g)	급원식품 순위	급원식품	함량 (mg/100 g)
1	돼지고기(살코기)	0.66	16	간장	0.19
2	백미	0.08	17	라면(건면, 스프포함)	0.11
3	닭고기	0.20	18	우유	0.02
4	배추김치	0.08	19	보리	0.23
5	햄/소시지/베이컨	0.49	20	순대	0.57
6	고추장	0.53	21	고구마	0.09
7	빵	0.17	22	장어	0.66
8	된장	0.59	23	다시마 육수	0.05
9	시리얼	1.85	24	소고기(살코기)	0.05
10	만두	0.45	25	돼지 부산물(간)	0.26
11	현미	0.26	26	밀가루	0.16
12	샌드위치/햄버거/피자	0.30	27	과자	0.14
13	달걀	0.08	28	시금치	0.16
14	옥수수	0.48	29	양파	0.04
15	무	0.06	30	국수	0.06

[1)] 2017년 국민건강영양조사의 식품별 섭취량과 식품별 티아민 함량(국가표준식품성분표 DB 9.1 [39]) 자료를 활용하여 티아민 주요 급원식품 상위 30위 산출

표 1-20 티아민 고함량 식품(100 g 당 함량)[1)]

함량 순위	식품	함량 (mg/100 g)	함량 순위	식품	함량 (mg/100 g)
1	팽창제, 효모, 말린것	8.81	16	보리, 엿기름, 말린것	0.81
2	어패류부산물, 은어 내장, 생것	3.80	17	부지갱이, 생것	0.77
3	시리얼	1.85	18	아마란스, 건조	0.75
4	해바라기씨, 볶은것	1.72	19	목화씨, 구운것	0.75
5	녹차잎, 말린것	1.68	20	꾸지뽕열매, 생것	0.73
6	피, 생것	1.67	21	솔잎, 생것	0.70
7	라면 스프	1.15	22	돼지고기, 살코기, 생것	0.66
8	산초, 가루	1.14	23	장어, 뱀장어, 생것	0.66
9	구기자열매, 생것	1.11	24	어패류알, 대구 알, 생것	0.66
10	퀴노아, 쪄서 말린것	0.95	25	작두(도두), 생것	0.65
11	자라고기, 생것	0.91	26	병아리콩, 말린것	0.65
12	브라질너트, 볶은것	0.88	27	라벤다, 말린것	0.62
13	도토리 국수, 말린것	0.87	28	치아씨, 말린것	0.62
14	구절초차, 말린것	0.85	29	소리쟁이잎, 말린것	0.60
15	콜라비, 생것	0.82	30	조, 생것	0.60

1) 국가표준식품성분표 DB 9.1 [39]

(3) 비타민 B_2 (Riboflavin)

성장촉진인자이다.

① 생리기능

리보플라빈은 두 가지 조효소 형태인 플라빈 모노뉴클레오티드(flavin mono-nuuleotide, FMN)와 플라빈 아데닌 다이뉴클레오티드(flavin adenine dinucleotide, FAD)의 구성성분으로 체내에서 일어나는 산화 · 환원반응의 촉매역할을 한다. FAD는 비타민 A와 엽산을 활성형으로 전환시키는 과정, 아미노산인 트립토판이 니아신으로 전환되는 과정, 비타민 B_6와 비타민 K를 형성하는 과정 등에 필요하다. 또한 도파민과 같은 신경전달물질의 대사와 산화적 손상에 대한 세포막 보호 등의 역할을 한다.

② 흡수와 대사

식품 속의 리보플라빈은 FMN, FAD 형태로 단백질과 결합하여 존재한다. 소장의 윗부분에서 피로인산분해효소(pyrophosphatase)와 인산분해효소(phosphatase)에 의해 리보플라빈으로 전환된 후에 흡수된다. 혈액 내 리보플라빈의 일부는 혈장알부민과 결합되어 운반되나 대부분은 면역글로블린과 결합해 운반된다. 리보플라빈은 소량이 담즙과 땀을 통해 배설되고 대부분은 소변을 통해 배설된다.

③ 결핍증

장기간 리보플라빈이 부족하게 되면 구각염, 지루성 피부염, 구내염, 인두염 등의 증상이 나타난다. 또한 혀가 반들거리고 붉어지며 쓰리고 아픈 설염이 생기기도 한다.

또한 적혈구 형성에 지장을 초래해 빈혈이 생기며, 눈의 각막 모세혈관이 팽창하여 충혈이 되어 눈이 아프고 흐려지며, 광선을 쬐면 눈이 부시다. 이 현상을 눈부심(photophobia)이라 하며, 이때 각막이 혈관화(vascularization)되고, 심하면 각막염(keratitis) 또는 백내장이 발생할 가능성이 있다.

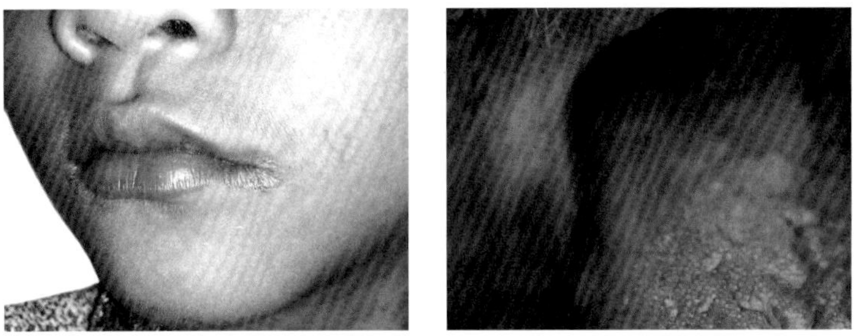

그림 1-20 비타민 B_2 결핍증

④ 필요량

한국 성인의 리보플라빈 권장섭취량은 1일 성인 남자 1.5 mg/일, 성인 여자 1.2 mg/일이다.

⑤ 급원식품

우유, 요구르트, 치즈, 육류, 달걀 등에 풍부하게 함유되어 있다. 리보플라빈은 자외선에 의해 파괴되기 쉬우므로 리보플라빈이 풍부한 식품인 우유나 유제품 등은 햇빛을 차단해서 보관한다.

표 1-21 리보플라빈 주요 급원식품(100 g 당 함량) [1)]

급원식품 순위	급원식품	함량 (mg/100 g)	급원식품 순위	급원식품	함량 (mg/100 g)
1	달걀	0.47	16	백미	0.02
2	우유	0.16	17	요구르트(호상)	0.15
3	라면(건면, 스프포함)	0.72	18	설탕	0.59
4	돼지 부산물(간)	2.20	19	다시마 육수	0.09
5	닭고기	0.21	20	대두	0.70
6	빵	0.33	21	고등어	0.46
7	소 부산물(간)	3.43	22	과일음료	0.07
8	배추김치	0.07	23	깨	2.93
9	고춧가루	2.16	24	커피(믹스)	0.19
10	돼지고기(살코기)	0.09	25	맥주	0.02
11	간장	0.54	26	시금치	0.24
12	시리얼	3.07	27	김	1.34
13	두부	0.18	28	고추장	0.22
14	소고기(살코기)	0.15	29	열무김치	0.18
15	된장	0.84	30	깻잎	0.51

[1)] 2017년 국민건강영양조사의 식품별 섭취량과 식품별 리보플라빈 함량(국가표준식품성분표 DB 9.1 [51]) 자료를 활용하여 리보플라빈 주요 급원식품 상위 30위 산출

표 1-22 리보플라빈 고함량 식품(100 g 당 함량) [1)]

함량 순위	식품	함량 (mg/100 g)	함량 순위	식품	함량 (mg/100 g)
1	메뚜기, 말린것	5.60	9	고춧가루, 가루	1.52
2	팽창제, 효모, 말린것	3.72	10	닭 부산물, 간, 삶은것	1.47
3	소 부산물, 간, 삶은것	3.43	11	참반디, 말린것	1.42
4	시리얼	3.07	12	골든세이지, 말린것	1.37
5	참깨, 볶은것	2.93	13	잣버섯, 말린것	1.36
6	영지버섯, 말린것	2.61	14	녹차, 잎, 말린것	1.34
7	돌복숭아주	2.22	15	은어 부산물, 내장, 생것	1.34
8	돼지 부산물, 간, 삶은것	2.20	16	라벤다, 말린것	1.52

(계속)

함량 순위	식품	함량 (mg/100 g)	함량 순위	식품	함량 (mg/100 g)
17	뽕나무버섯, 말린것	1.47	24	엉겅퀴, 삶아서 말린것	1.22
18	왕호장잎, 생것	1.42	25	박쥐나무잎, 생것	1.09
19	로즈마리, 말린것	1.37	26	분말조미료	1.07
20	아몬드, 볶은것	1.36	27	분유	1.06
21	타라곤, 말린것	1.34	28	미꾸라지, 삶은것	1.00
22	김, 구운것	1.34	29	춘장	0.98
23	시럽, 단풍나무	1.27	30	거위 부산물, 간, 생것	0.89

[1)] 국가표준식품성분표 DB 9.1 [76]

(4) 니아신(Niacin)

니아신은 무색의 결정체로서 물이나 알코올에 잘 녹는다. 항펠라그라(anti-pellagra) 비타민으로도 불린다. 열, 광선, 알칼리, 공기 중에서 안정하다.

① 생리기능

니아신은 세포 내에서 에너지 대사 과정에 관련된 두 조효소(NAD와 NADP)의 구성성분이다. NAD는 당질산화, 지방산 산화, 아미노산 분해와 합성, 알코올 산화반응에 관여한다.

NADP는 체내에서 지방 합성, 스테로이드 합성과 지방 대사에 관여한다. 니아신은 식품에서도 발견되지만 필수아미노산인 트립토판이 체내에서 니아신으로 전환된다. 1 mg의 니아신은 60 mg의 트립토판으로부터 생성된다.

② 흡수와 대사

니아신은 위에서 흡수되기도 하지만 대부분 소장 상부에서 흡수된다. NAD는 소장의 점막세포에서 가수분해되어 니아신아미드 형태로 들어가서 순환한다.

③ 권장량

권장량은 1일 성인 남자 16 mg, 성인 여자 14 mg이다.

④ 결핍증

니아신이 결핍되면 피로, 식욕상실, 피부질환, 정신혼란, 체력 감소와 근육 허약 등의 증상이 나타난다. 특히 니아신이 부족한 곡류 위주의 식사를 하는 사람에게 펠라그라(pellagra)라는 증상이 발생하는데 피부병 및 설사와 정신질환의 증상을 나타내며 사망에 이르기도 한다. 또한 니아신이 결핍되면 당질로부터 생성되는 에너지가 감소하기 때문에 운동수행능력이 약화될 수 있다.

⑤ 급원식품

니아신은 단백질 함량이 높은 식품에 많이 함유되어 있다. 지방이 적은 육류, 내장부위, 어류, 가금류, 전곡류 및 시리얼류, 콩과류와 강화식품 등에 많이 있다.

표 1-23 니아신 주요 급원식품(100 g 당 함량)[1)]

급원식품 순위	급원식품	함량 (mg/100 g)	급원식품 순위	급원식품	함량 (mg/100 g)
1	닭고기	10.82	16	어류육수	0.40
2	돼지고기(살코기)	4.90	17	고춧가루	8.43
3	백미	1.20	18	맥주	0.26
4	소고기(살코기)	2.38	19	과자	2.06
5	배추김치	0.71	20	라면(건면, 스프포함)	1.03
6	햄/소시지/베이컨	5.16	21	현미	1.68
7	돼지 부산물(간)	8.44	22	새우	4.50
8	고등어	8.20	23	보리	2.02
9	빵	1.61	24	다시마 육수	0.50
10	소 부산물(간)	17.53	25	샌드위치/햄버거/피자	1.68
11	시리얼	21.01	26	고구마	0.76
12	간장	3.13	27	명태	2.30
13	가다랑어	11.00	28	꽁치	9.80
14	우유	0.30	29	새송이버섯	4.66
15	사과	0.39	30	멸치	2.49

[1)] 2017년 국민건강영양조사의 식품별 섭취량과 식품별 니아신 함량(국가표준식품성분표 DB 9.1 [42]) 자료를 활용하여 니아신 주요 급원식품 상위 30위 산출

표 1-24 니아신 고함량 식품(100 g 당 함량)[1)]

함량 순위	식품	함량 (mg/100 g)	함량 순위	식품	함량 (mg/100 g)
1	싸리버섯, 생것	46.30	4	시리얼	21.01
2	밤버섯, 생것	38.40	5	육포	19.60
3	팽창제, 효모, 말린것	22.00	6	뽕나무버섯, 말린것	18.20

(계속)

함량 순위	식품	함량 (mg/100 g)	함량 순위	식품	함량 (mg/100 g)
7	소 부산물, 간, 삶은것	17.53	19	만새기, 생것	9.00
8	가다랑어, 생것	15.30	20	타라곤, 말린것	8.95
9	어패류알, 대구 알, 생것	12.70	21	까나리, 생것	8.90
10	물치다래, 생것	12.50	22	치아씨, 말린것	8.83
11	잣버섯, 말린것	11.60	23	골든세이지, 말린것	8.50
12	닭 부산물, 간, 삶은것	11.05	24	돼지 부산물, 간, 삶은것	8.44
13	가다랑어, 유지통조림	11.00	25	고춧가루	8.43
14	닭고기, 가슴, 생것	10.82	26	고등어, 생것	8.2
15	청새치, 생것	10.40	27	정어리, 생것	8.10
16	방어, 구운것	10.10	28	진두발, 말린것	8.00
17	땅콩, 볶은것	9.89	29	청태, 말린것	8.00
18	꽁치, 구운것	9.80	30	준치, 생것	7.90

[1)] 국가표준식품성분표 DB 9.1 [42]

(5) 비타민 B_6

비타민 B_6는 피리독신(pyridoxine), 피리독살(pyridoxal), 피리독사민(pyridoxamine)으로 이루어져 있다.

① 생리기능

비타민 B_6는 조효소 형태인 PLP로 전환되어 아미노기 전이반응에 관여하여 필수아미노산으로부터 비필수아미노산을 합성하는 데 관여한다. 또한 트립토판의 니아신으로의 전환, 세로토닌과 도파민 같은 신경전달물질의 합성 및 헴(heme) 합성에도 관여한다. 글리코겐을 포도당으로 분해하며, 스테로이드 호르몬 조절에도 필요하다.

② 흡수와 대사

공장에서 흡수되며 간에서 인산이 결합하면 활성형인 인산피리독살(비타민 B_6의 조효소 형태)이 된다. 주로 근육에 저장된다.

③ 결핍증과 과잉증

정상적으로 식사를 하면 결핍증은 잘 나타나지 않는다. 그러나 고온으로 조리하면 비타민 B_6 파괴가 일어난다. 헴 생산이 잘 되지 않아 적혈구 내 헤모글로빈 농도가 낮아지는 소적혈구 혈색소 감소성 빈혈이 나타난다. 조직에서는 산소 이용이 감소하여 호기성 대사를 통한 ATP 생성이 감소한다. 또한 비타민 B_6가 결핍되면 구내염이나 피로 등의 증상이 나타난다.

보충제로 섭취를 많이 하면 보행이 어렵거나 손과 발의 저림 같은 심각한 신경장애를 일으킬 수도 있다.

④ 필요량

비타민 B_6의 권장섭취량은 1일 남자 1.5 mg, 여자 1.4 mg이다. 비타민 B_6 필요량은 단백질 섭취량에 근거를 두기 때문에 단백질 섭취량이 증가할수록 필요량도 증가한다. 과잉 섭취는 신경장애를 초래하므로 1일 100 mg을 초과하지 않아야 한다.

⑤ 급원식품

비타민 B_6는 육류, 가금류, 어류, 배아, 전곡류, 현미와 계란 등 단백질 식품과 대부분의 식품에 분포되어 있다. 비타민 B_6는 동물의 근육조직에 저장되며 동물성 식품이 식물성 식품보다 생체이용률이 높다.

표 1-25 비타민 B_6 주요 급원식품(100 g 당 함량)[1)]

급원식품 순위	급원식품	함량 (mg/100 g)	급원식품 순위	급원식품	함량 (mg/100 g)
1	백미	0.12	16	해바라기씨	1.18
2	돼지 부산물(간)	0.57	17	문어	0.07
3	소 부산물(간)	1.02	18	삼씨	0.39
4	꽁치	0.42	19	무화과	0.07
5	연어	0.41	20	아이스밀크	0.02
6	닭 부산물(간)	0.76	21	팽창제, 효모	1.28
7	칠면조고기	0.60	22	아보카도	0.32
8	새우	0.08	23	캐슈넛	0.36
9	돔	0.32	24	송어	0.35
10	방어	0.38	25	토마토소스	0.12
11	미꾸라지	0.08	26	임연수어	0.21
12	쉐이크	0.06	27	코코넛	0.30
13	초콜릿	0.05	28	아마씨	0.41
14	숭어	0.49	29	구아바	0.06
15	닭 육수	0.03	30	리치	0.09

[1)] 2017년 국민건강영양조사의 식품별 섭취량과 식품별 비타민 B_6 함량(국가표준식품성분표 DB 9.1 [79]) 자료를 활용하여 비타민 B_6 주요 급원식품 상위 30위 산출

표 1-26 비타민 B_6 고함량 식품(100 g 당 함량) [1)]

함량 순위	식품	함량 (mg/100 g)	함량 순위	식품	함량 (mg/100 g)
1	타라곤, 말린것	2.41	16	만새기, 생것	0.46
2	월계수잎, 말린것	1.74	17	청새치, 생것	0.44
3	팽창제, 효모, 말린것	1.28	18	꽁치, 구운것	0.42
4	해바라기씨, 볶은것	1.18	19	연어, 생것	0.41
5	오레가노, 말린것	1.04	20	아마씨, 볶은것	0.41
6	소 부산물, 간, 삶은것	1.02	21	개암, 헤이즐넛, 볶은것	0.39
7	사프란	1.01	22	삼씨, 말린것	0.39
8	목화씨, 구운것	0.78	23	방어, 구운것	0.38
9	거위 부산물, 간, 생것	0.76	24	잠두, 생것	0.37
10	닭 부산물, 간, 삶은것	0.76	25	캐슈넛, 조미한 것	0.36
11	거위고기, 살코기, 생것	0.64	26	송어, 구운것	0.35
12	칠면조고기, 미국산, 생것	0.60	27	쇠귀나물 뿌리, 생것	0.34
13	돼지 부산물, 간, 삶은것	0.57	28	잭프루트, 생것	0.33
14	메추리고기, 생것	0.53	29	아보카도, 생것	0.32
15	숭어, 구운것	0.49	30	돔, 구운것	0.32

[1)] 국가표준식품성분표 DB 9.1 [79]

(6) 엽산(Folic acid, antianemic factor)

엽산은 글루탐산과 결합된 다글루탐산 형태로 존재하며 흡수되기 위해서는 글루탐산이 분리되어야 한다. 황색결정체이며 물에 약간 녹고 산성용액에서 열을 가할 때 쉽게 파괴되며, 태양광선에 노출되거나 오랜 기간 저장 시 잘 손상된다.

① 생리기능

엽산은 아미노산 대사에 관여한다. 엽산의 활성형인 5-메틸하이드로 테트라 폴레이트(THF)는 메틸기를 호모시스테인(homocysteine)에 주어 메티오닌(methioine)과 THF를 만든다. 여기에는 비타민 B_{12}도 필요하다.

핵산의 구성성분인 퓨린(Purine)과 피리미딘(Pyrimidine)을 합성하는 데 필요한 단일탄소 운반반응에 관여한다. 새로운 세포가 만들어질 때마다 DNA가 합성되어야 하므로 엽산은 성장과 유지를 위한 신체 내 모든 조직의 보수(repair)작용에 필수적이다.

② 흡수와 대사

식품 중 엽산은 소장에서 흡수되어 소장세포에서 엽산 환원효소에 의해 테트라하이드로엽산으로 전환된 후 혈액으로 배출된다. 이 활성형의 THF는 단일 탄소기(—CH_3)를 운반하는 여러 반응의 조효소로 작용한다. 엽산의 흡수율은 70~80%로서 엽산 저장량의 약 절반 정도가 간에 저장된다.

과잉섭취 시에는 대부분 담즙으로 배설되며 장간 순환에 의해 재흡수되거나 대변으로 배설된다.

알코올은 엽산 흡수를 방해하며 엽산 배설량을 증가시키고 장간 순환도 방해한다.

③ 결핍증

엽산이 결핍되면 혈청 엽산 농도가 감소하며 혈장 호모시스테인 농도는 증가한다. 엽산 결핍이 심하면 세포분열 속도가 빠른 적혈구 생성과정에 영향을 주어 거대적아구성 빈혈에 의해 허약, 피로감, 불안정 등의 증상이 나타난다.

혈장 호모시스테인의 증가는 심혈관계 질환의 위험요인이 되므로 식사에서 엽산이 부족하지 않도록 주의해야 한다.

④ 엽산과 임신의 관계

임신기는 태아의 세포분열 속도가 증가하여 DNA 합성을 위한 엽산의 요구량이 크게 증가하는 시기이다. 임신기간 중 엽산이 부족하면 태아의 신경관 손상(neural tube defects, NTD)이 발생할 확률이 높아진다.

태아의 신경관이 손상되면 척추가 완전히 발달하지 못하고 척수(spinal cord) 주변이 유착되어 태어난 후에도 영구적 척수 손상으로 잘 걸을 수 없으며, 방광과 대장기능이 정상적이지 못해 평생 여러 가지 문제로 고생을 하게 된다.

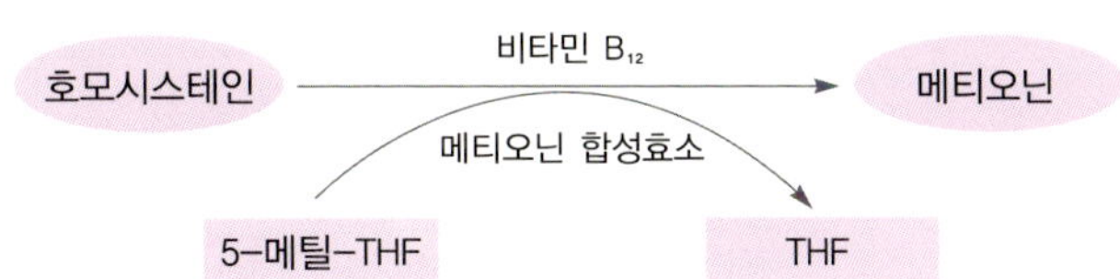

⑤ 엽산과 심혈관계 질환과의 관계

엽산과 비타민 B_{12}가 부족하면 메티오닌이 생성되지 않고 호모시스테인이 축적되는데, 이는 동맥경화증 발생 위험을 높인다.

엽산은 혈액 내 호모시스테인의 농도를 낮추어 관상심장 질환 및 기타 심혈관 질환의 위험을 감소시킨다고 알려져 있다.

⑥ 엽산과 거대적아구성 빈혈

엽산이 결핍되면 거대적아구성 빈혈이 발생한다. 이는 엽산이 DNA와 RNA 합성에 필요한 퓨린과 피리미딘 형성에 필수적인 조효소로 작용하기 때문이다. 엽산이 부족하면 빠른 속도로 교체되어야 하는 적혈구 등의 세포들이 DNA를 합성할 수 없기 때문에 성숙한 적혈구로 분열되지 못하여 크기가 비정상적으로 크고 파괴되기 쉬운 거대적혈구가 된다. 또한 적혈구 수가 감소되어 산소 운반능력이 저하되는 거대적아구성 빈혈이 된다.

⑦ 필요량

정상적인 성인남녀의 경우에 400 μg DFE/일의 섭취를 권장한다.

⑧ 급원식품

짙은 녹색 채소, 육류, 내장, 효모, 굴, 정제되지 않은 곡류, 우유 등이 있다.

특히 오렌지 주스 200 mL는 100 mg의 엽산을 함유하고 있으므로, 오렌지 주스를 마시면 비타민 C 뿐만 아니라 상당량의 엽산도 섭취된다. 비타민 C는 엽산이 산화로 인해 파괴되는 것을 보호한다.

표 1-27 엽산 주요 급원식품(100 g 당 함량)[1)]

급원식품 순위	급원식품	함량 (μg DFE/100 g)	급원식품 순위	급원식품	함량 (μg DFE/100 g)
1	대두	755	12	상추	84
2	달걀	81	13	된장	139
3	시금치	272	14	마늘	125
4	백미	12	15	두부	21
5	총각김치	257	16	소 부산물(간)	253
6	배추김치	15	17	현미	49
7	파 김치	449	18	김	346
8	오이 소박이	584	19	들깻잎	150
9	돼지 부산물(간)	163	20	감	26
10	빵	35	21	애호박	33
11	고구마	43	22	양파	11

(계속)

급원식품 순위	급원식품	함량 (μg DFE/100 g)	급원식품 순위	급원식품	함량 (μg DFE/100 g)
23	옥수수	88	27	가당음료	22
24	딸기	54	28	과일음료	10
25	무	11	29	맥주	4
26	배추	43	30	콩나물	28

1) 2017년 국민건강영양조사의 식품별 섭취량과 식품별 엽산 함량(국가표준식품성분표 DB 9.1 [91]) 자료를 활용하여 엽산 주요 급원식품 상위 30위 산출

표 1-28 엽산 고함량 식품(100 g 당 함량) 1)

함량 순위	식품	함량 (μg DFE/100 g)	함량 순위	식품	함량 (μg DFE/100 g)
1	팽창제, 효모, 말린것	3800	16	총각 김치	257
2	녹차잎, 말린것	1277	17	소 부산물, 간, 삶은것	253
3	콩(대두), 흑태, 말린것	755	18	조미료	247
4	거위 부산물, 간, 생것	738	19	오레가노, 말린것	237
5	오이 소박이	584	20	모시풀잎, 생것	237
6	닭 부산물, 간, 삶은것	578	21	목화씨, 구운것	233
7	파 김치	449	22	연씨, 생것	230
8	마름, 생것	430	23	청국장, 찌개용	227
9	잠두, 생것	423	24	춘장	221
10	김, 구운것	346	25	호박잎, 생것	212
11	유채잎, 생것	299	26	병아리콩, 말린것	201
12	미역, 말린것	283	27	배초향잎, 생것	195
13	타라곤, 말린것	274	28	보리, 엿기름, 말린것	194
14	시금치, 생것	272	29	팥, 말린것	190
15	모링가(드럼스틱), 생것	266	30	가시오갈피순, 생것	183

1) 국가표준식품성분표 DB 9.1 [91]

(7) 판토텐산(Pantothenic acid, 비타민 B_5)

판토텐산은 질소를 포함하고 있는 비타민으로 모든 식물성과 동물성 식품에 함유되어 있다.

① 생리기능

판토텐산은 Coenzyme A(CoA)의 구성성분으로 당분해 작용을 비롯하여 구연산 회로에서 에너지를 생산하기 위해 포도당, 아미노산, 지방산 대사에 관여한다. 피루브산이 아세틸 CoA로 전환되는 과정에 필요하다. 또한 헴, 콜레스테롤, 인지질, 지방산, 스테로이드 호르몬 등을 합성하는 데도 필요하다.

② 흡수와 대사

식품 중 판토텐산은 대부분 CoA와 포스포판테테인(phosphopantetheine)의 형태로 들어 있는데, 소장에서 판테테인 분해효소(pantetheinase)에 의해 유리형 판토텐산이 된다. 유리된 판토텐산은 공장에서 흡수된다.

③ 결핍증

판토텐산은 장내 세균에 의해 합성되므로 결핍증은 흔하지 않다. 그러나 작열각증후군(burning feet syndrome)은 심한 결핍증으로 발과 다리의 통증, 피로, 메스꺼움 등의 증상이 나타난다.

④ 급원식품

대부분의 식품에 있으며 특히 육류, 생선류, 달걀, 땅콩, 전곡 등에 풍부하다.

표 1-29 판토텐산의 주요 급원식품(100 g 당 함량)[1)]

급원식품 순위	급원식품	함량 (mg/100 g)	급원식품 순위	급원식품	함량 (mg/100 g)
1	백미	0.66	12	과일음료	0.37
2	맥주	0.89	13	파	0.84
3	배추김치	0.83	14	콜라	0.32
4	돼지고기(살코기)	0.86	15	참외	0.82
5	소고기(살코기)	1.63	16	청국장	11.50
6	닭고기	0.80	17	콩나물	0.78
7	달걀	0.91	18	열무김치	0.92
8	우유	0.30	19	수박	0.54
9	돼지 부산물(간)	4.77	20	오징어	1.13
10	소 부산물(간)	7.11	21	오이	0.34
11	시금치	1.53	22	애호박	0.52

(계속)

급원식품 순위	급원식품	함량 (mg/100 g)	급원식품 순위	급원식품	함량 (mg/100 g)
23	넙치(광어)	2.59	27	토마토	0.30
24	양배추	0.49	28	된장	1.11
25	간장	0.59	29	오리고기	1.84
26	고구마	0.31	30	메밀 국수	0.65

1) 2017년 국민건강영양조사의 식품별 섭취량과 식품별 판토텐산 함량(국가표준식품성분표 DB 9.1 [51]) 자료를 활용하여 판토텐산 주요 급원식품 상위 30위 산출

표 1-30 판토텐산 고함량 식품(100 g 당 함량) 1)

함량 순위	식품	함량 (mg/100 g)	함량 순위	식품	함량 (mg/100 g)
1	산초, 가루	15.33	16	두릅, 생것	2.46
2	청국장, 찌개용	11.50	17	게, 생것	2.01
3	영지버섯, 말린것	8.36	18	거위고기, 살코기, 생것	1.97
4	소 부산물, 간, 삶은것	7.11	19	조, 생것	1.91
5	닭 부산물, 간, 삶은것	6.67	20	메추리고기, 생것	1.85
6	거위 부산물, 간, 생것	6.18	21	오리고기, 생것	1.84
7	팽창제, 효모, 말린것	5.73	22	가죽나물, 생것	1.70
8	돼지 부산물, 간, 삶은것	4.77	23	해바라기씨, 볶은것	1.66
9	느티만가닥버섯, 생것	3.82	24	아보카도, 생것	1.65
10	나토	3.60	25	방울다다기양배추, 생것	1.64
11	분유, 전지	3.50	26	소고기, 살코기, 생것	1.63
12	땅콩 버터	2.63	27	유자, 생것	1.62
13	넙치(광어), 생것	2.59	28	팽이버섯, 생것	1.59
14	느타리버섯, 생것	2.57	29	보리, 엿기름, 말린것	1.56
15	조미료	2.49	30	시금치, 생것	1.53

1) 국가표준식품성분표 DB 9.1 [51]

(8) 비오틴(Biotin, 비타민 B_7)

황을 함유하고 있는 비타민으로 항난백장해인자(anti-egg white injury factor)이며 장내 박테리아에 의해 합성된다.

① 생리기능

비오틴은 여러 효소의 조효소로 작용하여 카르복실화 반응을 촉매한다. 비오틴을 필요로 하는 모든 효소는 중탄산염(HCO_3)을 다른 분자에 결합시킨다. 피루브산을 옥살로아세트산으로 전환시키는 효소에 필요하며, 지방산 합성반응이나 루이신을 분해하는 반응 등에 사용된다. 또한 세포성장과 발달에 관련된 유전자 발현에도 관여한다.

② 흡수 및 대사

비오틴의 흡수는 소장에서 이루어지며 장내 미생물에 의해 합성된다. 단백질과 결합된 비오틴은 장내 단백질 분해효소에 의해 리신과 분리되어 유리 비오틴이 된다. 대부분 소변을 통해서 배설되고 미량만이 담즙을 통해 배설된다.

③ 결핍증

비오틴이 결핍되면 우울증, 식욕부진, 탈모, 피부염 등의 증상이 나타난다.

생난백을 과잉 섭취할 경우에 생난백에 포함되어 있는 아비딘이 비오틴과 결합하여 결핍증을 유발할 수 있다. 항경련제(primidone, carbamazepine)는 장의 미소융모막에서 비오틴 흡수를 저해한다.

리포산(lipoic acid)은 비오틴과 구조적으로 유사하여 경쟁적으로 흡수된다. 항생제를 장기간 복용하면 장내 박테리아에 의한 비오틴 합성 저하로 결핍증이 유발되기도 한다.

④ 급원식품

대부분 식품에 함유되어 있으며 간, 대두, 난황, 전곡, 두류, 견과류, 효모, 우유, 생선, 토마토, 해조류 등에 많이 들어 있다.

표 1–31 비오틴 주요 급원식품(100 g 당 함량) [1)]

급원식품 순위	급원식품	함량 (μg/100 g)	급원식품 순위	급원식품	함량 (μg/100 g)
1	달걀	21.0	6	고추장	19.2
2	맥주	4.1	7	닭고기	3.8
3	우유	2.3	8	돼지고기(살코기)	2.3
4	고춧가루	75.2	9	세발나물	537.1
5	게	98.2	10	케이크	12.4

(계속)

급원식품 순위	급원식품	함량 (μg/100 g)	급원식품 순위	급원식품	함량 (μg/100 g)
11	불고기양념	18.9	21	두유	2.6
12	토마토	2.4	22	느타리버섯	15.4
13	소고기(살코기)	1.4	23	간장	2.6
14	마늘	6.5	24	아몬드	27.9
15	현미	3.2	25	양파	0.6
16	감	1.9	26	굴	12.2
17	된장	6.5	27	마요네즈	5.3
18	오이	1.6	28	삼치	17.6
19	햄/소시지/베이컨	2.9	29	부추	3.7
20	땅콩	28.9	30	새송이버섯	5.1

1) 2017년 국민건강영양조사의 식품별 섭취량과 식품별 비오틴 함량(국가표준식품성분표 DB 9.1 [73]) 자료를 활용하여 비오틴 주요 급원식품 상위 30위 산출

표 1-32 비오틴 고함량 식품(100 g 당 함량) 1)

함량 순위	식품	함량 (μg/100 g)	함량 순위	식품	함량 (μg/100 g)
1	세발나물, 생것	537.1	16	고추장, 개량	19.2
2	팽창제, 효모, 말린것	309.7	17	고추냉이, 페이스트	19.0
3	게, 생것	98.2	18	캐슈넛, 조미한 것	19.0
4	개암, 헤이즐넛, 볶은것	81.8	19	고기 소스, 소불고기양념	18.9
5	해바라기씨, 볶은것	80.1	20	호두, 말린것	18.8
6	고춧가루, 가루	75.2	21	나토	18.2
7	어패류부산물, 은어 내장, 생것	60.0	22	산초 가루	17.8
8	청경채, 생것	42.4	23	삼치, 생것	17.6
9	아마씨, 볶은것	33.5	24	꼬막, 생것	15.5
10	계피, 가루	29.7	25	느타리버섯, 생것	15.4
11	땅콩, 볶은것	28.9	26	피스타치오넛, 볶은것	15.1
12	아몬드, 볶은것	27.9	27	느티만가닥버섯, 생것	13.9
13	삼씨, 말린것	27.3	28	청새치, 생것	13.1
14	케일, 생것	22.0	29	케이크	12.4
15	달걀, 생것	21.0	30	굴, 생것	12.2

1) 국가표준식품성분표 DB 9.1 [73]

(9) 비타민 B_{12} (Cobalamin)

비타민 B_{12}는 항악성 빈혈인자이며 미생물만이 합성할 수 있다.

① 생리기능

비타민 B_{12}는 호모시스테인으로부터 메티오닌을 합성하는 반응에 조효소로 작용하며 엽산 대사 과정과 연관되어 있다. 비타민 B_{12}가 부족하면 거대적아구성 빈혈이 나타나게 된다. 또한 비타민 B_{12}는 신경섬유의 절연체 역할을 하는 수초를 유지시켜 준다.

② 흡수와 대사

식품 중 비타민 B_{12}는 단백질과 결합되어 있으며 섭취된 후 위에서 위산과 펩신에 의해 단백질로부터 분리된다.

비타민 B_{12}가 장관으로부터 혈류로 흡수되기 위해서는 내인자(intrinsic factor, IF)가 필요하다. 내인자는 위벽 세포에서 분비되는 당단백질로 비타민 B_{12}의 흡수를 돕는다.

비타민 B_{12}–IF 결합체는 소장의 하부 회장에서 흡수된다.

③ 결핍증

동물성 식품을 다양하게 섭취하면 비타민 B_{12} 결핍증은 드물지만 유제품도 전혀 섭취하지 않는 엄격한 채식주의자를 비롯하여 회장 질환이 있거나 회장을 절제한 경우에는 비타민 B_{12} 결핍증인 악성빈혈이 나타난다. 악성빈혈은 내인자를 생산하는 위의 세포를 파괴시키는 자가면역질환, 노화, 유전적 결함, 위장관의 감염, 외과 수술 등에 의해 나타난다.

④ 급원식품

해산물(대합, 굴)과 생선(연어, 정어리) 및 동물의 간(소간 등)에 많이 포함되어 있으며 육류에도 많이 들어 있다.

표 1–33 비타민 B_{12} 주요 급원식품(100 g 당 함량) [1)]

급원식품 순위	급원식품	함량 (μg/100 g)	급원식품 순위	급원식품	함량 (μg/100 g)
1	소 부산물(간)	70.6	4	돼지 부산물(간)	18.7
2	바지락	74.0	5	김	66.2
3	멸치	24.2	6	소고기(살코기)	2.0

(계속)

급원식품 순위	급원식품	함량 (μg/100 g)	급원식품 순위	급원식품	함량 (μg/100 g)
7	고등어	11.0	19	닭고기	0.3
8	빵	2.0	20	연어	9.4
9	굴	28.4	21	국수	0.5
10	라면(건면, 스프포함)	2.0	22	오리고기	3.3
11	돼지고기(살코기)	0.5	23	닭 부산물(간)	16.9
12	우유	0.3	24	미꾸라지	6.3
13	달걀	0.8	25	새우	2.0
14	오징어	4.4	26	게	4.3
15	꽁치	16.3	27	요구르트(호상)	0.3
16	꼬막	45.9	28	햄/소시지/베이컨	0.4
17	가리비	22.9	29	어묵	0.6
18	조기	4.8	30	매생이	10.3

[1] 2017년 국민건강영양조사의 식품별 섭취량과 식품별 비타민 B_{12} 함량(국가표준식품성분표 DB 9.1 [85]) 자료를 활용하여 비타민 B_{12} 주요 급원식품 상위 30위 산

표 1-34 비타민 B_{12} 고함량 식품(100 g 당 함량) [1]

함량 순위	식품	함량 (μg/100 g)	함량 순위	식품	함량 (μg/100 g)
1	바지락, 생것	74.0	13	은어, 구운것	12.0
2	소 부산물, 간, 삶은것	70.6	14	고등어, 생것	11.0
3	김, 구운것	66.2	15	매생이, 생것	10.3
4	거위 부산물, 간, 생것	54.0	16	연어, 생것	9.4
5	꼬막, 생것	45.9	17	잉어, 삶은것	7.5
6	굴, 생것	28.4	18	전갱이, 구운것	7.1
7	멸치, 삶아서 말린것	24.2	19	말고기, 생것	7.1
8	가리비, 생것	22.9	20	숭어, 구운것	6.3
9	흰점박이 꽃무지, 유충, 생것	22.2	21	미꾸라지, 삶은것	6.3
10	돼지 부산물, 간, 삶은것	18.7	22	샛멸, 생것	5.4
11	닭 부산물, 간, 삶은것	16.9	23	어패류부산물, 은어 내장, 생것	5.0
12	꽁치, 구운것	16.3	24	조기, 생것	4.8

(계속)

함량 순위	식품	함량 (μg/100 g)	함량 순위	식품	함량 (μg/100 g)
25	어패류알젓, 청어 알, 염장	4.5	28	청새치, 생것	4.3
26	오징어, 생것	4.4	29	방어, 구운것	3.8
27	게, 생것	4.3	30	메추리알, 생것	3.4

1) 국가표준식품성분표 DB 9.1 [85]

표 1-35 수용성 비타민의 생리적 기능, 결핍증 및 과잉증

수용성 비타민	안정성	공급원	생리적 기능	결핍증	과잉증
비타민 B_1 (thiamin)	열에 불안정 (조리 시에 손실 30%), 산성에 안정, 알칼리 불안정	곡류배아, 돼지고기, 콩	탄수화물 대사와 신경작용 도움	각기병	
비타민 B_2 (riboflavin)	열에 안정, 광선에 불안정	우유, 육류, 유제품	단백질 대사 도움, 성장 촉진, 건강한 피부 유지	구순구각염, 설염	
비타민 B_3 (niacin)		생선, 두류, 알곡류	탄수화물 · 단백질 · 지질 대사 도움, 혈압강하	펠라그라, 구취, 설사	혈관확장, 가려움
비타민 B_6 (pyridoxin)	열에 안정, 광선에 불안정	곡류, 종자, 생선, 신장	아미노산 대사에서 보효소작용, 구토증, 입덧 예방	비듬, 구강염, 피부염	간질환, 말초신경증세
비타민 B_{12} (cobalamin)		우유, 생선, 달걀, 육류	악성빈혈 예방, 철분과 엽산 기능 도움	악성빈혈, 창백, 체취, 구역질, 신경과민,	
엽산 (folic acid)		푸른 채소, 내장, 땅콩	DNA 합성과 적혈구 생성 도움, 심장혈관 건강유지	거대적아 구성 빈혈, 입 · 혀염증, 성장지연	
판토텐산 (pantothenic acid)		곡류, 콩류, 닭고기	탄수화물 · 단백질 · 지질 대사 도와 스트레스 해소 작용, 면역력 증진	피로, 구역질, 복부경련, 위장증세	
비타민 H (biotin)			항피부염 인자	비늘성 피부염, 신경염, 탈모, 식욕감퇴	
비타민 C (ascorbic acid)	열 · 광선에 불안정, 산성에서 안정	곡류, 콩기름, 푸른 채소	항산화제, 콜라겐 · 호르몬 형성 도움	괴혈병, 식욕부진, 피로	

3. 비타민 유사물질

비타민은 체내에서 합성되지 않아 반드시 식품으로 섭취해야 하지만 비타민 유사물질은 대부분 체내에서 합성된다.

(1) 콜린(choline)

① 생리기능

콜린은 레시틴(lecithin)의 구성성분으로 간에 중성지방이 축적되는 것을 방지하여 항지방간인자라고 한다. 신경전달물질인 아세틸콜린과 지단백, 세포막, 담즙의 구성성분인 포스파티딜콜린의 구성성분이다. 아세틸콜린은 혈관을 확장시켜 혈압을 낮춘다.

물에 쉽게 녹으며, 흡습성이 매우 강하다. 생체 내 콜린은 간에서 세린(serine)으로부터 합성되며 그 과정에서 비타민 B_6, B_{12} 및 엽산을 필요로 한다.

콜린은 이노시톨과 함께 작용하여 혈중 콜레스테롤 수치를 정상으로 유지시켜 동맥경화를 예방한다. 식이를 통한 콜린의 섭취량이 부족한 경우에 메티오닌으로부터 콜린이 합성된다. 알코올은 콜린 함량을 저하시킨다.

② 급원식품

콜린은 식물성 식품과 동물성 식품에 널리 분포되어 있으므로 식이를 통한 섭취량이 부족한 경우는 드물다.

(2) 카르니틴(carnitine)

① 생리기능

카르니틴은 간에서 리신과 메티오닌으로부터 합성되며 골격근이나 부고환에 많이 함유되어 있다. 지방산이 대사되어 에너지를 생성하기 위해서는 세포질에 있는 지방산을 미토콘드리아 안으로 운반해야 하는데, 카르니틴은 지방산의 운반과 미토콘드리아의 대사산물인 산물질이 과량 생성되었을 때에 이를 제거한다.

② 필요량

사람은 동물성 식품을 통해 카르니틴을 섭취하거나 체내에서 합성을 통해 필요량을 얻고 있다.

③ 결핍증

결핍되면 지방간이 되거나, 출혈성 신장괴사 등이 일어난다.

간 장애가 있는 경우 카르니틴 합성능력이 저하되므로 카르니틴 섭취량을 높여야 한다. 근육세포나 심근세포에 지방의 비정상적인 축적을 보이는 근위축증 또한 카르니틴 결핍이 원인이다.

④ 급원식품

육류와 우유, 간, 효모 등이 주된 공급원이다. 식물성 식품에는 거의 함유되어 있지 않다.

(3) 이노시톨(inositol)

이노시톨은 체내에서 포도당으로부터 합성된다.

① 생리기능

항지방간 인자로 지방간과 동맥경화를 예방하며 뇌신경에 영양을 공급해 신경세포에 의한 자극을 인지하고 전달하여 정상으로 유지시킨다. 탈모와 습진 예방에도 효과가 있다.

② 결핍증

이노시톨이 부족하면 콜레스테롤 침착이나 혈전 형성 촉진 등이 일어난다.

③ 급원식품

감귤류와 간, 땅콩, 양배추, 수박 등에 함유되어 있다.

(4) 타우린(taurine)

타우린은 황함유 아미노산인 시스테인과 메티오닌으로부터 합성된다. 담즙산의 성분으로 근육과 신경조직 및 혈소판 등에 많이 있다. 눈의 광수용기 기능, 혈구 내의 항산화 작용, 혈소판 응집, 인슐린 작용, 세포성장 및 분화 등에 관여한다.

타우린은 동물성 식품에만 있다. 식물성 식품에는 없지만 체내 합성으로 필요량을 충족시킬 수 있다.

(5) 유비퀴논(Ubiquinone), [CoQ(Coenzyme Q10)]

유비퀴논은 세포 내의 미토콘드리아에서 합성되고 생물계에 널리 분포하고 있으며 세포 내의 전자전달계의 산화 · 환원반응과 호기성 대사에 관여한다.

영양소를 에너지로 전환하는 데 필요한 효소의 보조효소로 작용한다. 또한, 강력한 항산화 작용으로 세포막을 보호한다.

육류의 간과 내장, 정어리와 고등어, 참치 등의 등푸른 생선에 많이 함유되어 있다.

표 1-36 피토케미컬의 기능 및 급원식품

피토케미컬	급원식품	기 능
β-카로틴	당근, 호박, 고구마	항산화제
카페산페네틸에스터	꿀	항산화제
캡사이신	칠리고추	지방분해작용
커큐민	심황(tumeric)	면역에 도움
디알릴설파이드	마늘, 양파	항균
진저롤	생강	항산화: 면역조절
이소플라본	대두	에스트로젠길항물질
이소티오시아네이트	브로콜리, 꼬마양배추 콜리플라워 양배추	항균
리모노이드	오렌지, 레몬, 라임, 포도	세포사멸
리그닌	아마씨	에스트로젠길항물질
루테인	토마토, 시금치	항산화제
리코펜	토마토, 붉은색자몽	항산화제
페닐프로파노이드	계피, 클로버, 바닐라	항산화제
폴리페놀	녹차	면역에 도움
레스베리트롤	포도	항산화제

Q & A

1. 지용성 비타민의 특성이 아닌 것은?

(가) 주로 소변으로 배설된다.

(나) 지방의 흡수 및 대사와 관계 있다.

(다) 결핍증이 서서히 발생한다.

(라) 체내 저장이 가능하다.

2. 비타민 A의 작용으로 옳은 것은?

(가) 각기병을 예방한다.

(나) 상피세포 분화에 관여하며 항산화작용이 있다.

(다) 콜라겐을 합성한다.

(라) 산화 · 환원작용을 한다.

3. 비타민 A의 결핍증상이 아닌 것은?

(가) 각막건조증 (나) 성장지연 (다) 비토 반점 (라) 골연화증

4. 비타민 D의 기능이 아닌 것은?

(가) 소장에서 칼슘과 인 흡수 촉진

(나) 신장에서 칼슘과 인 재흡수 촉진

(다) 뼈에서 칼슘과 인 용출 촉진

(라) 적혈구막 보호

5. 비타민 E의 기능이 아닌 것은?

(가) 지용성 영양소의 이중결합 보호기능

(나) 구순염 방지

(다) 면역반응 증진기능

(라) 적혈구막 보호기능

6. 비타민 K의 생리작용은?

(가) 조혈작용 (나) 신경자극전달 (다) 항산화제 (라) 혈액응고

7. 티아민 결핍증이 나타나기 쉬운 경우는?

㈎ 저단백식

㈏ 탄수화물 위주 식사

㈐ 채식위주 식사

㈑ 도정률이 낮은 쌀 섭취

8. 자외선에 의해 파괴되기 쉬워 급원식품을 불투명한 재질로 포장해야 하는 비타민은?

㈎ 비타민 A ㈏ 티아민 ㈐ 리보플라빈 ㈑ 니아신

9. 세포 내 산화 · 환원 반응의 조효소로 작용하며 체내에서 트립토판으로부터 전환되는 비타민은?

㈎ 니아신 ㈏ 리보플라빈 ㈐ 엽산 ㈑ 티아민

10. 펠라그라의 증세가 아닌 것은?

㈎ 피부염(dermatitis) ㈏ 치아손상(dental damage)

㈐ 사망(death) ㈑ 우울증(dementia)

11. 동물성 식품에만 있기 때문에 채식주의자들에게 결핍되기 쉬운 비타민은?

㈎ 비타민 A ㈏ 비타민 B_{12} ㈐ 비타민 B_6 ㈑ 비타민 C

12. 비타민 C의 생리기능이 아닌 것은?

㈎ 면역기능 유지

㈏ 상피세포분화 및 성장촉진

㈐ 신경전달물질 합성

㈑ 카르니틴 합성

[Tip] 비타민 C는 콜라겐 합성과정에서 프롤린, 리신으로부터 히드록시프롤린, 히드록시리신이 되는 과정에 관여한다. 그리고 지방산이 세포질에서 미토콘드리아로 이동하는 과정에 필요한 물질인 카르니틴의 합성에 관여한다. 면역반응에도 중요한 역할을 하고 신경전달물질인 세로토닌이나 노르에피네프린 및 에피네프린 등의 합성에도 관여한다. 상피세포 분화 및 성장에 관여하는 물질은 비타민 A이다.

5. 무기질 (Mineral)

무기질은 체중의 4%를 차지하며, 인체구성 물질 중 탄소, 수소, 산소, 질소 이외의 물질로 회분이라고도 한다.

다량무기질(macromineral)은 1일 필요량이 100 mg 이상, 혹은 체중의 0.005% 이상 존재하는 무기질을 말한다. 미량무기질(micromineral)은 1일 필요량이 100 mg 이하, 혹은 체중의 0.005% 이하 존재하는 무기질이다.

무기질은 체내에서 경조직과 연조직을 구성하고 있으며 체내기능을 조절하는 호르몬이나 효소 등의 구성요소이다.

체액의 삼투압, 산 · 염기 평형, 심장박동 정상 유지, 혈액응고작용, 신경자극 전달, 근육의 수축성 조절 등의 생리기능을 조절한다.

인체 구성물질 *Check point*

- 유기질(96%): C(18%), H(10%), O(65%), N(3%)
- 무기질(4%): C, H, O, N을 제외한 나머지 원소
  - 유기물질이 체내에서 완전히 산화된 후에 남은 물질(회분)

1. 다량무기질

(1) 칼슘(calcium, Ca)

① 생리기능

- 골격 및 치아구성

칼슘은 체중의 1.5~2%를 차지하고 있다. 그 중 99%는 뼈와 치아에서 인산칼슘 [$Ca_3(PO_4)_2$]과 탄산칼슘($CaCO_3$) 형태로 존재하고 있다. 그 밖에 혈청, 근육, 신경에 함유되어 있다.

- 체내의 대사조절

세포막의 투과성 조절, 신경자극 전달, 근육의 수축, 혈액응고 촉진 등의 작용을 한다. 칼슘은 소변을 통한 나트륨 배출을 촉진시켜 혈압을 낮춘다.

또한 체액이 산성화되는 것을 방지하며 백혈구의 식균작용 촉진, 질병에 대한 저항력 증가, 심근의 수축작용 등에 관여한다. 뼈에 침착된 칼슘은 고정된 것이 아

니라 동적인 상태에 있으며 항상성을 유지한다.

무기질에 의한 식품구분 *Check point*

① 알칼리성 식품

연소된 후 남는 무기질이 Na, K, Fe, Mg, Ca으로, 물과 작용하여 체액을 알칼리화하는 식품이다. 채소, 과일, 우유, 굴 등이 속한다.

② 산성 식품

연소 후 남는 무기질이 P, S, Cl로 물과 작용하여 체액을 산성화하는 식품이다. 고기, 생선, 달걀, 곡류 등이 있다.

• 칼슘농도의 조절

칼슘의 혈중농도는 칼시토닌, 부갑상선호르몬과 비타민 D(칼시트리올)에 의해 9~10 mg/100 mL의 일정수준을 유지한다. 혈중 칼슘이 감소되면, 부갑상선에서 부갑상선호르몬이 분비되어 신장에서 비활성 형태의 비타민 D를 활성형태인 칼시트리올로 전환시켜 칼슘의 재흡수를 촉진하며 소장에서는 칼슘의 흡수를 증가시키고 뼈에서 칼슘을 용출하여 혈중 칼슘농도를 높인다.

혈중 칼슘농도가 높으면 부갑상선호르몬 생성이 줄어 신장에서의 비타민 D 활성화가 감소되어 소장에서의 칼슘 흡수가 줄어든다. 갑상선에서 칼시토닌이 분비되어 뼈로부터 칼슘의 용출을 감소시키고 소변으로 칼슘 배출을 증가시켜 혈중 칼슘농도를 낮춘다.

여성의 경우에 폐경기가 되면 부갑상선 기능항진(hyperparathy roidism)이 일어나서 지속적으로 혈청 칼슘 수준이 저하되어(hypocalcemia) 골다공증이 생길 수 있다.

② 흡수와 대사

보통 식사로 섭취되는 칼슘의 10~30%가 장을 통하여 흡수된다. 성인기에는 30% 내외이고, 모유영양아는 60%, 아동 및 청소년기에는 40% 정도이다. 그리고 체내 요구가 큰 성장기와 임신수유기에는 칼슘의 이용률이 증가한다. 칼슘 흡수는 소장 상부에서 일어난다. 산성의 위 내용물이 소장에 도달하면 췌장에서 분비된 중탄산염에 의해 부분적으로 중화되어 pH 6 이하가 되므로 칼슘의 흡수가 잘 된다.

칼슘의 흡수를 촉진하는 인자로는 부갑상선호르몬이 있으며 소화기 내의 산도가 산성 유당, 리신, 아르기닌, 비타민 C 등이 있다.

수산염(oxalates)이나 피틴산염(phytates) 등은 칼슘과 결합하여 불용성 염을 형성해 칼슘의 흡수를 저해한다.

또한, 유리 지방산도 칼슘과 불용성염을 형성하여 칼슘의 흡수를 억제한다. 칼슘과 인의 비율은 인이 칼슘보다 상대적으로 높을 때 [칼슘과 인의 비율이 1:1~1:1.5(성인), 1:2(어린이)] 흡수가 더 잘된다.

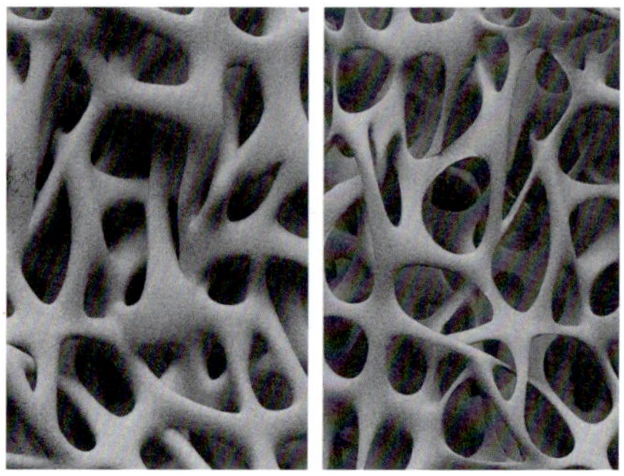

그림 1-21 건강한 뼈와 골다공증

그림 1-22 연령에 따른 골격의 변화

표 1-37 칼슘 흡수에 영향을 미치는 인자

흡수를 증진시키는 인자	흡수를 방해하는 인자
소장 상부의 산성 환경	소장 하부의 알칼리성 환경
정상적인 소화관 운동 및 활성	위산 완화제
비슷한 비율의 식이칼슘과 인	칼슘에 비해 과량의 인, 철분, 아연
비타민 D	피틴산, 수산, 흡수되지 않은 지방산
유당	비타민 D 결핍
포도당	폐경
부갑상선호르몬	노령
에스트로겐	과량의 식이섬유, 차의 폴리페놀(탄닌)
비타민 C	운동부족
	스트레스

③ 권장량

한국 성인남자의 1일 권장섭취량은 700~800 mg이다.

④ 결핍증 및 과잉증

성장기에 칼슘이 결핍되면 성장지연, 뼈의 기형, 구루병 등의 증상이 나타난다. 그리고 성인기에 부족하게 되면 뼈의 약화, 골연화증(아기를 많이 낳고 칼슘 섭취가 부족한 여성에게 나타남), 골다공증(폐경기 이후 여성), 근육의 떨림(경련, tetany) 등의 증상이 나타난다. 근육의 수축과 신경기능에 칼슘이 중요한 역할을 하기 때문에 혈중 칼슘 농도가 낮으면 근육통, 근육경련 등의 증상이 나타난다.

테타니(tetany)는 혈액 속의 칼슘 저하로 말초신경과 신경근 접합부의 흥분성이 높아져서 가벼운 자극으로도 근육(주로 손 등의 근육)이 수축 · 경직을 일으키는 질환이다.

지나친 칼슘 섭취는 근육이나 심장과 같은 연조직에 칼슘이 침착되며 신장기능을 손상시킨다.

⑤ 급원식품

칼슘의 가장 좋은 공급원은 우유와 유제품, 뼈째 먹는 생선류 및 두류, 곡류, 해조류, 녹색 채소류 등이다.

우유는 약 50% 정도 흡수되며, 멸치와 조개는 25%, 채소류는 20% 정도 흡수된다. 흡수율에 차이가 나는 이유는 식품이나 제재로 섭취한 칼슘이 체내로 흡수되기 위해서는 위장 내에서 칼슘이온이 되어야 하기 때문이다.

우유에 들어 있는 칼슘은 유당에 의해 흡수가 촉진되며, 카제인이 소장에서 분해될 때에 생성되는 CPP(casein phosphor peptide)가 칼슘을 가용화하여 흡수한다.

한 컵의 우유에는 400 mg, 분유에는 50 g당 450 mg, 그리고 상추, 양배추, 겨자, 순무는 1컵당 100 mg의 칼슘이 함유되어 있다.

표 1-38 칼슘 주요 급원식품(100 g 당 함량)[1)]

급원식품 순위	급원식품	함량 (mg/100 g)	급원식품 순위	급원식품	함량 (mg/100 g)
1	멸치	2,486	4	요구르트	141
2	우유	113	5	달걀	52
3	배추김치	50	6	두부	64

(계속)

급원식품 순위	급원식품	함량 (mg/100 g)	급원식품 순위	급원식품	함량 (mg/100 g)
7	미꾸라지	1,200	19	과일음료	20
8	치즈	626	20	빵	26
9	과자	137	21	명태	109
10	열무김치	134	22	콩나물	53
11	건미역	1,109	23	대두	158
12	상추	122	24	굴	428
13	들깻잎	296	25	어패류젓	592
14	백미	5	26	아이스크림	80
15	라면(건면, 스프포함)	48	27	양배추	45
16	채소음료	95	28	양파	15
17	무	23	29	가당음료	32
18	깨	854	30	홍어	305

[1] 2017년 국민건강영양조사의 식품별 섭취량과 식품별 칼슘 함량(국가표준식품성분표 DB 9.1 [87]) 자료를 활용하여 칼슘 주요 급원식품 상위 30위 산출

(2) 인(phosphorus, P)

인의 85%가 뼈와 치아에 인산염(phosphate)으로 존재하며, 10%가 근육에, 나머지가 신경조직에 포함되어 있다. 인은 산화적 인산화에 의한 ATP의 생성이나 크레아틴(creatine) 인산염의 생성 등 고에너지 화합물을 형성하여 세포의 에너지 대사에 중요하다.

① 생리기능

인은 세포막의 주요 구성요소인 인지질과 DNA나 RNA 등 핵산의 구성성분이며 인지질의 구성요소로 세포막과 지단백질(lipoprotein) 형성에 필요하다.

에너지 대사에 관여하며 비타민이 조효소로 활성화되기 위해서 꼭 필요한 물질이다. 산염기 평형을 조절하는 완충작용을 한다. 칼슘과 함께 뼈의 석회화에 필수적이다.

② 흡수 및 대사

식품으로 섭취한 인은 소장에서 유리된 무기 인산염의 형태로 주로 농도에 의존하는 수동적인 과정에 의해 쉽게 흡수된다. 영아는 모유의 인 중 80~90%를 흡수

하며 우유에 함유된 인의 65~70%를 흡수한다. 성인은 일반적으로 60~70%의 흡수율을 보인다. 배설은 신장에서 이루어진다.

③ 결핍증

인은 동 · 식물계에 널리 분포하므로 정상적으로 식사하면 결핍증은 거의 없다.

그러나 제산제의 남용이나 신장투석으로 인해 인이 과다 배설되는 경우 등에는 결핍증이 생긴다. 식욕부진, 빈혈, 근육약화 및 뼈 발달이 지연된다.

④ 과잉증

과잉섭취하면 독성이 나타나는데 연조직, 특히 신장이 침착된다.

정상인의 신장은 혈액 내의 과도한 인을 충분히 제거할 수 있기 때문에 문제가 없으나, 신장 기능이 떨어지면 식품을 통해 섭취된 인산도 고인산혈증을 유발하며 근육경련 등을 일으킨다.

또한 칼슘 섭취량이 적고 인 섭취량이 많은 식사를 계속하면 부갑상선호르몬 농도가 증가하고 뼈의 교체 속도가 증가하며 골질량과 골밀도가 감소해 골절이 생길 수 있다.

⑤ 급원식품

인은 곡류, 두류, 유제품, 육류, 생선 등에 풍부하다.

표 1-39 인 주요 급원식품(100 g 당 함량) [1)]

급원식품 순위	급원식품	함량 (mg/100 g)	급원식품 순위	급원식품	함량 (mg/100 g)
1	백미	95	13	치즈	857
2	돼지고기(살코기)	183	14	대두	570
3	닭고기	251	15	빵	78
4	멸치	1,867	16	새우	390
5	우유	84	17	오징어	270
6	달걀	191	18	고등어	290
7	배추김치	50	19	감자	62
8	두부	158	20	보리	161
9	소고기(살코기)	131	21	돼지 부산물(간)	241
10	현미	275	22	무	37
11	햄/소시지/베이컨	266	23	간장	127
12	요구르트(호상)	105	24	명태	202

(계속)

급원식품 순위	급원식품	함량 (mg/100 g)	급원식품 순위	급원식품	함량 (mg/100 g)
25	맥주	14	28	찹쌀	151
26	된장	218	29	고구마	55
27	소 부산물(간)	497	30	국수	49

[1)] 2017년 국민건강영양조사의 식품별 섭취량과 식품별 인 함량(국가표준식품성분표 DB 9.1 [81]) 자료를 활용하여 인 주요 급원식품 상위 30위 산출

(3) 마그네슘(magnesium, Mg)

마그네슘은 체내에 20~35 g 정도 존재하며, 300종 이상의 효소체계에 보조인자로서 작용한다. 혐기적 · 호기적 에너지 생성과정에서 Mg-ATP 복합체의 일부로서 또는 직접 효소를 활성화함으로써 작용한다.

① 생리기능

ATP를 이용하는 대부분의 효소들은 마그네슘이 필요하며 DNA나 RNA 대사에도 관여한다. 신경 및 근육의 세포막 전위의 유지와 신경근 연접부에서의 자극전도에도 관여한다. 신경전달물질인 아세틸콜린의 분비를 감소시키고 분해를 촉진하여 신경을 안정시키고 근육의 긴장을 이완시킨다. 췌장의 인슐린 분비와 세포에서 인슐린 작용에도 관여한다. 마그네슘은 또한 동맥을 이완시켜 혈압을 내리고 비정상적인 심장박동을 방지한다.

마그네슘이 세포 내외로 운반될 때는 운반체와 에너지가 필요하며, 호르몬의 영향을 받는다. 마그네슘은 심장근육세포 내에서 세포 외로 칼륨이 운반되는 것을 조절한다. 체내 마그네슘의 항상성은 신장에 의해 조절된다.

② 흡수 및 대사

소장에서 흡수되며 흡수율은 45%이다. 곡류의 피틴산과 과량의 칼슘 섭취는 마그네슘의 흡수를 저해한다.

③ 결핍증 및 독성

알코올 중독자나 콰시오커 등의 환자에게서 마그네슘의 흡수가 불량하면 신경기능과 근육기능이 비정상적으로 되며, 특히 심장근육 기능이 비정상일 수 있다. 마그네슘을 약제나 보충제의 형태로 과잉 섭취하면 가슴앓이, 소화불량, 복통, 메스꺼움 등의 증상을 나타낸다.

④ 급원식품

전곡류, 푸른 채소, 코코아, 견과류, 두류 등이 있다.

표 1-40 마그네슘 주요 급원식품(100 g 당 함량) [1)]

급원식품 순위	급원식품	함량 (mg/100 g)	급원식품 순위	급원식품	함량 (mg/100 g)
1	백미	23	16	맥주	6
2	소금	1150	17	간장	47
3	배추김치	26	18	빵	19
4	두부	80	19	감자	20
5	멸치	304	20	바나나	28
6	닭고기	32	21	고추장	53
7	돼지고기(살코기)	21	22	보리	54
8	현미	100	23	고춧가루	155
9	건미역	901	24	소고기(살코기)	13
10	우유	10	25	된장	74
11	대두	209	26	라면(건면, 스프포함)	20
12	시금치	84	27	달걀	11
13	과일음료	15	28	열무김치	36
14	고구마	27	29	깍두기	30
15	들깻잎	151	30	콩나물	27

[1)] 2017년 국민건강영양조사의 식품별 섭취량과 식품별 마그네슘 함량(국가표준식품성분표 DB 9.1 [75]) 자료를 활용하여 마그네슘 주요 급원식품 상위 30위 산출

(4) 황(sulphur, S)

체중의 0.25%(175g)를 차지하며 결체조직, 피부, 손톱, 모발 등에 존재한다. 인슐린의 구성성분이다.

① 생리기능

연골, 건, 골격, 피부, 심장판막 등에 존재하는 콘드로이틴 설페이트(chondroitin sulphate)를 구성한다. 리포산(lipoic acid), 판토텐산(pantothenic acid) 등의 조효소 구성성분이다. 세포내의 산화·환원반응에 관여하는 글루타티온(glutathione) 구성성분이며, 결체조직이나 모발 및 손톱 등에 존재한다. 세포외액에 있는 황산염은 산·염기평형에 관여한다.

② 결핍증

메티오닌과 시스테인이 풍부한 식사를 하면 결핍증은 없다.

③ 급원식품

육류, 우유, 달걀, 두유 등이 있다.

(5) 나트륨(sodium, Na)

세포외액에 가장 많이 존재하는 양이온으로 염소와 결합하여 체액에 존재하며 소장에서 확산을 통해 흡수된다. 혈중 나트륨은 부신피질 호르몬인 알도스테론(aldosterone)에 의해 조절된다.

① 생리기능

나트륨은 혈액을 비롯한 체액의 양을 적당하게 유지하고, 산과 염기의 균형을 조절하며, 신경의 자극 전달이나 근육이 수축할 때에 중요한 역할을 한다.

또한 나트륨은 능동수송을 통한 포도당과 아미노산 흡수에 중요하다. 나트륨이 이들 영양소와 함께 운반체에 결합한 후 나트륨 농도차에 의해 세포 안으로 들어가면서 영양소가 함께 들어간다. 즉, 나트륨이 있어야 포도당이 흡수된다.

신장질환이나 심장질환, 혹은 나트륨 섭취를 심하게 제한하거나 부신피질기능이 저하된 경우에는 세포외액의 나트륨 농도가 낮아져 체액이 세포 내로 이동하고 혈액량이 감소해 혈압이 낮아진다.

식염과 건강 *Check point*

① 심혈관질환

고혈압은 심근경색증, 심혈관계질환, 신장질환 등을 일으키는데 소금을 과잉섭취하는 사람일수록 발생이 많다.

② 뇌졸중

소금을 많이 섭취하는 사람일수록 뇌졸중이 더 많이 발생하고 뇌졸중으로 인한 사망률도 높다.

③ 암

식염 섭취를 많이 하는 사람일수록 위암 발생률이 높다고 한다. 소금에 절인 생선이나 피클(절인 음식) 및 음식물의 소금 농도가 높으면 위를 보호하는 보호막이 파괴되고 염증이 생기며 위가 헐고 위축성 변화가 일어나서 발암물질이 작용하기 쉬워지는 것으로 알려져 있다.

② 결핍증

나트륨이 부족하면 혈압이 떨어지거나 근육경련이 일어날 수 있다. 그리고 식욕부진, 구역, 구토, 집중 곤란, 혼미, 무기력, 흥분, 두통, 경련발작 등의 증상이 생긴다.

③ 과잉증

나트륨이 과잉섭취되면 체액의 삼투압 증가로 고나트륨혈증과 고혈압 및 위암 등의 발현 가능성이 높아진다.

④ 필요량

우리 몸에 필요한 나트륨의 양은 기후와 활동량에 따라 다르다. 사람에게 필요한 나트륨의 최소량은 하루 200~400 mg으로 소금 0.5 g~1 g에 들어 있는 양이다.

(6) 칼륨(potassium, K)

① 생리기능

대부분이 체조직에 이온 형태로 세포 내에 존재한다. 칼슘과 함께 신경자극의 전달과 근육의 수축작용에 관여하며 심장 기능에 중요하다.

칼륨은 심박동과 맥박을 정상으로 유지시켜 줌으로써 마그네슘과 함께 심근경색 예방에 도움이 된다. 나트륨과 함께 체액과 삼투압을 정상적으로 유지하며, 나트륨과 길항작용이 있어 체내의 나트륨을 배설시킨다.

또한, 혈당이 글리코겐으로 저장될 때에 칼륨을 함께 저장하므로 칼륨이 적절하게 공급되지 않으면 저칼륨증이 초래될 수 있다.

② 흡수와 대사

섭취된 칼륨의 대부분은 소장에서 단순확산으로 흡수된다. 신장에서 칼륨 균형을 유지하며 부신피질 호르몬인 알도스테론은 신장에서 칼륨 배설을 자극한다.

③ 결핍증

장기간의 칼륨 제한 식사, 이뇨제 복용, 수술 등에 의해 근육약화, 호흡기능 저하, 심장 이상이 생길 수 있다. 심하면 근육마비나 부정맥이 유발된다.

④ 급원식품

과일, 채소, 곡류, 육류, 생선 등이 있다.

표 1-41 칼륨의 주요 급원식품(100 g 당 함량) [1)]

급원식품 순위	급원식품	함량 (mg/100 g)	급원식품 순위	급원식품	함량 (mg/100 g)
1	배추김치	313	16	바나나	346
2	돼지고기(살코기)	325	17	양파	145
3	백미	89	18	라면(건면, 스프포함)	272
4	닭고기	371	19	토마토	250
5	우유	143	20	간장	422
6	과일음료	330	21	달걀	131
7	무	268	22	오이	196
8	감자	335	23	요구르트(호상)	174
9	소고기(살코기)	248	24	멸치	770
10	고구마	379	25	고추장	422
11	사과	107	26	두부	132
12	고춧가루	2,541	27	열무김치	349
13	대두	1,804	28	복숭아	188
14	시금치	790	29	양배추	241
15	참외	450	30	배추	331

1) 2017년 국민건강영양조사의 식품별 섭취량과 식품별 칼륨 함량(국가표준식품성분표 DB 9.1 [38]) 자료를 활용하여 칼륨 주요 급원식품 상위 30위 산출

(7) 염소(chloride, Cl)

① 생리기능

체중의 0.15%로 혈장과 세포외액에 음이온으로 분포하며 위액내 염산의 구성성분이다. 산-염기 평형, 신경흥분 등을 조절한다.

② 결핍증

소화불량, 식욕부진, 위내 세균 억제력 감소 등이 나타난다. 과잉증으로는 위산과다증 등을 들 수 있다.

2. 미량 무기질

(1) 철(iron, Fe)

철은 헤모글로빈 및 효소를 포함한 많은 단백질의 구성성분이다.

① 생리기능

철은 체내에서 산소를 운반한다. 체내 철의 2/3가 적혈구 내의 헤모글로빈에 존재하며, 25%는 쉽게 이용 가능한 저장철의 형태로, 나머지 5%는 근육조직의 미오글로빈에 있어 근육이 수축하기 위해 ATP가 필요할 때에 산소를 공급한다.

철은 미토콘드리아의 전자전달계에 관여하는 효소의 구성성분으로 에너지 및 지질 대사에 관여하는 카르니틴과 콜라겐 합성, 그리고 면역기능 유지와 신경전달물질 합성을 돕는다.

② 흡수 및 대사

소장 상부에서 흡수되며, 흡수율은 동물성 식품은 10~30%, 식물성 식품은 2~10%이다. 환원형 철인 ferrous iron(Fe^{2+})이 산화형 철인 ferric iron(Fe^{3+})보다 흡수가 더 잘 된다. 비헴철(nonheme iron)은 환원형의 철로 되어 장세포에서 페리틴 단백질과 함께 혈액으로 운반되며 혈액에 유입되면 간에서 합성된 운반단백질 트랜스페린이 체내 세포로 운반한다. 이 때 세포막의 트랜스페린 수용체(transferrin receptor, TR)가 철의 필요 정도에 따라 변화되어 철이 운반되도록 한다.

철은 간이나 골수 및 비장에 저장되며 페리틴(feerritin)은 계속 혈액으로 방출되므로 혈액의 페리틴 농도는 체내에 저장된 철의 양에 비례한다. 헤모시데린(hemosiderin)은 철 섭취량이 높을 때에 철 독성으로부터 보호하기 위해 장기적으로 저장되는 형태이다.

철의 흡수를 촉진하는 인자 중 비타민 C는 소장내에서 산화철을 환원철로 전환하며 위산도 헴철의 환원을 돕는다. 위산을 중화하기 위해 장기적으로 제산제를 복용하면 비헴철의 흡수가 감소된다.

철의 흡수를 방해하는 인자로는 인산염, 피틴산염, 수산, 탄닌산, 위산의 감소 비헴철 등이 있다.

③ 권장량

한국 성인의 1일 권장섭취량은 남자 10mg, 여자 14mg이다.

④ 결핍증

식이로 섭취되는 철분이 결핍되면 철분결핍성 빈혈이 나타난다.

⑤ 급원식품

헴 철분을 함유하고 있는 식품은 육류, 어패류, 가금류 등이 있다.

곡류나 콩류 및 진한 녹색 채소 등도 좋은 급원이나 식물성 식품의 철은 비헴철로 흡수율이 낮은 편이다. 철분 함량과 흡수율이 낮은 식품으로 우유와 유제품이 있는데 우유의 칼슘은 장내에서 철분 흡수를 억제한다.

표 1-42 철 주요 급원식품(100 g 당 함량) [1)]

급원식품 순위	급원식품	함량 (mg/100 g)	급원식품 순위	급원식품	함량 (mg/100 g)
1	백미	0.80	16	빵	0.60
2	돼지 부산물(간)	17.92	17	소 부산물(간)	6.54
3	소고기(살코기)	2.12	18	고춧가루	4.89
4	달걀	1.80	19	굴	8.72
5	멸치	12.00	20	파	0.82
6	배추김치	0.51	21	닭고기	0.28
7	두부	1.54	22	과자	1.14
8	돼지고기(살코기)	0.65	23	간장	1.09
9	대두	7.68	24	된장	2.07
10	시금치	2.73	25	과일음료	0.31
11	순대	7.10	26	라면(건면, 스프포함)	0.54
12	만두	3.10	27	고구마	0.52
13	보리	2.40	28	당면	4.69
14	시리얼	11.95	29	샌드위치/햄버거/피자	1.09
15	찹쌀	2.20	30	감자	0.40

[1)] 2017년 국민건강영양조사의 식품별 섭취량과 식품별 철 함량(국가표준식품성분표 DB 9.1 [59]) 자료를 활용하여 철 주요 급원식품 상위 30위 산출

(2) 아연(zinc, Zn)

① 생리기능

아연은 세포의 증식과 성장, 열량영양소와 알코올의 대사, 유리기 제거에 관여하는 효소의 구성성분으로 효소가 생리적 활성을 나타내는 데 필요하다.

생체 내 여러 금속효소의 구성요소로 아연이 제거되면 활성도가 감소하였다가 아연과 함께 활성도가 복원되는 효소들을 아연금속효소(zinc metalloenzyme)라 하며, RNA 중합효소(RNA polymerase), 알코올탈수소효소(alcohol dehydrogenase, ADH), 탄산무수화효소(carbonic anhydrase), 알칼리 포스타파아제(alkaline phosphatase) 등이 있다.

아연은 면역기능에 관여하며 생체막의 구조와 기능을 정상적으로 유지한다. 인슐린과 복합체를 이루고 있어 탄수화물 대사에도 관여한다.

② 흡수 · 대사

아연은 대부분 소장에서 농도가 낮을 때는 촉진확산으로, 농도가 높을 때는 단순확산으로 흡수된다. 장세포 내에서 아연은 메탈로티오네인(metallothionein, 황을 함유한 단백질)이라는 단백질과 결합해 혈액으로 이동한다.

시스테인이나 히스티딘과 같은 아미노산은 아연과 가용성 화합물을 만들어 아연의 흡수율을 높인다. 식물성 식품에 있는 피틴산(phytic acid)은 아연과 불용성의 화합물을 형성하여 흡수를 저해하며, 섬유소도 아연의 흡수를 저해한다.

③ 결핍증

세포성 면역과 체액성 면역이 저해된다. 또한 아연이 부족하면 성장이 지연되며, 탈모나 감염증가 등이 나타난다.

④ 급원식품

육류나 조개류 등의 단백질 식품에 많이 함유되어 있다.

표 1-43 아연 주요 급원식품(100 g 당 함량) [1)]

급원식품 순위	급원식품	함량 (mg/100 g)	급원식품 순위	급원식품	함량 (mg/100 g)
1	백미	1.40	14	무	0.53
2	소고기(살코기)	4.40	15	대두	4.49
3	돼지고기(살코기)	2.13	16	시금치	2.01
4	배추김치	0.56	17	보리	2.05
5	달걀	1.16	18	시리얼	9.72
6	돼지 부산물(간)	6.72	19	샌드위치/햄버거/피자	1.51
7	우유	0.36	20	빵	0.54
8	두부	1.17	21	콩나물	1.02
9	닭고기	0.61	22	햄/소시지/베이컨	1.14
10	현미	2.05	23	소 부산물(간)	5.30
11	굴	15.90	24	파	0.79
12	멸치	4.64	25	요구르트(호상)	0.43
13	떡	0.86	26	감자	0.38

(계속)

급원식품 순위	급원식품	함량 (mg/100 g)	급원식품 순위	급원식품	함량 (mg/100 g)
27	라면(건면, 스프포함)	0.46	29	된장	1.46
28	오징어	1.40	30	새우	1.80

[1] 2017년 국민건강영양조사의 식품별 섭취량과 식품별 아연 함량(국가표준식품성분표 DB 9.1 [100]) 자료를 활용하여 아연 주요 급원식품 상위 30위 산출

(3) 구리(copper, Cu)

① 생리기능

구리는 체내에서 산화 · 환원효소의 구성요소이며, 생체반응의 필수 촉매인자이다. 구리 함유 효소는 아연 및 철 의존성 효소들에 비해 적지만 에너지 생성이나 철의 대사 등에 중요한 역할을 한다.

구리는 Cu, Zn－초과산화물(Zn-Superoxide), 불균등화효소[Dismutase(Cu, Zn-SOD)]에 결합하여 세포의 산화적 손상을 방지한다. 세룰로플라스민(ceruloplasmin)은 철 이온의 산화를 촉진하여 철이 쉽게 소장세포막을 통과하도록 만들어 철의 흡수를 돕는다.

또 구리는 트랜스페린과의 결합을 촉진함으로써 저장된 철과 장관 내의 철을 헤모글로빈 생성장소로 운반하여 헤모글로빈 합성을 돕고 간에서 페리틴이 방출되는 것을 도움으로써 빈혈을 예방한다.

미토콘드리아 내에 있는 전자전달계의 마지막 과정에서 시토크롬 C 산화효소(cytochrome C oxidase)의 조효소로 작용하여 ATP 생성에 관여한다.

② 흡수와 대사

구리는 주로 소장에서 흡수되며 식사로 섭취한 구리의 약 50% 정도가 흡수된다. 섭취량이 많으면 단순확산으로 흡수되며 장내농도가 낮을 때는 촉진확산으로 흡수율이 증가한다.

간에 세룰로플라스민의 형태로 저장되어 있어 필요할 때에 혈액을 통해 조직으로 이동한다.

식이에 칼슘, 철분, 황, 아연 등이 많으면 구리의 흡수율이 떨어진다. 사용되고 남은 구리는 간으로 되돌아와 담즙을 통해 대변으로 배출된다.

③ 결핍증

철의 이용률이 감소하고 적혈구 합성이 저하되어 빈혈이 발생한다.

구리는 결합조직 단백질의 세포간 또는 세포내 사슬가교 형성을 촉진하는 반응에 필요한 라이실 산화효소(lysyl oxidase)를 활성화한다. 그러므로 구리가 부족해 이 효소의 활성이 억제되면 골격, 피부, 혈관이 비정상적으로 형성된다.

④ 과잉증

적혈구 파괴로 인한 빈혈, 신장 세뇨관의 손상, 간 손상 등이 나타난다. 윌슨씨병은 유전적으로 구리가 대사되지 않아 배설되지 못하고 간, 뇌, 신장, 각막에 축적되어 갈색이나 녹색이 장기에 나타나는 질환이다.

⑤ 급원식품

구리는 소 간, 돼지 간, 견과류, 두류, 굴, 패류 등에 많이 함유되어 있다. 또 코코아, 초콜릿, 버섯, 곡류의 배아, 말린 과일, 바나나, 감자, 토마토 등에도 함유되어 있다.

표 1-44 구리의 주요 급원식품(100 g 당 함량) [1)]

급원식품 순위	급원식품	함량 (μg/100 g)	급원식품 순위	급원식품	함량 (μg/100 g)
1	백미	220	16	돼지고기(살코기)	32
2	소 부산물(간)	14283	17	과일음료	56
3	대두	1147	18	떡	83
4	배추김치	40	19	고춧가루	694
5	돼지 부산물(간)	634	20	굴	1300
6	두부	126	21	낙지	1000
7	오징어	530	22	된장	328
8	감자	134	23	바나나	85
9	빵	117	24	소고기(살코기)	43
10	새우	620	25	고사리	399
11	현미	229	26	두유	114
12	보리	306	27	멸치	252
13	열무김치	241	28	콩나물	103
14	고구마	111	29	라면(건면, 스프포함)	63
15	게	1080	30	달걀	35

[1)] 2017년 국민건강영양조사의 식품별 섭취량과 식품별 구리 함량(국가표준식품성분표 DB 9.1 [59]) 자료를 활용하여 구리 주요 급원식품 상위 30위 산출

(4) 불소(fluorine, F)

불소는 충치예방과 관련된 미량원소로 체내 불소의 거의 대부분은 골격과 치아에 있다.

① 생리기능

불소는 박테리아의 포도당 이용을 방해하여 산의 생성을 감소시켜 충치를 예방한다.

② 흡수 및 대사

불소의 위장에서의 흡수나 세포 내외로의 이동 등의 작용은 대부분 산 형태인 불화수소의 확산에 의해 이뤄진다. 불소는 칼슘과 친화력이 있어 주로 석회화된 조직에서 찾아볼 수 있다.

또한, 새로운 골격형성을 자극하며 흡수된 불소는 신장을 통해 소변으로 배출된다. 건강한 성인의 경우 흡수된 불소의 50%는 골격과 치아 등 경조직에 유입된다. 뼈에서 무기질이 빠져나오는 것을 막아 노년기의 골다공증을 지연시킨다.

③ 급원

수돗물과 차, 뼈째 먹는 생선류 등이다.

④ 과잉증

불소를 과잉섭취하면 불소가 치아에 축적되어 에나멜 층의 탈색과 반점이 생기는 반상치가 나타난다.

표 1-45 불소 고함량 식품(100 g 당 함량)[1]

함량 순위	식품	함량 (mg/100 g)	함량 순위	식품	함량 (mg/100 g)
1	홍차(차)	0.373	8	체다 치즈	0.035
2	녹차(차)	0.115	9	참치통조림	0.031
3	적포도주	0.105	10	초콜릿 아이스크림	0.023
4	커피	0.091	11	케이크	0.022
5	콜라	0.078	12	쇠고기(등심)	0.022
6	옥수수전분	0.051	13	쌀밥	0.019
7	백미	0.041	14	스파게티(건면)	0.018

(계속)

함량 순위	식품	함량 (mg/100 g)	함량 순위	식품	함량 (mg/100 g)
15	고등어, 꽁치, 삼치, 참치, 민어(구운 것)	0.49	23	당근	0.003
16	고구마	0.014	24	버터	0.003
17	요구르트	0.009	25	바나나	0.0022
18	포도	0.008	26	고추, 토마토	0.002
19	상추	0.005	27	양파, 오이	0.001
20	복숭아	0.004	28	수박	0.001
21	딸기	0.004	29	달걀	0.001
22	사과	0.0033	30	옥수수기름	0.001

1) 한국영양학회 CAN Pro DB 5.0 [89, 90]

(5) 망간(manganese, Mn)

망간은 골격 형성을 비롯하여 아미노산, 콜레스테롤 및 탄수화물 대사에 필수적인 영양소이다.

① 생리기능

금속효소의 성분으로 망간을 함유하는 효소에는 아르기닌 분해효소(arginase, 요소형성 반응을 촉매한다), 글루타민 합성효소(glutamine synthetase, 체내에서 암모니아를 제거하는 반응을 촉진한다), 포스포에놀피루브산 탈탄산효소[phosphoenolpyruvate decarboxylase(피루브산에서 당질을 합성하는 첫 단계에 관여하는 효소로 망간이 부족하면 이들 효소 활성이 떨어진다)], 과산화물제거효소[Mn-Superoxide dismutase(Mn-SOD, 수퍼옥사이드 유리기를 파괴하여 지질의 과산화를 방지한다)] 등이 있다.

② 흡수와 대사

식사로 섭취한 망간은 불과 1~3% 정도만 흡수되며 그 후 담즙을 거쳐 소장으로 배출된다.

③ 급원식품

식물성 식품과 호두, 땅콩 등의 견과류, 도정하지 않은 곡류, 콩류 등에 많다.

④ 결핍증

식물성 식품에 많고 소량이 필요하므로 결핍증은 별로 알려져 있지 않다. 그러나 결핍되면 성장장애, 뼈 형성 장애, 모발 탈색 등의 결함이 생기고 지질 · 당질 대사이상이 나타나기도 한다.

표 1-46 망간 주요 급원식품(100 g 당 함량)[1)]

급원식품 순위	급원식품	함량 (mg/100 g)	급원식품 순위	급원식품	함량 (mg/100 g)
1	백미	0.59	16	국수	0.35
2	배추김치	0.33	17	무	0.21
3	현미	2.53	18	라면(건면, 스프포함)	0.37
4	두부	0.77	19	된장	1.26
5	멸치	3.04	20	간장	0.64
6	감	0.69	21	밤	4.45
7	미숫가루	17.98	22	양파	0.18
8	보리	1.36	23	밀가루	0.62
9	오이	0.58	24	빵	0.21
10	파	0.75	25	과자	0.49
11	떡	0.45	26	만두	0.66
12	대두	2.69	27	콩나물	0.36
13	고구마	0.47	28	고춧가루	1.47
14	시금치	0.92	29	메밀 국수	0.44
15	파인애플	3.63	30	고사리	1.05

[1)] 2017년 국민건강영양조사의 식품별 섭취량과 식품별 망간 함량(국가표준식품성분표 DB 9.1 [95]) 자료를 활용하여 망간 주요 급원식품 상위 30위 산출

(6) 요오드(iodine, I_2)

① 생리기능

요오드(iodine, I_2)는 갑상선호르몬 티록신(thyroxine, T_4)과 트리요오드티로닌(triiodothyronine, T_3)의 필수 구성성분이다. 뇌, 근육, 심장, 뇌하수체 및 신장에서 단백질 대사와 효소 활성을 조절한다.

② 흡수와 대사

식품으로 섭취된 요오드는 음이온(iodide, I^-)으로 환원된 후 대부분 위와 소장

상부에서 흡수되어 갑상선으로 이동한다. 요오드는 갑상선에서 갑상선글로불린과 결합하여 T_4를 형성한 뒤 순환계로 분비되어 간에서 합성된 단백질이나 알부민(albumin) 등과 함께 표적세포로 이동한다.

③ 결핍증

요오드가 결핍되면 단순갑상선종이 생긴다. 임신부의 요오드 섭취가 부족하면 태아의 뇌가 제대로 발달하지 못해 출생 후 정신박약, 성장지연, 보행능력이 떨어진다. 그뿐만 아니라 왜소증 등의 증상을 나타내는 크레틴병에 걸릴 수 있다.

④ 과잉증

보충제 등으로 인해 요오드를 과하게 섭취하면 갑상선기능항진증이나 바세도우씨병이 생긴다.

⑤ 필요량

한국인은 요오드의 섭취가 부족하게 되는 경우는 별로 없으며 권장섭취량은 성인남녀 모두 1일 150 mg이다.

⑥ 급원식품

요오드는 다시마(건조 179 mg／100 g), 미역(건조 8.7 mg／100 g), 김(건조 3.6 mg／100 g), 해조류와 멸치(건조 219~284 mg／100 g), 굴(생것 126 mg／100 g) 등 어패류에 풍부하다.

표 1-47 요오드의 주요 급원식품(100 g 당 함량)[1)]

급원식품 순위	급원식품	함량 (μg/100 g)	급원식품 순위	급원식품	함량 (μg/100 g)
1	건미역	29,098	10	파	9
2	김	1,700	11	빵	4
3	달걀	65	12	요구르트(호상)	4
4	우유	6	13	보리	6
5	멸치	89	14	분말조미료	128
6	배추김치	5	15	어묵	7
7	과자	36	16	콜라	1
8	메추리알	240	17	케이크	9
9	아이스크림	22	18	분유	123

(계속)

급원식품 순위	급원식품	함량 (μg/100 g)	급원식품 순위	급원식품	함량 (μg/100 g)
19	새우	2.3	25	당근	0.7
20	현미	0.8	26	소고기(살코기)	0.2
21	김	5.4	27	넙치(광어)	2.2
22	아몬드	8.1	28	쌈장	1.9
23	닭고기	0.2	29	콩나물	0.4
24	초콜릿	3.1	30	상추	0.5

1) 2017년 국민건강영양조사의 식품별 섭취량과 식품별 요오드 함량(국가표준식품성분표 DB 9.1 [43]) 자료를 활용하여 요오드 주요 급원식품 상위 30위 산출

(7) 셀레늄(selenium, Se)

① 생리기능 및 대사

셀레늄(selenium)은 글루타티온 과산화효소(glutathione peroxidase, GSHPx)의 구성성분으로 체내에서 생산된 과산화수소를 분해하여 과산화수소에 의한 세포손상을 억제하는 항산화 기능을 한다. 갑상선호르몬을 활성화시키는 데 관여하고 유리기의 생성을 억제해 암 예방 등에도 도움이 된다.

② 결핍증

셀레늄이 결핍되어 나타나는 카신벡병(Kaschin-Beck disease)은 중국에서 어린이와 젊은 여성들에게 주로 나타나는 풍토성 심장근육질환이다.

급성인 경우에는 갑작스런 심장기능 약화가 나타나고 만성인 경우에는 심장비대 등의 증상이 나타난다. 가장 특징적인 증세는 연골세포 괴사로 연골의 비정상으로 인한 관절의 변형이 나타날 수 있다.

③ 과잉증

셀레늄 과잉증으로는 호흡 시에 마늘냄새가 나고 구토와 설사 및 치아와 손톱이 부서지는 증상이 나타난다.

④ 필요량

권장섭취량은 성인남녀 모두 1일 60 μg이다.

표 1-48 셀레늄 주요 급원식품(100 g 당 함량) [1)]

급원식품 순위	급원식품	함량 (μg/100 g)	급원식품 순위	급원식품	함량 (μg/100 g)
1	돼지고기(살코기)	20.7	16	밀가루	25.5
2	국수	56.2	17	고추장	23.2
3	달걀	35.4	18	샌드위치/햄버거/피자	21.9
4	빵	29.0	19	소금	50.0
5	소고기(살코기)	17.2	20	요구르트(호상)	5.0
6	멸치	102.7	21	과자	10.3
7	라면(건면, 스프포함)	24.9	22	건미역	96.8
8	우유	5.0	23	감자	4.4
9	닭고기	10.1	24	과일음료	2.5
10	돼지 부산물(간)	67.5	25	오리고기	27.8
11	된장	67.6	26	소 부산물(간)	36.1
12	햄/소시지/베이컨	33.2	27	시리얼	45.4
13	간장	30.7	28	만두	10.5
14	어묵	36.8	29	고구마	3.5
15	배추김치	2.6	30	깍두기	6.2

[1)] 2017년 국민건강영양조사의 식품별 섭취량과 식품별 셀레늄 함량(국가표준식품성분표 DB 9.1 [77]) 자료를 활용하여 셀레늄 주요 급원식품 상위 30위 산출

(8) 몰리브덴(molybdenum, Mo)

① 생리기능 및 대사

체내에서 산화 · 환원반응에 관여하는 금속효소의 보결분자단으로 작용한다. 인체에서 몰리브덴이 필요한 산화 · 환원효소로는 크산틴산화효소(xanthine oxidase), 알데히드산화효소(aldehyde oxidase), 설파이트산화효소(sulfite oxidase)가 있다.

몰리브덴은 섭취량이 많을 때는 대사가 빨라져서 소변으로 배설되는 양이 많아지며, 섭취량이 적은 경우에는 소변 배출량이 감소한다. 몰리브덴은 간과 신장 및 골격에 저장된다.

② 급원식품

우유, 두류, 곡류 등에 많다.

표 1-49 몰리브덴 주요 급원식품(100 g 당 함량) 1)

급원식품 순위	급원식품	함량 (μg/100 g)	급원식품 순위	급원식품	함량 (μg/100 g)
1	두부	44.1	16	팥	295.1
2	샌드위치/햄버거/피자	100.8	17	강낭콩	239.9
3	떡	19.8	18	라면(건면, 스프포함)	8.5
4	된장	76.9	19	달걀	4.8
5	현미	32.7	20	쌈장	55.1
6	두유	32.6	21	대두	38.0
7	빵	13.7	22	국수	6.5
8	상추	38.3	23	고추장	15.7
9	옥수수	73.0	24	닭고기	3.0
10	배추김치	3.3	25	밀가루	13.8
11	사과	4.4	26	애호박	9.3
12	땅콩	249.2	27	콩나물	9.2
13	간장	20.3	28	과일음료	2.9
14	우유	2.1	29	바나나	6.2
15	무	5.4	30	막걸리	5.7

1) 2017년 국민건강영양조사의 식품별 섭취량과 식품별 몰리브덴 함량(국가표준식품성분표 DB 9.1 [39]) 자료를 활용하여 몰리브덴 주요 급원식품 상위 30위 산출

(9) 크롬(Chrome)

① 생리기능

식품 속에 존재하는 크롬의 주요 형태는 3가(Cr(III))이며 간혹 4가의 크롬(Cr(IV))으로 오염되어 있다고 해도 위산에 의하여 환원되어 쉽게 3가로 전환된다. 그러나 크롬산(chromate)이나 이크롬산(dichromate)으로 존재하는 4가의 크롬은 강한 산화제이므로 인체에 매우 해롭다.

② 흡수와 대사

크롬은 인체에 들어오면 빠르게 뼈로 유입된다. 뼈 외에 크롬을 보유한 장기는 지라, 신장, 간 등이 있다. 크롬은 인슐린 활성을 증가시켜줄 수 있는 영양소이며, 식사를 통하여 공급된 크롬은 거의 흡수되지 않고 변으로 98% 정도가 배설되므로 그 흡수율은 매우 낮아 0.5~2% 이내라고 보고되어 있다.

③ 결핍증

크롬이 부족하면 혈당의 이용이 원활하지 못하여 고혈당을 유발하고 인슐린 민감성이 저하된다.

④ 과잉증

크롬을 과잉섭취하게 되면 알레르기성 피부염, 피부병과 폐암 발병률이 증가한다는 보고가 있었으나 대부분 크롬의 독성은 산업현장에서의 노출 결과로 오는 것으로 공기 전파를 통한 Cr^{6+}(6가 크롬) 화합물에 기인한다.

⑤ 필요량

충분 섭취량은 성인남자 1일 25～30 μg, 성인여자는 20 μg이다.

⑥ 급원식품

크롬은 브로콜리, 그린빈 등의 일부 채소, 포도, 오렌지, 사과, 바나나 등의 일부 과일, 적포도주, 마늘과 바질 등의 향신료, 육류, 토마토나 일부 조개류, 등푸른 생선, 견과류, 달걀, 밀배아, 효모, 버섯 등에 풍부하다.

Q & A

1. 칼슘의 흡수를 저해하는 것은?

(가) 비타민 C (나) 식이섬유 (다) 유당 (라) 비타민 D

2. 칼슘의 체내기능이 아닌 것은?

(가) 콜라겐을 형성한다.
(나) 골격과 치아의 구성
(다) 혈액 응고
(라) 근육 수축과 이완

3. 핵산의 구성성분이며 고에너지 화합물의 형태로 당질, 지질, 단백질이 산화되어 열량을 방출하는 데 필요한 물질은?

(가) 나트륨 (나) 마그네슘 (다) 인 (라) 칼슘

4. 나트륨에 대한 설명으로 옳지 않은 것은?

(가) 고혈압을 유발할 수 있으므로 적게 섭취한다.
(나) 섭취한 나트륨의 95% 가량이 흡수된다.
(다) 건강유지를 위한 최소 필요량은 8,000 mg이다.
(라) 나트륨의 주된 배설경로는 신장이다.

5. 세포내액의 주된 양이온으로 체액의 삼투압 유지에 관여하는 무기질은?

(가) 나트륨 (나) 마그네슘 (다) 인 (라) 칼륨

6. 마그네슘의 체내 기능으로 옳지 않은 것은?

(가) 글리코겐 합성 (나) 골격과 치아의 표면 구성성분
(다) 여러 효소의 보조인자 (라) 신경자극 전달

7. 철의 흡수를 증가시키는 요인이 아닌 것은?

(가) 비타민 C (나) 탄닌 (다) 수유기 (라) 임신기

8. 아연의 기능에 대한 설명으로 옳지 않은 것은?

(가) 철의 흡수와 이용을 돕는다.
(나) 체내 여러 효소의 금속효소 성분으로 작용한다.
(다) 아동의 정상적인 성장을 돕는다.
(라) 상처 회복을 돕고 면역기능에 도움을 준다.

9. 철 대사에 관여하며 결합조직의 건강에 기여하고 체내 여러 금속효소의 성분으로 작용하는 무기질은?

(가) 구리 (나) 불소 (다) 아연 (라) 요오드

10. 갑상선 호르몬의 구성성분으로 체내 대사를 조절하는 무기질은?

(가) 구리 (나) 불소 (다) 아연 (라) 요오드

11. 셀레늄의 작용이 아닌 것은?

(가) 비타민 E 절약작용 (나) 비타민 B_{12}의 구성성분
(다) 세포막 손상방지 (라) 산화적 손상으로부터 세포 보호

12. 조혈 작용에 관여하는 무기질이 아닌 것은?

㈎ 철 ㈏ 구리 ㈐ 코발트 ㈑ 아연

13. 미량원소의 생리 기능의 연결이 옳지 않은 것은?

㈎ 셀레늄–글루타티온 과산화효소의 구성성분

㈏ 코발트–비타민 B_{12}의 구성성분

㈐ 크롬–당 내성 인자

㈑ 망간–인슐린의 구성성분

[Tip] 망간은 에너지 대사에서 마그네슘을 대체할 수 있는 무기질이며 뼈 연골조직의 형성에 관여한다.

6. 수 분

수분은 모든 생물체의 생명유지에 필수적인 성분으로 성인 체중의 50~70%를 차지하고 있으며 세포내액과 세포외액으로 분류된다. 체지방조직은 73%가 수분이고 지방조직은 20% 정도가 수분으로 체지방이 증가할수록 체내수분량은 감소한다.

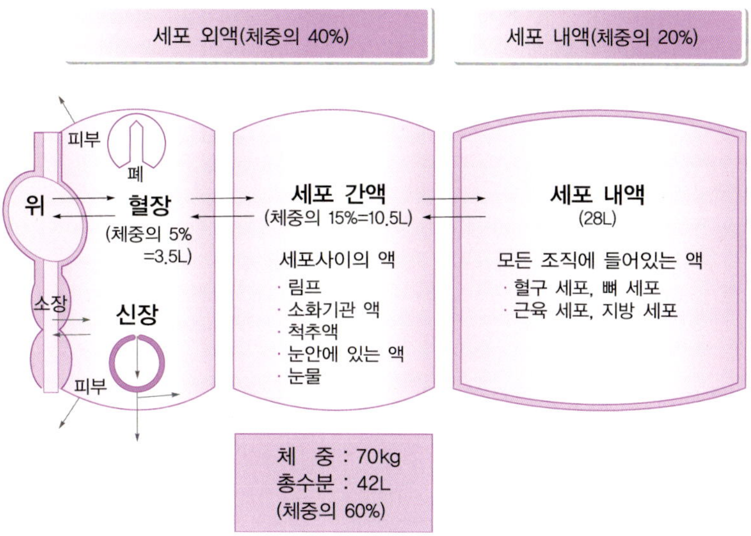

그림 1-23 체내 수분의 구성

Check point

체액(체중의 60%)

① **세포내액**(체중의 40%, 총 체액의 50~60%)
② **세포외액**(체중의 20%): 산소와 영양물질 공급, 노폐물 제거, 전해질 농도, pH 및 삼투질 농도 유지, 주된 무기이온은 Na^+, Cl^-, HCO_3^-
③ **혈장**(혈관내액): 체중의 5%
④ **간질액**(혈관 밖): 체중의 15%

1. 생리기능

수분은 체내에서 각종 영양소와 노폐물을 운반한다. 체온조절, 전해질 평형, 관절액이나 타액 등의 성분이다. 외부 충격으로부터 체내를 보호하고 관절의 움직임을 원활하게 하는 등 윤활작용도 한다.

2. 흡수 및 대사

삼투압의 차이에 의한 확산현상을 통해 흡수된다. 소화관으로 들어온 수분의 95%는 소장에서 흡수되고 4%는 대장에서 흡수되며 1%는 소변으로 배출된다.

3. 급원과 배설

수분의 급원으로는 음료수(액체), 고형식품, 대사수 등이 있다. 소변, 대변, 증발작용(피부, 호흡) 등을 통해 배출한다.

표 1-50 수분의 급원과 배설

수분의 급원	수분량(mL)	수분의 배설	수분량(mL)
액체(음료수)	1,100~1,400	소변	900~1,500
고형식품	500~1,000	피부	500~600
대사수	300~400	호흡	300~400
		대변	100~200
합 계	1,900~2,800	합계	1,900~2,800

4. 수분 균형

수분 균형이란 수분 섭취량과 수분 배설량이 균형을 이룬 상태이다. 수분이 부족하면 신체 중심부의 온도도 상승하며 심혈관계 활동 곤란, 체온 조절능력이 감소하게 된다.

탈수증(dehydration)은 더운 날 수분 보충을 하지 않은 채로 심한 육체운동을 계속하거나 수분 섭취가 부족한 상태에서 발생한다.

체내 총 수분량의 2%를 손실하면 갈증을 느끼며, 4% 정도 손실하면 근육이 피로하며, 운동 중인 경우에는 지구력이 급격히 떨어진다. 체내 총 수분량의 12%를 손실하면 외부의 높은 온도에 대한 적응력 상실로 무기력에 빠지며, 총 수분량의 20%를 손실하면 의식을 잃고 사망한다.

수분 손실량	1~2%	4~5%	12%	20%
탈수증세	갈증	근육피로	무기력	사망

수분 중독(water intoxication)은 신장의 기능 저하로 단시간에 많은 물을 섭취할 때에 발생한다. 메스꺼움, 구토, 근육 경련, 방향감각 쇠퇴, 발작, 혼수 등의 증상이 나타나며 사망할 수 있다.

부종(edema)은 혈액이 수분을 보유할 수 있는 충분한 전해질 또는 단백질이 부족할때에 혈액 중의 수분이 세포와 세포 사이의 틈(세포간액, 조직액)으로 빠져나가기 때문에 붓는 현상이다.

5. 수분 필요량

보통 성인은 1 kcal 섭취당 1 mL의 물이 필요하며 어릴수록 단위체중당 수분필요량이 높다. 신생아는 1 kcal당 1.5 mL가 필요하다. 섭취식품이 고지방식이면 수분 필요량이 감소(지방산화 시 수분 생성량이 많다)하며 고단백질식이면 수분필요량이 증가(요소 배설을 위해)한다.

고염식이나 고당질식을 하면 희석을 위해 수분 필요량이 증가한다. 커피, 엽차, 코코아(xanthine 유도체 함유), 알코올 등을 섭취하면 이뇨작용으로 수분 배설량이 증가한다. 휴식이나 수면 중에는 수분손실이 적다. 그러나 심한 운동, 노동 시에는 열 발산을 위해 많은 양의 수분이 필요하다.

2020 한국인 영양소 섭취기준에서는 성인 30~49세의 1일 수분섭취량은 남자 2,500 mL, 여자 2,000 mL를 마실 것으로 정하고 있다.

6. 수분 조절

뇌의 시상하부(갈증중추)는 혈액 중에 녹아 있는 물질의 농도가 너무 진할 경우에 갈증을 느낀다. 혈액이 너무 농축되어 있으면 항이뇨호르몬(뇌하수체후엽)이 분비되어 신장에서의 수분 손실을 줄이며, 알도스테론(부신피질호르몬)은 신장의 나트륨 재흡수를 증가시킨다. 이에 따라 수분 재흡수도 증가한다.

(1) 전해질 균형

우리 몸은 전해질을 적절히 함유하며 균형을 유지한다. 전해질이란 체액에 있는 전기적 성질을 띠는 양이온이나 음이온으로 Na^+, K^+, Ca^+, Mg^{++}이 대표적이다.

나트륨(Na^+)은 세포외액, 칼륨(K^+)은 세포내액의 주요 양이온이다. K^+는 세포 내외의 이온 농도 차이에 의하여 세포외로 수동적 확산을 하며 이동한다. 세포로 들어간 Na^+와 세포 외로 나간 K^+는 농도 차이를 역행해 계속 되돌려 보내져서 세포 내외에 일정한 농도 차이를 유지하여 전해질의 균형을 이룬다(세포 내 Na : K = 1 : 10, 세포 외 Na : K = 28 : 1).

(2) 산·염기 평형

pH는 수소이온(H^+)의 농도를 음의 대수로 표현한 것이다. 세포 내의 생화학 반응을 조절하며 세포 내의 대사가 원활히 이루어지기 위해서는 체액의 pH가 일정 범위에서 유지되어야 한다. pH에 기여하는 H^+이온의 급원은 단백질(인산과 황산), 인지질, 당의 혐기성 호흡(젖산), 지방대사(케톤체) 등이 있다.

(3) 화학적 완충제

① 중탄산 완충계(bicarbonate buffer system)

세포내액과 세포외액의 중요한 완충계로 탄산과 그 염인 중탄산나트륨의 혼합물의 완충계가 있다. 폐에서 이산화탄소 배설, 신장에서 수소이온 배설, 중탄산이온 재흡수 및 재생산을 통해 염기를 보충한다.

② 인산 완충계(phosphate buffer system)

요와 세포 내액에서 작용한다.

③ 단백질 완충계(protein buffer system)

혈장과 세포 내에서 작용한다.

완충제(buffer) *Check point*

용액에 강산이나 강알칼리가 첨가될 때에 용액의 pH 변화를 최소로 막아 주는 물질로 약산과 짝염기, 또는 약염기와 짝산으로 이루어진다.

7. H^+의 호흡계 조절

폐에서 조절한다.

8. 신장의 조절

궁극적인 산 · 염기 평형 조절기관으로 중탄산이온을 보유한다. 인산, 황산, 요산, 케톤산 및 암모니아의 배설을 통해 산 · 염기 평형을 조절한다.

9. 산·염기 평형의 불균형

체내에서 건강한 사람 혈액의 pH는 7.35~7.45로 완충계와 폐 및 신장의 조절을 통해 일정하게 유지된다. 체액의 pH는 일정하게 유지되어야 하지만 세포 내 대사산물로 H^+가 많이 생성되면 혈액은 산성이 된다. 대사과정에서 알칼리성 물질이 많이 생성되면 체액은 알칼리 쪽으로 기운다. 산과 염기 균형이 깨져서 과산증과 과염기증이 발생할 수 있으며, 과산증과 과염기증도 호흡성 대사성으로 나눌 수 있다.

(1) 호흡성 과산증

호흡계의 결함으로 정상 pH를 유지하지 못해 생기는 증상으로 CO_2 분압이 올라간 것으로 얕은 숨을 쉬고, 폐렴, 폐기종, 기체 교환 방해 등의 현상이 나타난다.

(2) 호흡성 과염기증

호흡계의 결함으로 발생하는 증상으로 PCO_2가 35 mgHg 이하로 내려간 경우를 말한다.

표 1-51 산 · 염기 평형의 비정상적 변화

원인과 대처		과산증(acidosis)	과염기증(alkalosis)
호흡성 (respiratory)	원인	만성 폐질환 환자, 신경장애로 인한 호흡부진으로 CO_2 배설이 잘 되지 않을 때에 발생한다. 예) 얕은 숨, 폐렴, 폐기종, 기체 교환의 방해증상	고지대에 올라갔을 때, 저산 소증, 체온증가, 호흡중추 자극 약물 섭취로 인해 CO_2 배출이 급격히 증가할 때 발생한다.
	대처	신장에서 HCO_3^- 재흡수를 증가시켜 조절한다.	신장에서 HCO_3^- 농도 배설 또는 재흡수를 감소시킨다.
대사성 (metabolic)	원인	산의 과다섭취, 설사 등에 의한 중탄산이온의 소실, 운동으로 인한 젖산의 축적, 쇼크, 당뇨, 기아, 케토시스, 신경결함으로 인해 H^+ 배설장애 시에 발생한다.	pH와 중탄산이온의 증가, 위 산의 구토로 인한 소실, 제산제의 과복용, 변비, 결장에서의 중탄산염의 재흡수 증가로 발생한다.
	대처	호흡 증가로 체내 CO_2 방출을 증가시켜 조절한다.	CO_2의 배설을 감소시켜 조절한다.

(3) 대사성 과산증

산의 과다섭취나 설사 등으로 인해 중탄산 이온이 과도하게 손실되어 발생하는 것으로 운동할 때에 젖산의 축적이 많거나, 당뇨나 기아, 케토시스, 설사, 신장 결함, H^+ 배설장애 등에 의해 발생한다. 중추신경계의 심한 억제가 나타나고 혼수에 빠지게 되면 사망에 이를 수 있다.

(4) 대사성 과염기증

대사성 염기증은 중탄산 이온과 pH의 증가, 위의 산성용액 구토로 인한 손실, 제산제 등의 알칼리 과다복용, 변비 및 결장에서 재흡수되는 중탄산의 증가로 인해 발생한다. 신경이 과잉반응하여 근육에 경련을 일으키고 신경과민이나 호흡장애로 사망에 이를 수 있다.

Q & A

1. 수분에 대한 설명으로 옳지 않은 것은?

(가) 체지방이 증가할수록 수분량은 증가한다.

(나) 1일 피부로 증발되는 수분 손실량은 약 500 mL이다.

(다) 수분은 영양소와 노폐물을 운반한다.

(라) 수분 균형을 위한 1일 수분 섭취량과 배설량은 같다.

2. 섭취하면 체내에서 대사되어 알칼리를 형성하는 물질이 아닌 것은?

(가) 나트륨 (나) 칼슘 (다) 칼륨 (라) 인

3. 산성식품으로만 이루어진 것은?

(가) 사과, 난황

(나) 고기, 감자

(다) 시금치, 우유

(라) 쌀, 생선

Part II 건강한 피부와 모발을 위한 영양

Chapter 2

피부 영양상태 판정과 영양소 섭취기준

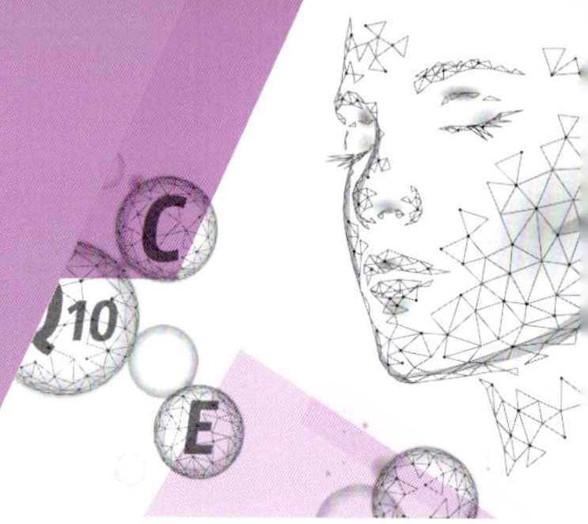

우리가 사람을 볼 때에 제일 먼저 보게 되는 부분은 얼굴이다. 얼굴의 피부 색을 보고 안색이 좋지 않으면 자연스럽게 어디가 아픈지 묻게 된다. 피부과나 피부관리실을 방문했을 때나 피부와 관련된 국내 · 국제자격증 시험을 볼 때에 제일 먼저 하는 일도 피부상태의 파악이다.

또한, 피부상태를 파악하기 위해 식습관, 과거 병력, 가족력, 체중, 신장, 최근의 체중변화, 현재 질병의 유무, 약의 복용 여부, 건강관련 기능성 식품의 섭취 여부, 음주나 흡연 등 다양한 질문을 받을 것이다.

이 모든 것은 피부상태 — 대부분이 영양 관련 — 를 정확하게 알아서 피부 관리나 치료를 빠르고 정확하게 하기 위함이다. 잘못 알고 부적절하게 적당하지 않은 방법으로 피부를 관리하면 피부 관련 질환은 더 악화될 수도 있고, 아름다워지려고 한 노력이 오히려 좋지 않은 결과를 가져올 수도 있다.

영양상태가 좋으면 피부는 정직하게 표현한다. 피부와 모발이 윤기 있고 맑으며, 여드름이나 색소침착도 덜 해 현재 나이보다 훨씬 더 젊고 건강하게 보인다. 영양상태가 좋지 않으면 피부혈색도 없고 모발도 색깔이 변하게 되며 면역기능이 떨어져서 각종 질병에 노출되고 노화도 빨리 진행된다.

따라서 현재의 영양상태를 정확하게 알고 난 뒤 개개인에게 맞는 영양소가 함유된 식품을 섭취해야 피부상태를 건강하고 아름답게 유지할 수 있다. 영양상태는 여러 가지 판정기준에 의해 파악되며 이는 영양소 섭취기준을 정하는 데도 영향을 미친다. 영양소 섭취기준도 각 나라, 인종, 성별, 연령, 지역에서 산출되는 식품에 따라 달라진다.

1. 피부 영양상태 판정방법

피부는 단기간 · 장기간의 영양상태를 직접적으로 반영하는 기관으로 식습관이나 영양섭취에 의해 영향을 많이 받는다. 피부 영양상태 판정은 식사조사(dietary survey)와 생화학검사(biochemical test), 그리고 신체계측(anthropometry) 및 임상조사(clinical observation)를 통해 파악한다.

표 2-1 피부 영양상태 판정기준

① 나이와 자신의 병력 및 가족의 병력
② 현재 신장, BMI, 체중, 과거 체중 및 최근의 체중변화
③ 생화학적 지표
④ 최근의 식사 섭취량이나 식욕의 변화
⑤ 식품 섭취를 어렵게 하는 증상이나 문제점들(저작이나 연하곤란, 오심, 구토)
⑥ 식품 알레르기 유무와 섭취 제한 식품이 있는지의 유무
⑦ 대사질환(당뇨병, 심혈관질환, 고혈압, 신장질환 등)과 만성질환
⑧ 약물과 기능성 식품의 복용
⑨ 음주, 흡연
⑩ 우울증 등

1. 식사조사 (Food intake data)

식사조사는 개인의 식습관에 대해 알 수 있는 방법이다. 섭취 음식, 식사 패턴, 생활 습관, 음식 선택 시에 영향을 미치는 여러 가지를 조사한다. 24시간 회상법(24hour recall method), 식품섭취빈도 조사, 식사기록법, 직접관찰법이 있다.

표 2-2 식사조사방법의 종류 및 장단점

방 법	개 요	장 점	단 점
24시간 회상법	24시간 동안 먹은 음식과 음료를 자세하게 조사하는 방법이다.	① 응답자의 지식이나 교육 정도와 관계없이 결과를 얻을 수 있다. ② 식품을 모두 먹은 후 조사하기 때문에 식품 선택에 간섭받지 않는다.	① 기억에 의존하므로 섭취한 식품을 빠뜨리기 쉬우며, 어린이나 노인에게는 적합하지 않다. ② 음료나 양념 등이 측정되지 못할 가능성이 있다. ③ 일회분 섭취량을 회상하는 데 오류를 범하기 쉬우며 식품 섭취를 과소 또는 과대 평가할 수 있다.

(계속)

방법	개요	장점	단점
24시간 회상법		③ 빠른 시간에 많은 대상자를 조사하므로 예산이 적게 들고 비교적 쉽게 평가가 가능하다.	④ 하루의 섭취자료가 응답자의 정확한 평소 섭취라고 할 수 없다. ⑤ 계절적인 차이가 나타나지 않는다. ⑥ 식품 섭취의 단기간 변화를 관찰하는 데에는 적절하지 않다.
식품섭취 빈도 조사법	특정기간 동안 먹은 음식 식품의 섭취 빈도를 조사하는 방법이다.	① 오랜 기간 식품의 섭취를 평가하므로 하루, 계절적인 변화를 고려하지 않아도 된다. ② 음식이 완전히 소비된 후에 조사하므로 식품 선택에 구애받지 않는다. ③ 조사비용이 저렴하다. ④ 조사대상자가 직접 기록할 수 있으며 시간과 노력이 많이 들지 않는다.	① 식품의 섭취빈도 외에는 다른 정보를 얻기가 힘들다. ② 한정된 식품 목록과 1회 섭취 분량으로 조사대상자의 평소 식품 섭취 패턴을 반영하지 못할 수도 있다. ③ 일반적인 대중을 위한 식품 리스트는 특정 인구에 적용하기에는 한계가 있다. ④ 식품목록의 수가 많을수록 추산된 영양소의 섭취량이 높고 식품목록 수가 적으면 영양섭취량이 낮게 평가된다.
식사 기록법	특정 기간-보통 며칠간-동안 먹은 음식을 기록하게 하는 방법이다. 체중과 음식의 양을 알때 정확성이 높아진다.	① 기억력에 의존하지 않아 식사한 것을 잊어버릴 염려가 없다. ② 먹은 음식을 그때그때 적기 때문에 평소 식사 섭취량과 정확한 식품 섭취 자료를 얻을 가능성이 크다. ③ 기록하는 방법이 식품 선택에 대한 의식을 향상시켜 식품섭취를 조절할 수 있다. ④ 식사 습관에 대한 자료를 얻을 수 있다.	① 개인적인 식품선호의 다양성 때문에 자료분석 시에 시간과 노력이 많이 든다. ② 시간이 걸리고 귀찮기 때문에 높은 수준의 동기유발이 필요하며 면접 기술도 요구된다. ③ 대상자들이 기록을 쉽게 하기 위해 누락시키는 경우가 많으며, 식사 패턴을 바꿀 염려도 있다. ④ 기록할 때에 내용이 많아 지식과 인내, 협조가 필요하다. ⑤ 계절적인 변화를 알 수 없다.
직접관찰법	식사 전후의 식판, 냉장고 등을 관찰하는 방법이다.	① 기억력에 의존하지 않는다. ② 개인의 식품 섭취를 방해하지 않아도 된다. ③ 지정된 식이를 받아들이는 능력을 평가할 수 있다.	① 거주지가 있을 때만 가능하다. ② 노동집약적이다.

2. 신체계측 (Anthropometric data)

개인의 체조직 구성과 발육의 상태를 측정하여 표준 발육상태와 비교하여 영양상태를 판정한다. 영양은 신체 성장과 신체 조성(지방, 근육, 체수분량 등)에 영향을 미치는 중요인자이다. 신체계측값은 일반적으로 비만, 영양결핍증, 열량 · 단백질 결핍을 판정하는 데 유용하게 사용된다.

신장과 체중은 가장 일반적인 측정 요소로 영양상태를 평가하는 유용한 자료이다. 체지방과 허리 및 팔 · 다리의 둘레는 장기간에 걸친 영양상태를 반영한다.

(1) 신장과 체중

신장은 영아나 어린이의 영양이나 건강 정도를 나타내는 좋은 지표이며 성인들의 에너지 필요량 또는 적정한 몸무게를 측정하는 데에 사용한다.

체중은 신체 내의 열량 섭취와 소비열량의 균형상태를 반영한다. 체중 변화는 체내 수분균형에 의해 나타날 수도 있으며 이유 없는 체중 감소는 영양소 결핍이나 질병 때문일 수도 있다. 체중은 성장을 예측하는데 중요하며 BMI(체질량지수)를 산출하여 비만을 판정할 때도 유용하다.

(2) 허리와 팔 및 다리 둘레

허리와 팔 및 다리 둘레는 체지방과 근육량을 알 수 있는 지표이며, 특히 허리 둘레는 내장지방과 관련이 있고 영양과잉을 판단하는 데 유용하다.

표 2-3 체중과 영양상태

%IBM(ideal body weight)	영양상태
>120	비만
110–120	과체중
90–109	적절한 체중(위험 없음)
80–89	가벼운 영양실조
70–79	보통의 영양실조
<70	심한 영양실조

* %IBM = 현재체중/표준체중 × 100

3. 생화학검사 (Biochemical analysis)

생화학검사는 식사조사 방법이나 신체계측을 통한 영양상태평가보다 훨씬 객관적이고 정확하다. 생화학검사로 영양소 대사 기능과 체액, 전해질 균형 등 체내 기관의 기능상태를 알 수 있다. 특히 혈액검사 수치는 영양관련 질병을 판단하는 데 유용하다. 예를 들면 혈청의 단백질 수치는 체액의 불균형, 임신, 약물복용, 운동 등에 의해 영향을 받을 수 있다. 비타민과 무기질의 혈청수치는 여러 가지 요인에 의해 영향을 받을 수 있기 때문에 영양결핍을 판단하는 지표로는 부족할 수 있다. 그러므로 영양문제를 진단하기 위해 다양한 종류의 생화학검사가 필요하다.

혈장단백질 수치는 단백질 상태를 평가하는 데 도움이 된다. 예를 들면 단백질-열량 결핍과 간질환을 앓은 환자들은 모두 혈장단백질이 감소할 수 있다. 스트레스, 임신, 신장이상, 아연수치, 약물복용 등도 혈장단백질 수치를 변화시키는 요인이 될 수 있다.

지방 영양상태를 파악하는 생화학검사에는 중성지방, 총 콜레스테롤치, LDL-콜레스테롤, HDL-콜레스테롤 등이 있다. 이러한 수치들이 높으면 이상지질혈증, 동맥경화, 심혈관계 질환 등이 있을 수 있다.

혈당치가 기준 이상으로 높은 당뇨병의 경우에는 피부가 가렵고 특히 발을 잘못 관리하면 괴사가 올 수 있으므로 주의한다. 혈중 요산치가 높으면 통풍이 발생하여 관절이 붓고 통증이 심하므로 식생활과 피부관리에 있어 매우 유의해야 한다.

4. 임상검사 (Clinical test)

임상검사란 영양상태의 변화에 따라 나타나는 신체적 증상을 조사하는 것이다. 대부분 신체적인 징후는 한 가지 영양소의 결핍에 의해 나타나는 것이 아니라 여러 영양소가 복합적으로 작용할 수 있으며, 영양과 관계 없는 요인들에 의해서 나타날 수도 있다.

예를 들면 입술이 갈라진 것은 비타민 B군 결핍이 원인이지만 햇빛과 바람 및 탈수에 의한 결과일 수도 있다. 영양불량의 징후는 머리, 피부, 소화기관과 같은 세포가 빠른 속도로 교체되는 신체 부위에서 자주 나타난다.

(1) 병력

질병으로 인한 영양결핍은 영양문제를 인식하지 못하거나 영양문제를 치료하지 못하는 경우에 흔히 나타난다. 약 복용이나 기능성 식품과 식이 보충제의 복용 여부를 조사한다. 특정 약이나 건강을 위해 복용하는 기능성 식품조차도 잘못 섭취하면 건강에 해로울 수 있다.

(2) 가족력

부모, 형제자매나 자녀 및 배우자의 건강상태, 당뇨병, 심장질환, 비만, 고혈압, 골다공증 등의 병력 유무를 조사한다.

(3) 체액저류

체액저류는 혈액순환이 악화되어 발생할 수 있고 심장, 신장, 간, 폐의 질병 때문일 수도 있다. 체중증가, 숨 가쁨, 팔다리의 부종, 복부팽창, 신발을 신었을 때 꽉 조이는 느낌 등의 증상이 나타난다.

탈수는 발열, 땀 배출, 구토, 설사, 많은 방뇨, 피부손상 또는 화상으로 발생할 수 있다. 갈증, 피부 건조, 피부탄력 감소 등이 있다. 소변은 짙은 노란색 또는 황갈색이고 소변량이 비정상적으로 적은 증상이 나타난다.

(4) 영양결핍에 의한 생리기능 저하

영양소 결핍은 정상적인 생리기능을 악화시킨다. 아연결핍은 면역을 떨어뜨리고 상처치유를 더디게 하며 단백질-열량 영양실조는 체조직의 소모, 분해, 손실을 유발할 수 있다.

표 2-4 영양결핍에 의한 임상증세

부위	정 상	영양결핍	영양 외의 다른 요인
머리카락	윤택있고 탄력있음	윤기가 없고 건조하며 쉽게 빠짐	반복되는 머리 염색, 연령 증가, 화학 및 방사선 치료에 의한 탈모
눈	밝고, 맑은 망막, 빛에 쉽게 적응	눈 점막이 창백하고 건조하며 염증이 있음. 야맹증(비타민 A), 눈 주위에 홍조(비타민 B 복합체)	빈혈, 영양소와 관련 없는 눈의 질환, 알레르기
입술	부드럽고 색깔이 붉음	건조하고 갈라지며 상처가 있으며 구각염 있음(비타민 B_1)	태양, 바람, 잘 맞지 않는 틀니로 인한 과량의 타액 분비 또는 다른 질병

(계속)

부위	정 상	영양결핍	영양 외의 다른 요인
입과 잇몸	부풀지 않은 붉은 혀, 정상적인 미각, 충치없는 치아, 출혈이나 통증 없는 잇몸	설염(비타민 B_2), 미각의 상실(아연), 잇몸이 붓고 출혈이 있다(비타민 C).	약물복용, 치주 질환
피부	부드럽고 탄력 있는 좋은 피부색	더딘 상처회복(PEM, 비타민 C, 아연),건조, 거칠고, 피부 조직의 지방 부족(필수지방산, PEM, 비타민 B군)	서툰 피부 관리, 당뇨병, 연령, 약물 복용
손톱	곡류, 콩기름, 푸른 채소	숟가락 모양(PEM), 열음(철분)	

영양상태 판정을 통해 피부 관련 영양문제를 파악한다. 체중변화 등과 다른 징후들을 잘 관찰하여 또 다른 질병에의 노출이 없는지를 잘 관찰해야 한다. 영양판정을 통해 영양상태를 정확하게 판단해야 영양섭취를 바르게 할 수 있다.

영양문제를 파악하면 개개인에 맞게 식습관이나 생활습관을 고려해 영양관리를 할 수 있다. 예를 들어 당뇨병이 있으며 비만인 경우에는 혈중 포도당 농도를 낮추어야 할 뿐만 아니라, 체중도 줄이는 영양관리를 해야 한다. 탄수화물 섭취를 조절하고, 규칙적으로 운동을 해야 하며 피부관리 시 발관리는 매우 주의해야 한다.

영양상태 판정방법 *Check point*

식사조사, 신체계측, 생화학검사, 임상검사가 있다.

2. 영양소 섭취기준

세계 각 나라는 자국민의 건강을 위해 식생활 기준을 정하고 있다. 인종과 성별 및 지역에서 생산되는 각기 다른 먹을거리나 식문화 등이 다름으로 해서 동일하게 영양소권장량을 정하기는 어렵고 적용하기도 쉽지 않다.

과거에는 영양결핍을 경계해 권장량을 책정했지만, 현대에는 영양과잉을 우려해 한국인에게 맞는 새로운 영양소 섭취기준을 정하였다. 연령과 성별, 임신부, 수유부 등을 고려했으며 고령화 사회이므로 노년기 영양이 확장되었다.

우리나라 사람들의 체격은 과거에 비해 신장과 체중 모두 많이 증가하였으며 영양상태를 가장 잘 반영하는 것은 피부이다. 영양상태가 안 좋으면 피부색이 밝지 않고 노화도 빨리 진행된다. 어떤 식품을 섭취하는가에 따라 피부가 달라진다. 채소와 야채를 많이 섭취하면 포화지방이 많은 식품을 다량 섭취하는 것보다는 피부가 더 아름다워진다는 것은 경험에 의해 알 수 있다. 이는 고지방 위주의 식품과 패스트푸드 위주의 식사를 하면 비만이 유발되어 각종 대사성 질환에 대한 우려뿐 아니라 외모에 대한 자신감도 떨어지고 피부가 지루성이 되어 각종 피부 문제를 일으키기 때문이다.

한국인 영양소 섭취기준은 한국인들의 올바른 식사 패턴을 제시하는 것으로 건강을 위해 꼭 알아 두어야 할 지식이다.

1. 한국인 영양소 섭취기준

한국인 영양소 섭취기준은 건강한 개인 및 집단을 대상으로 하여 국민의 건강을 유지 · 증진시키고 식사와 관련된 만성질환의 위험을 감소시켜 궁극적으로 국민의 건강수명을 증진하기 위한 목적으로 설정된 에너지 및 영양소 섭취량 기준이다. 2020년 제 · 개정된 한국인 영양소 섭취기준에는 안전하고 충분한 영양을 확보하는 기준치(평균필요량, 권장섭취량, 충분섭취량, 상한섭취량)와 식사와 관련된 만성질환 위험감소를 고려한 기준치(에너지적정비율, 만성질환위험감소섭취량)를 제시하여 에너지 및 영양소 섭취부족으로 인해 생기는 결핍증 예방에 그치지 않고, 과잉 섭취로 인한 건강문제 예방과 만성질환에 대한 위험의 감소까지 포함하도록 정하고 있다.

그림 2–1 2020 한국인 영양소 섭취기준 제 · 개정 방향

Check point

- '만성질환 위험감소를 위한 섭취량(CDRR : Chronic Disease Risk Reduction intake)'이란 건강한 인구집단에서 만성질환의 위험을 감소시킬 수 있는 영양소의 최저 수준의 섭취량이다. 이 기준보다 영양소 섭취량이 많은 경우, 섭취를 줄이면 만성질환의 위험도를 낮출 수 있다.
- 19–64세 성인의 나트륨 만성질환위험감소섭취량은 2,300 mg/일로, 현재 나트륨 섭취량이 2,300 mg/일보다 많으면 만성질환 위험을 낮추기 위해 섭취량을 줄일 것을 권고한다.
- 한국인의 평균 나트륨 섭취량은 3,255 mg/일('18년 기준)으로 '만성질환 위험감소를 위한 섭취량'에 비해 매우 높은 수준이므로 섭취량을 줄일 필요가 있다.

(1) 영양소 섭취기준

영양소 섭취기준은 평균필요량, 권장섭취량, 충분섭취량, 상한섭취량으로 구성된다.

1) 평균필요량

평균필요량은 건강한 사람들의 일일 영양소 필요량의 중앙값으로부터 산출한 수치이다.

2) 권장섭취량

권장섭취량은 인구집단의 약 97~98%에 해당하는 사람들의 영양소 필요량을 충족시키는 섭취수준으로, 평균필요량에 표준편차 또는 변이계수의 2배를 더하여 산출하였다.

3) 충분섭취량

충분섭취량(Adequate Intake, AI)은 영양소의 필요량을 추정하기 위한 과학적 근거가 부족할 경우, 대상 인구집단의 건강을 유지하는 데 충분한 양을 설정한 수치이다. 충분섭취량은 실험연구 또는 관찰연구에서 확인된 건강한 사람들의 영양소 섭취량 중앙값을 기준으로 정한다.

4) 상한섭취량

상한섭취량이란 인체에 유해한 영향이 나타나지 않는 최대 영양소 섭취 수준이므로, 과량을 섭취할 때 유해영향이 나타날 수 있다는 과학적 근거가 있을 때 설정할 수 있다. 상한섭취량은 유해영향이 나타나지 않는 최대 용량인 최대무해용량(No Observed Adverse Effect Level, NOAEL)과 유해영향이 나타나는 최저 용량인 최저유해용량(Lowest Observed Adverse Effect Level, LOAEL) 자료를 근거로, 불확실계수(Uncertainty Factor, UF)를 감안하여 설정하였다.

상한섭취량＝최대무해용량 또는 최저유해용량/불확실계수

(2) 에너지적정비율

각 다량영양소의 에너지적정범위는 무기질과 비타민 등의 다른 영양소를 충분히 공급하면서 만성질환 및 영양 불균형에 대한 위험을 감소시킬 수 있는 탄수화물, 지질, 단백질의 에너지적정비율을 설정한다. 따라서 각 다량 영양소의 에너지 섭취비율이 제시된 범위를 벗어나는 것은 건강문제가 발생할 위험이 높아진다는 것을 의미한다.

표 2–5 한국인의 에너지 적정섭취비율

연령(세)	에너지적정비율(%)				
	탄수화물	단백질	지질		
			지방	포화지방산	트랜스지방산
1~2	55~65	7~20	20~35	–	–
3~18	55~65	7~20	15~30	8 미만	1 미만
19 이상	55~65	7~20	15~30	7 미만	1 미만

2. 식사구성안

식사구성안은 일반인들에게 영양적으로 만족할 만한 식사를 제공할 수 있는 식품의 양과 종류를 선택하기 위한 기본 구성안이다. 각 개인에게 필요한 에너지와 영양소의 양은 연령, 성별 등에 따라 차이가 있다. 따라서 식사도 이에 따라 다르게 구성되어야 하므로 1인 1회 분량(serving size)의 섭취량과 횟수를 다르게 하여 간편하게 사용할 수 있도록 만든 것이다.

3. 식품구성자전거

식품구성자전거는 5개의 식품군에 권장식사패턴의 섭취횟수와 분량에 맞추어 바퀴 면적을 배분한 형태로, 기존의 식품구성탑보다 다양한 식품 섭취를 통한 균형잡힌 식사와 수분 섭취의 중요성 그리고 적절한 운동을 통한 비만 예방이라는 기본 개념을 나타낸다.

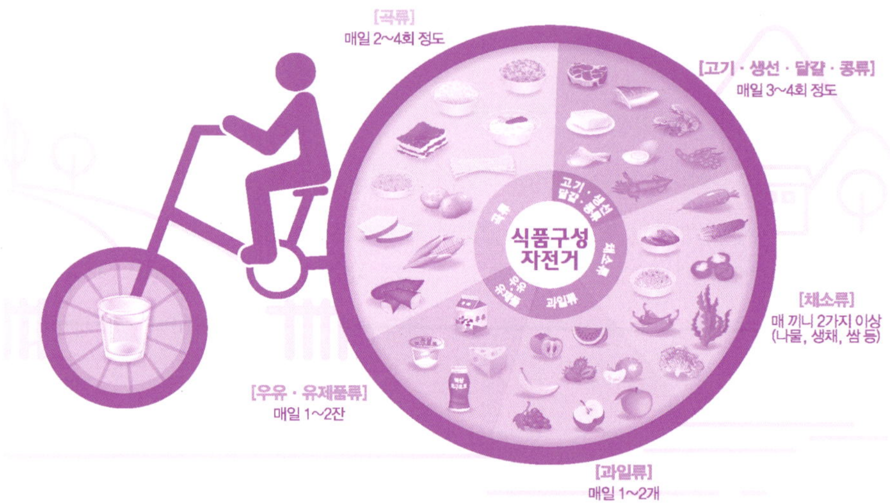

그림 2-2 한국인의 건강을 위한 식품구성자전거(한국영양학회)

[식품구성자전거에서 제시하는 바람직한 식사]

① 다양한 식품을 선택해 섭취한다.

한 가지 식품이 모든 영양소를 갖고 있지 않기 때문이다. 비록 달걀이 완전단백질 식품이지만 비타민 C는 없으며 탄수화물은 적다. 우유 또한 칼슘은 풍부하지만 철분이 적고 식이섬유소가 없다. 밥은 비록 완전한 영양소가 골고루 갖추어져 있지는 않지만 콩과 함께 잡곡밥으로 먹고 다른 채소반찬과 곁들이면 오히려 영양소를 골고루 섭취할 수 있는 식단이 된다.

② 적당한 양을 나누어서 섭취한다.

예로부터 소식해야 장수한다는 말이 있다. 이는 아무리 영양가 많은 음식도 과잉으로 섭취하면 도리어 건강을 해친다는 뜻이다. 심지어 비만을 비롯한 각종 질환에 걸릴 위험이 높아져서 수명이 줄어들 수도 있다.
소식은 적당히 먹는 것이다. 적당히는 배가 부르기 전에 식사를 끝마치는 것이다. 또한 하루 먹을 양을 한꺼번에 섭취하는 것이 아니라 나누어 먹는 것이다. 그러면 살도 찌지 않으니 보기에도 좋고 체내에 부담이 없으니 일상생활도 편하게 할 수 있으며 건강하게 장수할 수 있다.

4. 한국인을 위한 식생활 지침

(1) 성인을 위한 식생활 목표

① 열량과 단백질은 권장량에 맞게 섭취한다.
② 칼슘, 철분, 비타민 A, 리보플라빈 섭취를 증가시킨다.
③ 지질의 섭취는 총 열량의 20%를 넘지 않게 한다.
④ 소금은 하루에 10 g 이하로 섭취한다.
⑤ 알코올 섭취를 줄인다.
⑥ 건강체중(BMI 18.5~25)을 유지한다.
⑦ 바른 식습관을 유지한다.
⑧ 전통식생활을 발전시킨다.
⑨ 식품을 위생적으로 관리한다.
⑩ 음식 낭비를 줄인다.

(2) 성인을 위한 식생활 지침

① 채소, 과일, 우유 제품을 매일 섭취한다.

- 여러 가지 채소를 매일 먹는다.
- 다양한 제철 과일을 먹는다.
- 우유, 요구르트, 치즈 등 유제품을 간식으로 먹는다.

② 지방이 많은 고기와 튀긴 음식을 적게 섭취한다.

- 고기는 기름을 떼어 내고 먹는다.
- 튀기거나 볶은 음식을 적게 먹는다.
- 등푸른 생선을 자주 먹는다.

③ 짠 음식을 피하고 싱겁게 먹는다.

- 장아찌, 젓갈 같은 짠 음식을 적게 먹는다.
- 음식을 만들거나 먹을 때 소금이나 간장을 적게 사용한다.
- 국과 찌개의 국물을 적게 먹는다.

④ 활동량을 늘리고 알맞게 섭취한다.

- 운동은 1회 30분 이상, 1주 3~4회 이상 한다.
- 생활 속에서 신체활동을 늘린다.
- 단 음식과 단 음료를 제한한다.
- 건강체중을 유지한다.

⑤ 술을 마실 때는 양을 제한한다.

- 되도록 음주를 피한다.
- 남자는 하루 2잔, 여자는 하루 1잔 이내로 제한한다.
- (2잔은 소주로는 3잔, 맥주로는 2캔, 양주로는 2잔에 해당한다.)
- 임신부나 청소년은 절대 술을 마시지 않는다.

⑥ 세 끼 식사를 규칙적으로 즐겁게 한다.

- 아침을 거르지 않으며, 저녁식사는 가족과 함께 한다.

⑦ 음식은 먹을 만큼 준비하고 위생적으로 관리한다.

- 음식은 먹을 만큼 만들거나 주문한다.
- 남은 음식은 바로 냉장 보관하고 오래 두지 않는다.

⑧ 밥을 주식으로 하는 식생활을 즐기자.

- 밥과 다양한 반찬을 갖춘 식단으로 영양균형을 유지한다.

(3) 어르신을 위한 식생활 실천 지침

① 채소, 고기나 생선, 콩 제품 반찬을 골고루 먹는다.

- 다양한 채소 반찬을 매끼 먹는다.
- 고기나 생선, 계란, 콩 제품 반찬을 매일 먹는다.

② 우유 제품과 과일을 매일 먹는다.

- 우유, 요구르트나 두유를 매일 먹는다.
- 다양한 제철 과일을 먹는다.

③ 짠 음식을 피하고, 싱겁게 먹는다.

- 장아찌나 젓갈 같은 짠 음식을 적게 먹는다.
- 음식을 만들거나 먹을 때에는 소금이나 간장을 적게 사용한다.
- 국과 찌개의 국물을 적게 먹는다.

④ 많이 움직여서 식욕과 적당한 체중을 유지한다.

- 자신에게 알맞은 운동을 규칙적으로 한다.
- 많이 걷고 움직이는 생활을 한다.

⑤ 술은 절제하고, 물을 충분히 마신다.

- 되도록 술을 마시지 않는다.
- 술을 마실 때는 하루 1잔 이내로 제한한다.
- (1잔은 소주로는 1.5잔, 맥주로는 1캔, 양주로는 1잔에 해당된다.)
- 물을 자주 마신다.

⑥ 세 끼 식사와 간식을 꼭 먹는다.

- 세 끼 식사를 규칙적으로 한다.
- 조금씩 자주 먹는다.

⑦ 음식은 먹을 만큼 준비하고, 오래된 것은 먹지 않는다.

- 음식은 한꺼번에 많이 만들지 않는다.
- 남은 음식은 바로 냉장 보관하고, 오래된 것은 버린다.

(4) 영유아를 위한 식생활 지침

① 생후 6개월까지는 반드시 모유를 먹인다.

- 생후 1년까지는 모유를 먹이는 것이 좋다.
- 모유를 먹일 수 없는 경우에만 조제유를 먹인다.
- 조제유는 정해진 양을 물에 타서 안고 먹인다.
- 잠잘 때는 젖병을 물리지 않는다.

② 이유식은 성장단계에 맞추어 먹인다.

- 집에서 만든 이유식을 먹인다.
- 신선한 재료를 위생적으로 조리한다.
- 이유식은 간을 하지 않고 조리한다.
- 이유식은 숟가락으로 떠 먹인다.

③ 곡류, 과일, 채소, 생선, 고기 등 다양한 식품을 먹인다.

- 다양한 조리법으로 만들어 먹인다.
- 싱겁고 담백하게 조리한다.
- 안전한 식품을 사용한다.

(5) 임신·수유부를 위한 식생활 지침

① 우유 제품을 매일 3회 이상 먹는다.

- 우유를 매일 3컵 이상 마신다.
- 요구르트, 치즈, 뼈째 먹는 생선 등을 자주 먹는다.

② 고기나 생선, 채소, 과일을 매일 먹는다.

- 다양한 채소와 과일을 매일 먹는다.
- 살코기, 등푸른 생선 등을 자주 먹는다.
- 달걀과 콩 제품을 자주 먹는다.

③ 짠 음식을 피하고, 싱겁게 먹는다.

- 장아찌나 젓갈 같은 짠 음식과 가공식품을 적게 먹는다.
- 음식을 만들거나 먹을 때는 소금이나 간장을 적게 사용한다.

④ 술은 절대로 마시지 않는다.

- 술은 절대로 마시지 않는다.
- 커피, 콜라, 차, 초콜릿 등 카페인 함유식품을 적게 먹는다.

⑤ 안전한 식품을 선택하고, 위생적으로 관리한다.

- 신선한 재료를 위생적으로 조리한다.
- 가공식품이나 인스턴트 식품을 적게 먹는다.

⑥ 임신부는 적절한 체중 증가를 위해 알맞게 먹는다.

- 세 끼 식사와 간식을 즐겁게 먹는다.
- 일상적인 활동과 가벼운 운동을 규칙적으로 한다.

⑦ 수유부는 모유 수유를 위해 알맞게 먹는다.

- 음식과 물을 충분히 섭취하여 모유 부족을 예방한다.

(6) 청소년을 위한 식생활 지침

① 채소, 과일, 우유 제품을 매일 먹는다.

- 다양한 채소와 과일을 먹는다.
- 우유를 매일 2컵 이상 마신다.

② 튀긴 음식과 패스트푸드를 적게 먹는다.

- 스낵류와 튀긴 음식을 적게 먹는다.
- 햄버거나 피자 등 패스트푸드를 적게 먹는다.
- 가공식품과 인스턴트 식품을 적게 먹는다.

③ 건강체중을 바로 알고, 알맞게 먹는다.

- 내 키에 맞는 체중을 알아야 한다.
- 활동량을 늘리고 매일 운동한다.
- 무리한 다이어트를 하지 않는다.

④ 음료로는 물을 마신다.

- 술은 절대 마시지 않는다.
- 탄산음료를 적게 먹는다.
- 물을 자주 마신다.

⑤ 아침을 꼭 먹는다.

- 아침을 거르지 않는다.
- 저녁을 제 시간에 먹는다.
- 한꺼번에 많이 먹지 않는다.

⑥ 위생적인 음식을 선택한다.

- 불량식품을 먹지 않는다.
- 가공식품의 영양표시와 유통기한을 확인한다.

⑦ 밥을 주식으로 하는 우리 식생활을 즐긴다.

- 하루에 두 끼 이상을 밥으로 먹는다.
- 밥과 다양한 반찬을 갖추어 먹는다.

〈자료 : 보건복지부〉

5. 2020년 한국인 영양소 섭취기준

표 2-6 2020 한국인 영양소 섭취기준(Dietary Reference Intakes for Koreans : KDRIs) : 다량영양소증

보건복지부, 2020

성별	연령	에너지(kcal/일)				탄수화물(g/일)				식이섬유(g/일)			
		평균 필요량	권장 섭취량	충분 섭취량	상한 섭취량	평균 필요량	권장 섭취량	충분 섭취량	상한 섭취량	평균 필요량	권장 섭취량	충분 섭취량	상한 섭취량
영아	0-5(개월)	500						60					
	6-11	600						90					
유아	1-2(세)	900				100	130					15	
	3-5	1,400				100	130					20	
남자	6-8(세)	1,700				100	130					25	
	9-11	2,000				100	130					25	
	12-14	2,500				100	130					30	
	15-18	2,700				100	130					30	
	19-29	2,600				100	130					30	
	30-49	2,500				100	130					30	
	50-64	2,200				100	130					30	
	65-74	2,000				100	130					25	
	75 이상	1,900				100	130					25	
여자	6-8(세)	1,500				100	130					20	
	9-11	1,800				100	130					25	
	12-14	2,000				100	130					25	
	15-18	2,000				100	130					25	
	19-29	2,000				100	130					20	
	30-49	1,900				100	130					20	
	50-64	1,700				100	130					20	
	65-74	1,600				100	130					20	
	75 이상	1,500				100	130					20	
임신부[1)]		+0 +340 +450				+35	+45					+5	
수유부		+340				+60	+80					+5	

[1)] 1,2,3 분기별 부가량

〈계속〉

성별	연령	지방(g/일)				리놀레산(g/일)				알파-리놀렌산(g/일)				EPA+DHA(mg/일)			
		평균 필요량	권장 섭취량	충분 섭취량	상한 섭취량	평균 필요량	권장 섭취량	충분 섭취량	상한 섭취량	평균 필요량	권장 섭취량	충분 섭취량	상한 섭취량	평균 필요량	권장 섭취량	충분 섭취량	상한 섭취량
영아	0–5(개월)			25				5.0				0.6				200[2)]	
	6–11			25				7.0				0.8				300[2)]	
유아	1–2(세)							4.5				0.6					
	3–5							7.0				0.9					
남자	6–8(세)							9.0				1.1				200	
	9–11							9.5				1.3				200	
	12–14							12.0				1.5				230	
	15–18							14.0				1.7				230	
	19–29							13.0				1.6				210	
	30–49							11.5				1.4				400	
	50–64							9.0				1.4				500	
	65–74							7.0				1.2				310	
	75 이상							5.0				0.9				280	
여자	6–8(세)							7.0				0.8				200	
	9–11							9.0				1.1				150	
	12–14							9.0				1.2				210	
	15–18							10.0				1.1				100	
	19–29							10.0				1.2				150	
	30–49							8.5				1.2				260	
	50–64							7.0				1.2				240	
	65–74							4.5				1.0				150	
	75 이상							3.0				0.4				140	
임신부[1)]								+0				+0				+0	
수유부								+0				+0				+0	

2) DHA

〈계속〉

보건복지부, 2020

성별	연령	단백질(g/일)				메티오닌(g/일)				류신(g/일)			
		평균 필요량	권장 섭취량	충분 섭취량	상한 섭취량	평균 필요량	권장 섭취량	충분 섭취량	상한 섭취량	평균 필요량	권장 섭취량	충분 섭취량	상한 섭취량
영아	0–5(개월)			10				0.4				1.0	
	6–11	12	15			0.3	0.4			0.6	0.8		
유아	1–2(세)	15	20			0.3	0.4			0.6	0.8		
	3–5	20	25			0.3	0.4			0.7	1.0		
남자	6–8(세)	30	35			0.5	0.6			1.1	1.3		
	9–11	40	50			0.7	0.8			1.5	1.9		
	12–14	50	60			1.0	1.2			2.2	2.7		
	15–18	55	65			1.2	1.4			2.6	3.2		
	19–29	50	65			1.0	1.4			2.4	3.1		
	30–49	50	65			1.1	1.3			2.4	3.1		
	50–64	50	60			1.1	1.3			2.3	2.8		
	65–74	50	60			1.0	1.3			2.2	2.8		
	75 이상	50	60			0.9	1.1			2.1	2.7		
여자	6–8(세)	30	35			0.5	0.6			1.0	1.3		
	9–11	40	45			0.6	0.7			1.5	1.8		
	12–14	45	55			0.8	1.0			1.9	2.4		
	15–18	45	55			0.8	1.1			2.0	2.4		
	19–29	45	55			0.8	1.0			2.0	2.5		
	30–49	40	50			0.8	1.0			1.9	2.4		
	50–64	40	50			0.8	1.1			1.9	2.3		
	65–74	40	50			0.7	0.9			1.8	2.2		
	75 이상	40	50			0.7	0.9			1.7	2.1		
임신부[1]		+12 +25	+15 +30			1.1	1.4			2.5	3.1		
수유부		+20	+25			1.1	1.5			2.8	3.5		

[1] 1,2,3 분기별 부가량

〈계속〉

성별	연령	이소류신(g/일)				발린(g/일)				라이신(g/일)			
		평균 필요량	권장 섭취량	충분 섭취량	상한 섭취량	평균 필요량	권장 섭취량	충분 섭취량	상한 섭취량	평균 필요량	권장 섭취량	충분 섭취량	상한 섭취량
영아	0-5(개월)			0.6				0.6				0.7	
	6-11	0.3	0.4			0.3	0.5			0.6	0.8		
유아	1-2(세)	0.3	0.4			0.4	0.5			0.6	0.7		
	3-5	0.3	0.4			0.4	0.5			0.6	0.8		
남자	6-8(세)	0.5	0.6			0.6	0.7			1.0	1.2		
	9-11	0.7	0.8			0.9	1.1			1.4	1.8		
	12-14	1.0	1.2			1.2	1.6			2.1	2.5		
	15-18	1.2	1.4			1.5	1.8			2.3	2.9		
	19-29	1.0	1.4			1.4	1.7			2.5	3.1		
	30-49	1.1	1.4			1.4	1.7			2.4	3.1		
	50-64	1.1	1.3			1.3	1.6			2.3	2.9		
	65-74	1.0	1.3			1.3	1.6			2.2	2.9		
	75 이상	0.9	1.1			1.1	1.5			2.2	2.7		
여자	6-8(세)	0.5	0.6			0.6	0.7			0.9	1.3		
	9-11	0.6	0.7			0.9	1.1			1.3	1.6		
	12-14	0.8	1.0			1.2	1.4			1.8	2.2		
	15-18	0.8	1.1			1.2	1.4			1.8	2.2		
	19-29	0.8	1.1			1.1	1.3			2.1	2.6		
	30-49	0.8	1.0			1.0	1.4			2.0	2.5		
	50-64	0.8	1.1			1.1	1.3			1.9	2.4		
	65-74	0.7	0.9			0.9	1.3			1.8	2.3		
	75 이상	0.7	0.9			0.9	1.1			1.7	2.1		
임신부		1.1	1.4			1.4	1.7			2.3	2.9		
수유부		1.3	1.7			1.6	1.9			2.5	3.1		

〈계속〉

보건복지부, 2020

성별	연령	페닐알라닌+티로신(g/일)				트레오닌(g/일)				트립토판(g/일)			
		평균 필요량	권장 섭취량	충분 섭취량	상한 섭취량	평균 필요량	권장 섭취량	충분 섭취량	상한 섭취량	평균 필요량	권장 섭취량	충분 섭취량	상한 섭취량
영아	0–5(개월)			0.9				0.5				0.2	
	6–11	0.5	0.7			0.3	0.4			0.1	0.1		
유아	1–2(세)	0.5	0.7			0.3	0.4			0.1	0.1		
	3–5	0.6	0.7			0.3	0.4			0.1	0.1		
남자	6–8(세)	0.9	1.0			0.5	0.6			0.1	0.2		
	9–11	1.3	1.6			0.7	0.9			0.2	0.2		
	12–14	1.8	2.3			1.0	1.3			0.3	0.3		
	15–18	2.1	2.6			1.2	1.5			0.3	0.4		
	19–29	2.8	3.6			1.1	1.5			0.3	0.3		
	30–49	2.9	3.5			1.2	1.5			0.3	0.3		
	50–64	2.7	3.4			1.1	1.4			0.3	0.3		
	65–74	2.5	3.3			1.1	1.3			0.2	0.3		
	75 이상	2.5	3.1			1.0	1.3			0.2	0.3		
여자	6–8(세)	0.8	1.0			0.5	0.6			0.1	0.2		
	9–11	1.2	1.5			0.6	0.9			0.2	0.2		
	12–14	1.6	1.9			0.9	1.2			0.2	0.3		
	15–18	1.6	2.0			0.9	1.2			0.2	0.3		
	19–29	2.3	2.9			0.9	1.1			0.2	0.3		
	30–49	2.3	2.8			0.9	1.2			0.2	0.3		
	50–64	2.2	2.7			0.8	1.1			0.2	0.3		
	65–74	2.1	2.6			0.8	1.0			0.2	0.2		
	75 이상	2.0	2.4			0.7	0.9			0.2	0.2		
임신부		0.8	1.0			3.0	3.8			0.3	0.4		
수유부		0.8	1.1			3.7	4.7			0.4	0.5		

〈계속〉

성별	연령	히스티딘(g/일)				수분(mL/일)					
		평균 필요량	권장 섭취량	충분 섭취량	상한 섭취량	음식	물	음료	충분 섭취량		상한 섭취량
									액체	총수분	
영아	0-5(개월)			0.1					700	700	
	6-11	0.2	0.3			300			500	800	
유아	1-2(세)	0.2	0.3			300	362	0	700	1,000	
	3-5	0.2	0.3			400	491	0	1,100	1,500	
남자	6-8(세)	0.3	0.4			900	589	0	800	1,700	
	9-11	0.5	0.6			1,100	686	1.2	900	2,000	
	12-14	0.7	0.9			1,300	911	1.9	1,100	2,400	
	15-18	0.9	1.0			1,400	920	6.4	1,200	2,600	
	19-29	0.8	1.0			1,400	981	262	1,200	2,600	
	30-49	0.7	1.0			1,300	957	289	1,200	2,500	
	50-64	0.7	0.6			1,200	940	75	1,000	2,200	
	65-74	0.7	1.0			1,100	904	20	1,000	2,100	
	75 이상	0.7	0.8			1,000	662	12	1,100	2,100	
여자	6-8(세)	0.3	0.4			800	514	0	800	1,600	
	9-11	0.4	0.5			1,000	643	0	900	1,900	
	12-14	0.6	0.7			1,100	610	0	900	2,000	
	15-18	0.6	0.7			1,100	659	7.3	900	2,000	
	19-29	0.6	0.8			1,100	709	126	1,000	2,100	
	30-49	0.6	0.8			1,000	772	124	1,000	2,000	
	50-64	0.6	0.7			900	784	27	1,000	1,900	
	65-74	0.5	0.7			900	624	9	900	1,800	
	75 이상	0.5	0.7			800	552	5	1,000	1,800	
임신부[1]		1.2	1.5							+200	
수유부		1.3	1.7						+500	+700	

[2] DHA

표 2-7 2020 한국인 영양소 섭취기준(Dietary Reference Intakes for Koreans : KDRIs) : 지용성 비타민

보건복지부, 2020

성별	연령	비타민 A(μg RAE/일)				비타민 D(μg/일)			
		평균 필요량	권장 섭취량	충분 섭취량	상한 섭취량	평균 필요량	권장 섭취량	충분 섭취량	상한 섭취량
영아	0–5(개월)			350	600			5	25
	6–11			450	600			5	25
유아	1–2(세)	190	250		600			5	30
	3–5	230	300		750			5	35
남자	6–8(세)	310	450		1,100			5	40
	9–11	410	600		1,600			5	60
	12–14	530	750		2,300			10	100
	15–18	620	850		2,800			10	100
	19–29	570	800		3,000			10	100
	30–49	560	800		3,000			10	100
	50–64	530	750		3,000			10	100
	65–74	510	700		3,000			15	100
	75 이상	500	700		3,000			15	100
여자	6–8(세)	290	400		1,100			5	40
	9–11	390	550		1,600			5	60
	12–14	480	650		2,300			10	100
	15–18	450	650		2,800			10	100
	19–29	460	650		3,000			10	100
	30–49	450	650		3,000			10	100
	50–64	430	600		3,000			10	100
	65–74	410	600		3,000			15	100
	75 이상	410	600		3,000			15	100
임신부		+50	+70		3,000			+0	100
수유부		+350	+490		3,000			+0	100

〈계속〉

성별	연령	비타민 E(mg α-TE/일)				비타민 K(μg/일)			
		평균 필요량	권장 섭취량	충분 섭취량	상한 섭취량	평균 필요량	권장 섭취량	충분 섭취량	상한 섭취량
영아	0–5(개월)			3				4	
	6–11			4				6	
유아	1–2(세)			5	100			25	
	3–5			6	150			30	
남자	6–8(세)			7	200			40	
	9–11			9	300			55	
	12–14			11	400			70	
	15–18			12	500			80	
	19–29			12	540			75	
	30–49			12	540			75	
	50–64			12	540			75	
	65–74			12	540			75	
	75 이상			12	540			75	
여자	6–8(세)			7	200			40	
	9–11			9	300			55	
	12–14			11	400			65	
	15–18			12	500			65	
	19–29			12	540			65	
	30–49			12	540			65	
	50–64			12	540			65	
	65–74			12	540			65	
	75 이상			12	540			65	
임신부				+0	540			+0	
수유부				+3	540			+0	

표 2-8 2020 한국인 영양소 섭취기준(Dietary Reference Intakes for Koreans : KDRIs) : 수용성 비타민

보건복지부, 2020

성별	연령	비타민 C(mg/일)				티아민(mg/일)			
		평균 필요량	권장 섭취량	충분 섭취량	상한 섭취량	평균 필요량	권장 섭취량	충분 섭취량	상한 섭취량
영아	0-5(개월)			40				0.2	
	6-11			55				0.3	
유아	1-2(세)	30	40		340	0.4	0.4		
	3-5	35	45		510	0.4	0.5		
남자	6-8(세)	40	50		750	0.5	0.7		
	9-11	55	70		1,100	0.7	0.9		
	12-14	70	90		1,400	0.9	1.1		
	15-18	80	100		1,600	1.1	1.3		
	19-29	75	100		2,000	1.0	1.2		
	30-49	75	100		2,000	1.0	1.2		
	50-64	75	100		2,000	1.0	1.2		
	65-74	75	100		2,000	0.9	1.1		
	75 이상	75	100		2,000	0.9	1.1		
여자	6-8(세)	40	50		750	0.6	0.7		
	9-11	55	70		1,100	0.8	0.9		
	12-14	70	90		1,400	0.9	1.1		
	15-18	80	100		1,600	0.9	1.1		
	19-29	75	100		2,000	0.9	1.1		
	30-49	75	100		2,000	0.9	1.1		
	50-64	75	100		2,000	0.9	1.1		
	65-74	75	100		2,000	0.8	1.0		
	75 이상	75	100		2,000	0.7	0.8		
임신부		+10	+10		2,000	+0.4	+0.4		
수유부		+35	+40		2,000	+0.3	+0.4		

〈계속〉

성별	연령	리보플라빈(mg/일)				니아신(mg NE/일)[1]			
		평균 필요량	권장 섭취량	충분 섭취량	상한 섭취량	평균 필요량	권장 섭취량	충분 섭취량	상한 섭취량 니코틴산/니코틴아미드
영아	0-5(개월)			0.3				2	
	6-11			0.4				3	
유아	1-2(세)	0.4	0.5			4	6		10/180
	3-5	0.5	0.6			5	7		10/250
남자	6-8(세)	0.7	0.9			7	9		15/350
	9-11	0.9	1.1			9	11		20/500
	12-14	1.2	1.5			11	15		25/700
	15-18	1.4	1.7			13	17		30/800
	19-29	1.3	1.5			12	16		35/1000
	30-49	1.3	1.5			12	16		35/1000
	50-64	1.3	1.5			12	16		35/1000
	65-74	1.2	1.4			11	14		35/1000
	75 이상	1.1	1.3			10	13		35/1000
여자	6-8(세)	0.6	0.8			7	9		15/350
	9-11	0.8	1.0			9	12		20/500
	12-14	1.0	1.2			11	15		25/700
	15-18	1.0	1.2			11	14		30/800
	19-29	1.0	1.2			11	14		35/1000
	30-49	1.0	1.2			11	14		35/1000
	50-64	1.0	1.2			11	14		35/1000
	65-74	0.9	1.1			10	13		35/1000
	75 이상	0.8	1.0			9	12		35/1000
임신부		+0.3	+0.4			+3	+4		35/1000
수유부		+0.4	+0.5			+2	+3		35/1000

[1] 1 mg NE(니아신 당량)=1 mg 니아신=60 mg 트립토판

〈계속〉

보건복지부, 2020

성별	연령	비타민 B_6(mg/일)				엽산(μg DFE/일)[1]			
		평균 필요량	권장 섭취량	충분 섭취량	상한 섭취량	평균 필요량	권장 섭취량	충분 섭취량	상한 섭취량[2]
영아	0–5(개월)			0.1				65	
	6–11			0.3				90	
유아	1–2(세)	0.5	0.6		20	120	150		
	3–5	0.6	0.7		30	150	180		
남자	6–8(세)	0.7	0.9		45	180	220		500
	9–11	0.9	1.1		60	250	300		600
	12–14	1.3	1.5		80	300	360		800
	15–18	1.3	1.5		95	330	400		900
	19–29	1.3	1.5		100	320	400		1,000
	30–49	1.3	1.5		100	320	400		1,000
	50–64	1.3	1.5		100	320	400		1,000
	65–74	1.3	1.5		100	320	400		1,000
	75 이상	1.3	1.5		100	320	400		1,000
여자	6–8(세)	0.7	0.9		45	180	220		500
	9–11	0.9	1.1		60	250	300		600
	12–14	1.2	1.4		80	300	360		800
	15–18	1.2	1.4		95	330	400		900
	19–29	1.2	1.4		100	320	400		1,000
	30–49	1.2	1.4		100	320	400		1,000
	50–64	1.2	1.4		100	320	400		1,000
	65–74	1.2	1.4		100	320	400		1,000
	75 이상	1.2	1.4		100	320	400		1,000
임신부		+0.7	+0.8		100	+200	+220		1,000
수유부		+0.7	+0.8		100	+130	+150		1,000

[1] Dietary Folate Equivalents, 가임기 여성의 경우 400 μg/일의 엽산보충제 섭취를 권장함.

[2] 엽산의 상한섭취량은 보충제 또는 강화식품의 형태로 섭취한 μg/일에 해당됨.

〈계속〉

성별	연령	비타민 B_{12}(μg/일)				판토텐산(mg/일)				비오틴(μg/일)			
		평균 필요량	권장 섭취량	충분 섭취량	상한 섭취량	평균 필요량	권장 섭취량	충분 섭취량	상한 섭취량	평균 필요량	권장 섭취량	충분 섭취량	상한 섭취량
영아	0–5(개월)			0.3				1.7				5	
	6–11			0.5				1.9				7	
유아	1–2(세)	0.8	0.9					2				9	
	3–5	0.9	1.1					2				12	
남자	6–8(세)	1.1	1.3					3				15	
	9–11	1.5	1.7					4				20	
	12–14	1.9	2.3					5				25	
	15–18	2.0	2.4					5				30	
	19–29	2.0	2.4					5				30	
	30–49	2.0	2.4					5				30	
	50–64	2.0	2.4					5				30	
	65–74	2.0	2.4					5				30	
	75 이상	2.0	2.4					5				30	
여자	6–8(세)	1.1	1.3					3				15	
	9–11	1.5	1.7					4				20	
	12–14	1.9	2.3					5				25	
	15–18	2.0	2.4					5				30	
	19–29	2.0	2.4					5				30	
	30–49	2.0	2.4					5				30	
	50–64	2.0	2.4					5				30	
	65–74	2.0	2.4					5				30	
	75 이상	2.0	2.4					5				30	
임신부		+0.2	+0.2					+1.0				+0	
수유부		+0.3	+0.4					+2.0				+5	

〈계속〉

표 2-9 2020 한국인 영양소 섭취기준(Dietary Reference Intakes for Koreans : KDRIs) : 다량무기질

보건복지부, 2020

성별	연령	칼슘(mg/일)				인(mg/일)				나트륨(mg/일)			
		평균필요량	권장섭취량	충분섭취량	상한섭취량	평균필요량	권장섭취량	충분섭취량	상한섭취량	평균필요량	권장섭취량	충분섭취량	만성질환위험감소섭취량
영아	0-5(개월)			250	1,000			100				110	
	6-11			300	1,500			300				370	
유아	1-2(세)	400	500		2,500	380	450		3,000			810	1,200
	3-5	500	600		2,500	480	550		3,000			1,000	1,600
남자	6-8(세)	600	700		2,500	500	600		3,000			1,200	1,900
	9-11	650	800		3,000	1,000	1,200		3,500			1,500	2,300
	12-14	800	1,000		3,000	1,000	1,200		3,500			1,500	2,300
	15-18	750	900		3,000	1,000	1,200		3,500			1,500	2,300
	19-29	650	800		2,500	580	700		3,500			1,500	2,300
	30-49	650	800		2,500	580	700		3,500			1,500	2,300
	50-64	600	750		2,000	580	700		3,500			1,500	2,300
	65-74	600	700		2,000	580	700		3,500			1,300	2,100
	75 이상	600	700		2,000	580	700		3,000			1,100	1,700
여자	6-8(세)	600	700		2,500	480	550		3,000			1,200	1,900
	9-11	650	800		3,000	1,000	1,200		3,500			1,500	2,300
	12-14	750	900		3,000	1,000	1,200		3,500			1,500	2,300
	15-18	700	800		3,000	1,000	1,200		3,500			1,500	2,300
	19-29	550	700		2,500	580	700		3,500			1,500	2,300
	30-49	550	700		2,500	580	700		3,500			1,500	2,300
	50-64	600	800		2,000	580	700		3,500			1,500	2,300
	65-74	600	800		2,000	580	700		3,500			1,300	2,100
	75 이상	600	800		2,000	580	700		3,000			1,100	1,700
임신부		+0	+0		2,500	+0	+0		3,000			1,500	2,300
수유부		+0	+0		2,500	+0	+0		3,500			1,500	2,300

〈계속〉

성별	연령	염소(mg/일)				칼륨(mg/일)				마그네슘(mg/일)			
		평균 필요량	권장 섭취량	충분 섭취량	상한 섭취량	평균 필요량	권장 섭취량	충분 섭취량	상한 섭취량	평균 필요량	권장 섭취량	충분 섭취량	상한 섭취량[1]
영아	0–5(개월)			170				400				25	
	6–11			560				700				55	
유아	1–2(세)			1,200				1,900		60	70		60
	3–5			1,600				2,400		90	110		90
남자	6–8(세)			1,900				2,900		130	150		130
	9–11			2,300				3,400		190	220		190
	12–14			2,300				3,500		260	320		270
	15–18			2,300				3,500		340	410		350
	19–29			2,300				3,500		300	360		350
	30–49			2,300				3,500		310	370		350
	50–64			2,300				3,500		310	370		350
	65–74			2,100				3,500		310	370		350
	75 이상			1,700				3,500		310	370		350
여자	6–8(세)			1,900				2,900		130	150		130
	9–11			2,300				3,400		180	220		190
	12–14			2,300				3,500		240	290		270
	15–18			2,300				3,500		290	340		350
	19–29			2,300				3,500		230	280		350
	30–49			2,300				3,500		240	280		350
	50–64			2,300				3,500		240	280		350
	65–74			2,100				3,500		240	280		350
	75 이상			1,700				3,500		240	280		350
임신부				2,300				+0		+30	+40		350
수유부				2,300				+400		+0	+0		350

[1] 식품외 급원의 마그네슘에만 해당

표 2-10 2020 한국인 영양소 섭취기준(Dietary Reference Intakes for Koreans : KDRIs) : 미량무기질

보건복지부, 2020

성별	연령	철(mg/일)				아연(mg/일)				구리(μg/일)			
		평균 필요량	권장 섭취량	충분 섭취량	상한 섭취량	평균 필요량	권장 섭취량	충분 섭취량	상한 섭취량	평균 필요량	권장 섭취량	충분 섭취량	상한 섭취량[1]
영아	0-5(개월)			0.3	40			2				240	
	6-11	4	6		40	2	3					330	
유아	1-2(세)	4.5	6		40	2	3		6	220	290		1,700
	3-5	5	7		40	3	4		9	270	350		2,600
남자	6-8(세)	7	9		40	5	5		13	360	470		3,700
	9-11	8	11		40	7	8		19	470	600		5,500
	12-14	11	14		40	7	8		27	600	800		7,500
	15-18	11	14		45	8	10		33	700	900		9,500
	19-29	8	10		45	9	10		35	650	850		10,000
	30-49	8	10		45	8	10		35	650	850		10,000
	50-64	8	10		45	8	10		35	650	850		10,000
	65-74	7	9		45	8	9		35	600	800		10,000
	75 이상	7	9		45	7	9		35	600	800		10,000
여자	6-8(세)	7	9		40	4	5		13	310	400		3,700
	9-11	8	10		40	7	8		19	420	550		5,500
	12-14	12	16		40	6	8		27	500	650		7,500
	15-18	11	14		45	7	9		33	550	700		9,500
	19-29	11	14		45	7	8		35	500	650		10,000
	30-49	11	14		45	7	8		35	500	650		10,000
	50-64	6	8		45	6	8		35	500	650		10,000
	65-74	6	8		45	6	7		35	460	600		10,000
	75 이상	5	7		45	6	7		35	460	600		10,000
임신부		+8	+10		45	+2.0	+2.5		35	+100	+130		10,000
수유부		+0	+0		45	+4.0	+5.0		35	+370	+480		10,000

〈계속〉

성별	연령	불소(mg/일)				망간(mg/일)				요오드(μg/일)			
		평균 필요량	권장 섭취량	충분 섭취량	상한 섭취량	평균 필요량	권장 섭취량	충분 섭취량	상한 섭취량	평균 필요량	권장 섭취량	충분 섭취량	상한 섭취량
영아	0-5(개월)			0.01	0.6			0.01				130	250
	6-11			0.4	0.8			0.8				180	250
유아	1-2(세)			0.6	1.2			1.5	2.0	55	80		300
	3-5			0.9	1.8			2.0	3.0	65	90		300
남자	6-8(세)			1.3	2.6			2.5	4.0	75	100		500
	9-11			1.9	10.0			3.0	6.0	85	110		500
	12-14			2.6	10.0			4.0	8.0	90	130		1,900
	15-18			3.2	10.0			4.0	10.0	95	130		2,200
	19-29			3.4	10.0			4.0	11.0	95	150		2,400
	30-49			3.4	10.0			4.0	11.0	95	150		2,400
	50-64			3.2	10.0			4.0	11.0	95	150		2,400
	65-74			3.1	10.0			4.0	11.0	95	150		2,400
	75 이상			3.0	10.0			4.0	11.0	95	150		2,400
여자	6-8(세)			1.3	2.5			2.5	4.0	75	100		500
	9-11			1.8	10.0			3.0	6.0	80	110		500
	12-14			2.4	10.0			3.5	8.0	90	130		1,900
	15-18			2.7	10.0			3.5	10.0	95	130		2,200
	19-29			2.8	10.0			3.5	11.0	95	150		2,400
	30-49			2.7	10.0			3.5	11.0	95	150		2,400
	50-64			2.6	10.0			3.5	11.0	95	150		2,400
	65-74			2.5	10.0			3.5	11.0	95	150		2,400
	75 이상			2.3	10.0			3.5	11.0	95	150		2,400
임신부				+0	10.0			+0	11.0	+65	+90		
수유부				+0	10.0			+0	11.0	+130	+190		

〈계속〉

성별	연령	셀레늄(μg/일)				몰리브덴(μg/일)				크롬(μg/일)			
		평균 필요량	권장 섭취량	충분 섭취량	상한 섭취량	평균 필요량	권장 섭취량	충분 섭취량	상한 섭취량	평균 필요량	권장 섭취량	충분 섭취량	상한 섭취량
영아	0-5(개월)			9	40							0.2	
	6-11			12	65							4.0	
유아	1-2(세)	19	23		70	8	10		100			10	
	3-5	22	25		100	10	12		150			10	
남자	6-8(세)	30	35		150	15	18		200			15	
	9-11	40	45		200	15	18		300			20	
	12-14	50	60		300	25	30		450			30	
	15-18	55	65		300	25	30		550			35	
	19-29	50	60		400	25	30		600			30	
	30-49	50	60		400	25	30		600			30	
	50-64	50	60		400	25	30		550			30	
	65-74	50	60		400	23	28		550			25	
	75 이상	50	60		400	23	28		550			25	
여자	6-8(세)	30	35		150	15	18		200			15	
	9-11	40	45		200	15	18		300			20	
	12-14	50	60		300	20	25		400			20	
	15-18	55	65		300	20	25		500			20	
	19-29	50	60		400	20	25		500			20	
	30-49	50	60		400	20	25		500			20	
	50-64	50	60		400	20	25		450			20	
	65-74	50	60		400	18	22		450			20	
	75 이상	50	60		400	18	22		450			20	
임신부		+3	+4		400	+0	+0		500			+5	
수유부		+9	+10		400	+3	+3		500			+20	

보건복지부, 2020

Chapter 3

피부과학

피부는 체내에서 가장 큰 기관으로 여러 생리기능을 수행하며, 신체의 가장 바깥쪽에서 위험을 방어하며 질병을 유발하는 병균이나 여러 요인들로부터 몸을 보호하는 최전방 면역기관이다.

1. 피부의 구조

피부는 표피와 진피 및 피하지방으로 이루어져 있으며 각각 고유의 기능을 가지고 있다. 피부의 각층에 대한 학습은 여러 가지 피부질환이나 유전적 피부질환에 대한 이해를 도우며 화장품이나 피부 관련 약 등의 기전과 효과를 알 수 있게 한다.

1. 표피 (epidermis)

피부의 가장 바깥층으로 피부결과 수분, 색깔을 결정한다. 표피는 중층 편평상피로 혈관이 없고 수많은 말단신경으로 이루어져 있다.

표피를 구성하는 세포는 각화세포, 색소세포, 랑게르한스세포이다. 표피는 각질층(stratum corneum, horny layer), 투명층(stratum lucidum, lucid layer, shining layer), 과립층(stratum granulosum, granular layer), 유극층(stratum spinosum, pricky cell layer, spinous layer), 기저층(stratum basale), 배아층(stratum germinativum)으로 이루어져 있다.

(1) 각화세포, 각질형성세포 (keratinocyte, squamous cell)

표피의 대부분을 차지하며 표피와 진피의 경계부에 있는 기저세포층의 줄기세포(stem cell)가 분화하면서 딸세포(daughter cell)를 형성해 표피의 위층으로 이동한다. 각질형성세포가 성숙하면서 위로 이동하는 과정을 각화(keratinization)라고 한다. 각화과정(keratinization)은 매일 수백만 개의 세포들이 새로 형성되어 표피의 가장 위쪽으로 올라와서 죽은 세포들이 떨어져 나가는 현상이다.

각질형성세포는 외배엽(ectoderm)에서 유래된 세포로 표피를 구성하며 기저층, 유극층, 과립층, 투명층, 각질층으로 변하게 된다. 모두 각화과정에서 만들어지며 25~30일 정도를 생존하며 표피의 각 층을 이동하면서 층에 따라 세포 구조와 기능이 변화한다.

1) 기저층(바닥층)

기저층은 표피의 가장 바닥에 위치하므로 기저세포층(basal cell layer)이라 하며, 모양은 입방형(cuboidal)이다. 기저세포는 옆에 있는 다른 기저세포, 위에 있는 유극세포와 교소체를 통해 서로 연결되어 기저세포막을 형성한다. 기저세포는 세포에 유연성(flexibility)을 주어 세포골격을 형성하게 하는 keratin을 갖고 있다. 세포들이 기저층에서 위로의 이동을 가능하게 해 각화과정이 이루어진다.

이 밖에도 기저세포는 계속해서 세포를 만들어 내어 표피를 유지하는데, 기저세포의 10%는 줄기세포이며, 50%는 확대세포이고 40%는 위로 이동하는 세포로 구성되어 있다. 기저세포에 장애가 생기면 물집병의 일종인 유천포창이나 수포성 표피박리증 등을 초래한다.

2) 유극층(가시층)

유극층은 세포표면에 교소체(desmosome)라고 부르는 극상부착물(spiny attachment)을 가지고 있다. 유극층에서 각화의 첫 신호라고 여겨지는 층판과립이 처음 나타나며, 세포골격을 더 강하게 한다.

층판과립에는 세라마이드나 콜레스테롤 및 지방산 같은 지질과 단백질분해효소, 인산분해효소, 지질분해효소나 글리코시다제 같은 효소가 있으며, 위로 이동하면서 이런 물질을 밖으로 유출한다. 유출된 지질은 세포 표면을 덮어서 피부를 보호한다. 교소체는 접합분자(adhesion molecule)와 단백질로 이루어진 중합체(complex structure)로 세포 접합(cell adhesion)과 세포 수송(cell transport)에 중요 역할을 한다.

교소체는 이 층에서 매우 뚜렷하여 마치 세포 표면에 가시가 박힌 것처럼 보여 유극층이라고 한다. 유극층의 각질형성세포는 더욱 분화되어 기저층에서는 볼 수 없는 인볼럭크린(involucrin), 케라톨리늄(keratolinum), 로리클린(loricrin)이 세포질에서 발견된다. 이러한 단백질은 교차결합해 각질층을 단단하게 해준다.

3) 과립층

과립층은 표피의 마지막 층으로 필라그린(filaggrin)의 전구물질인 프로필라그린(profilaggrin)이 있다. 필라그린은 케라틴 필라멘트(keratin filament)와 교차 결합하여 각질세포의 단단한 구조를 형성한다. 각질세포막의 단백질(involucrin, keratolinin, pancornulins, loricrin)은 과립층에서 글루타민 전이효소(trans glutaminase)에 의해 교차결합해 세포막을 형성하게 된다.

과립세포에는 필라그린, 각질세포막, 단백질이 있으며 고분자 케라틴 합성이 일어난다. 그리고 핵과 세포소기관(organelles)의 융해 같은 분해작용도 일어난다. 과립층은 케라토히알린(keratohyalin) 과립을 포함하고 있다.

4) 각질층

표피의 최외층으로 각질형성세포가 가장 성숙되어 각화과정이 완성되는 층이다. 각질층은 핵과 과립은 없어지고 압축된 세포 덩어리(condensed mass of cell)로 각질세포막(cell envelope)으로 불리는 단백질로 싸여 있어 수분 소실과 이물질의 흡수를 막는다.

각질층은 단백질 합성이 없는 죽은 세포층이지만 방어장벽기능으로 표피 수분손실(transepidermal water loss, TEWL)을 막아준다. 필라그린의 분해로 형성되는 아미노산과 그 대사산물들이 천연보습인자(natural moisturizing factor, NMF)를 형성한다. 세포 내에 존재하는 NMF와 층판 과립에서 유출되어 세포 외에 존재하는 지질은 피부 수화, 유연성, 피부탄력 등에 중요 역할을 한다.

(2) 색소세포 – 멜라닌세포

멜라닌세포는 신경세포가 태어나는 조직과 동일한 배아조직에서 유래하며 멜라닌을 형성해 피부색을 결정한다. 멜라닌세포들은 기저층의 각질형성세포들 사이와 기저막 위에 있는 표피의 바닥에 위치해 있다. 인종에 관계없이 멜라닌세포의 수는 동일하며, 나이가 증가하면 멜라닌세포 수는 줄어든다. 멜라닌세포는 교소체를 가지고 있지 않다.

(3) 랑게르한스세포

랑게르한스세포는 각질층을 통과하는 항원의 침입을 인지하는 표피세포로 표피의 중간층이나 깊은 세포층에 있으며, 흉선과 구강, 폐, 방광, 직장, 질 등의 점막에도 있다. 나이와 자외선은 랑게르한스세포의 수를 감소시킨다. 교소체를 가지고 있지 않고 긴 수상돌기를 가지고 있으며 골수에서 생산된다.

(4) 표피의 각화와 세포주기

표피의 각화는 각질형성세포의 분화과정으로 표피는 외부환경과 접촉함으로써 바깥쪽 세포들은 빠르게 박리되어 약 9~17 mg씩 떨어져 나가게 된다. 즉, 각화과정은 정상적으로 개개의 세포 덩어리들이 탈락되는 것이다. 표피가 떨어져 나갈 때마다 기저세포층에서 대체된다.

피부의 각화주기는 25~30일 정도이다. 나이가 들어감에 따라 피부도 노화가 진행되면서 각질형성세포 기능이 떨어져 각화 주기가 길어지며 각질층이 두꺼워지고 피부가 거칠어지며 주름이 생기게 된다.

각질은 황을 많이 함유한 아미노산이 모여 형성되는 것으로 황결합(disulfide bond)과 수소결합에 의해 응집력을 나타낸다. 표피를 구성하는 각질과 손·발톱을 구성하는 각질은 다르다. 각화과정에 이상이 오면 부분적으로 탈락이 안 된 각질형성세포들이 축적되어 건조피부로 보인다.

필라그린 *Check point*

과립세포에 존재하는 케라토히알린(keratohyalin) 과립은 프로필라그린(profilaggrin)이 되며, 프로필라그린은 과립세포가 각질형성세포로 전환되면서 필라그린(filaggrin)으로 된다.

필라그린은 필라멘트가 뭉쳐있는 단백질로 각질층의 구조를 이루는 것으로 각질층의 최외층에는 존재하지 않으며 각질형성세포 내에서 2~3일 내에 아미노산으로 완전히 분해·대사되어 천연보습인자가 된다.

이런 방법으로 각질층의 상층부 세포들이 수분 결합을 가능하게 하고 하층부 세포들이 과수화되는 것을 막는다. 천연보습인자의 양은 각질층 내에 있는 수분의 정도에 의해 조정된다.

병적 상태에서는 세포주기에 변화가 오게 되며, 건선은 세포주기가 너무 짧아 심한 각질성 피부병변이 생기는 것이다.

노인이 되면 세포주기가 길어져서 각질층의 표면에 늙은 세포들이 많아지기 때문에 고유의 기능을 제대로 못한다. 태양광선은 표피의 각질층을 두껍게 만든다. 레티놀이나 알파 hydroxy acid 등은 세포주기의 속도를 빠르게 하여 표피의 표면층에 젊은 각질형성세포가 많아지게 한다.

(5) 각질층의 보습

각질층의 주요기능은 경표피 수분 소실을 막음으로써 피부에서의 수분 균형을 조정한다. 각질층에는 천연보습인자(Natural moisturizing factor, NMF)와 지방이 있기 때문에 이런 기능을 할 수 있다.

1) 천연보습인자

층판과립에서 유출되는 천연보습인자는 필라그린 분해질의 산물인 아미노산과 대사물로 이루어져 있다. 천연보습인자는 각질층 세포의 내부에서만 발견되며 각질층의 수분 결합을 가능하게 한다. 물에 잘 녹는 화학물질로 구성되어 아주 건조한 상태에서도 많은 양의 물을 흡수하며 충분한 수분이 필요한 효소가 기능을 할 수 있도록 해 주기도 한다.

정상 피부도 비누 사용에 의해 천연보습인자가 감소하며 나이가 증가함에 따라 자연스럽게 줄어듦으로써 노인이 되면 피부가 건조해진다. 병적인 상태인 어린선(비늘이 생기면서 거칠어지는 피부)의 경우에는 천연보습인자가 부족하여 피부건조증과 각질이 심하게 생긴다.

2) 피부표면

피부표면의 pH는 5.5 정도의 산성이다. 피부표면의 젖산과 피루브산이 각질층을 산성으로 유지하는 데 중요하다. 요소, 아미노산, 염화나트륨, 염화칼륨 등의 성분으로 구성되어 있다.

3) 피부지질

피부지질은 중성지방, 지방산(fatty acid), 스쿠알렌(squalene), 왁스(wax ester), 디글리세라이드(diglyceride), 콜레스테롤 에스터(cholesterol ester), 콜레스테롤(cholesterol) 등이 있다. 지질은 경표피 수분 손실과 박테리아의 침입을 막으며 수용성 물질의 피부 내로의 이동도 막아준다.

각질층의 지질은 나이, 유전, 계절적 변화, 식사 등에 의해 영향을 받는다. 유전적으로 표피의 지질대사에 이상이 생긴 어린선 환자의 피부는 심하게 건조해진다. 피부지질은 층판과립이나 피지선 등에서 생산되고 피지선에서 분비되는 피지는 호르몬에 의해 조절된다. 지질은 천연보습인자가 세포내부에 있도록 도와서 세포가 항상 수화되게 하고 수분이 필요한 효소의 기능을 가능하게 한다.

4) 수분투과장벽(water permeability barrier)에서의 지질의 역할

세라마이드, 콜레스테롤, 지방산은 각질층에서 수분투과장벽의 주요 물질이다. 세라마이드는 리놀레산이 풍부하며 각질층의 장벽기능에 가장 중요하다.

최근 연구에 의하면 세라마이드, 지방산, 콜레스테롤을 적절히 혼합하는 것이 피부보습에 중요하다고 한다.

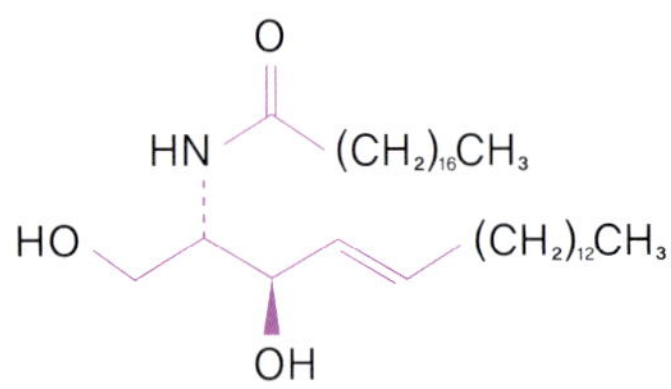

Ceramide

그림 3-1　각질층에서 수분투과장벽에 기여하는 세라마이드 구조

Check point

줄기세포

줄기세포는 인체 내의 각 조직이나 기관을 구성하는 260가지가 넘는 신체 구성세포(신경세포, 피부세포, 혈구세포 등)이며 분화되는 세포로 끊임없이 스스로 증식하는 자가재생능력(Self Renewal)과 신체의 모든 세포나 조직으로 분화할 수 있는 능력(Differentiation to specific tissue)을 가진 세포이다.

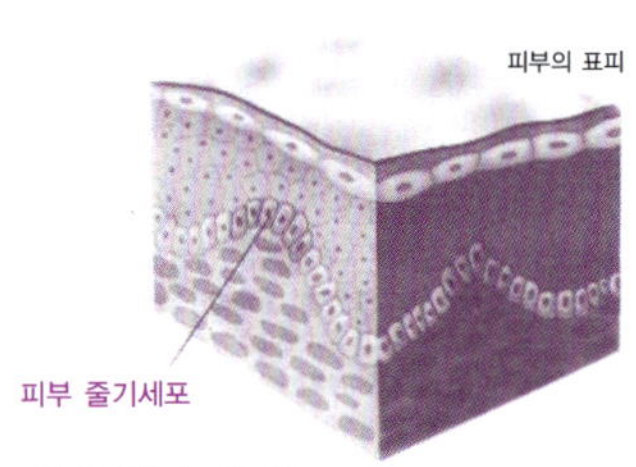

피부 줄기세포는 새로운 피부세포로 분화되기 때문이다.

줄기세포의 작용 기전

줄기세포는 다양한 세포들로 분화할 수 있고, 손상된 세포들을 대체하며, 인접한 세포들을 활성화하고, 여러 가지 생리활성 작용을 나타내는 성장 인자들(growth factors)을 분비한다.

체내의 줄기세포는 원시세포로 있다가 병이 생기면 분화(1-2-4-8-16…)하기 시작하여 손상된 세포를 재생해 질병을 치료한다.

하지만 인간의 각 기관에 존재하는 줄기세포의 수는 질병을 치료할 만큼 충분하지 않고, 특히 노화와 질병으로 인해 각 조직과 기관의 세포가 손상되면 세포들의 분화능력은 떨어진다.

이때 외부로부터 줄기세포를 주입함으로써 손상 받은 장기의 세포로 줄기세포가 이동해 분화하여 세포를 재생시키고 기능을 정상화시킬 수 있다.

줄기세포의 종류

① 배아 줄기세포(Embryonic stem cell)

수정 후 10일 안에 배아에서 추출한 미분화 세포로서, 다양한 조직세포로 분화할 수 있는 능력을 가진 세포이다.

- 완전분화 줄기세포

  임신 초기의 단 며칠 동안만 존재하고 인체 내의 어떤 조직으로도 분화 가능하며 완전한 하나의 개체로 발생할 수 있는 세포이다.

- 복수분화(pluoripotent) 줄기세포

  수정란이 배반포 단계에 있을 때에 존재한다. 배반포란 수정란이 100여 개의 세포로 분열된 단계로 분화 가능성은 조금 줄지만, 다양한 신체 조직으로 분화가 가능하다.

② 성체 줄기세포(Adult stem cell)

성장한 후에도 존재하는 줄기세포이며, 조직이나 기관의 분화된 세포들 사이에서 소량 발견되는 미분화 세포로 각각 조직에서 직접 제대혈(탯줄 혈액)이나 다 자란 성인의 골수와 혈액 등에서 추출해 낸 것이다.

③ 다중분화 줄기세포(multipotent)

각 조직에 소량 존재하며, 분화 가능성이 많이 줄어서 정해진 몇 가지 종류의 세포로만 분화할 수 있다.

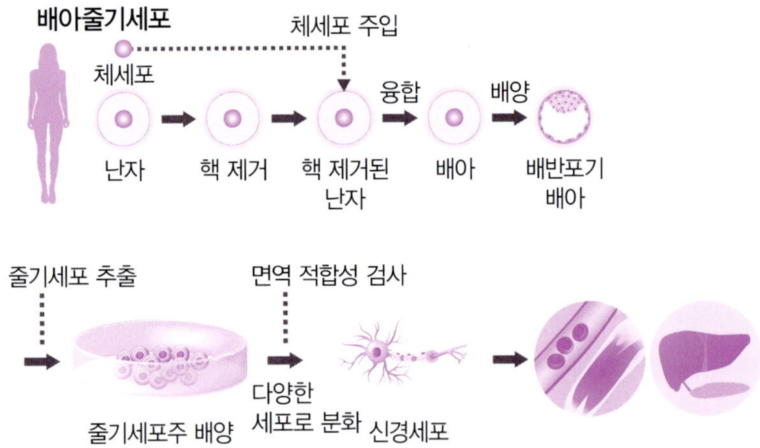

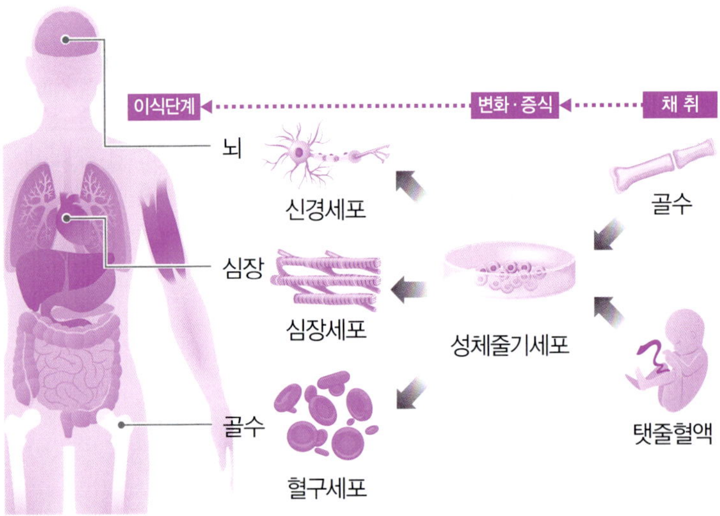

2. 진피 (dermis)

진피는 표피 아래에 있으며 피부의 두께에 관여한다. 진피 두께는 신체부위별로 다르며 3세에서 6세가 되면서, 그리고 사춘기가 되면서 각각 두 배씩 두꺼워진다. 나이가 들면서 진피는 두께와 수분을 점차 잃는다.

신경 혈관이나 피지선 등이 들어 있는 진피는 주로 콜라겐으로 되어 있으며 표피 바로 밑 부위를 유두진피, 그리고 그 아랫부분을 망상진피라고 한다. 유두진피는 망상진피에 비해 콜라겐이 가늘고 세포가 밀집되어 있으며 혈관구조가 더 복잡하다.

진피(dermis)를 구성하는 주세포는 섬유모세포이며 이들은 교원질과 탄력소 및 기타 세포간질 단백을 생성하며 아교질가수분해효소(collagenase)나 스트로멜리신(stromelysin) 같은 효소도 생성하며 각각의 구성성분에 대하여는 중요한 의미를 지닌다. 또한 진피에는 면역세포인 비만세포(mast cell), 다형핵림프구(PMNs), 림프구, 마이크로파이지(macrophage) 등이 있다. 진피는 무정형의 기질과 탄력성을 지닌 탄력섬유와 교원섬유에 의해 피부탄력이 유지된다.

탄력섬유는 피부의 탄력을 유지하고, 교원섬유는 수분을 함유하여 피부의 구조와 모양을 유지한다. 피부가 노화되면 교원섬유와 탄력섬유는 구조가 파괴되고 기능이 떨어져 탄력과 생기를 잃어버린다. 표피와 진피 사이의 경계부위를 진피표피경계부(dermo-epidermal junction, DEJ)라고 한다.

진피는 표피보다 15~40배 가량 두꺼우며 콜라겐섬유가 있어 피부의 구조와 모양이 정해진다. 신경조직, 혈관, 림프관, 모낭, 입모근, 모유두로 구성되어 있다. 진피는 유두층(papillary layer, superficial layer)과 망상층(reticular layer)의 두 층으로 되어 있다.

(1) 유두층

유두를 형성하며 콜라겐 섬유와 엘라스틴 섬유로 구성되어 진피의 상층에 위치한다. 신경말단이나 모세혈관 종말부가 있으며 유두층의 수분은 피부의 팽창 및 탄력에 관여한다. 또한 산소와 영양소가 유두의 모세혈관으로부터 조직액을 통한 확산작용에 의해 산소와 영양소를 운반하며 표피의 각화를 원활히 한다.

(2) 망상층

유두층의 하부에 있으며 두껍고 콜라겐 섬유와 엘라스틴 섬유가 많이 함유되어 있다. 지방세포, 혈관, 림프관, 피지선, 땀샘, 모낭, 입모근으로 되어 있다. 임신부나 비만인의 경우 피부조직이 팽창해도 지탱할 수 있으나, 지나치게 늘어나면 피부가 트게 되는데 대퇴부나 둔부 및 유방, 복부 등에 나타난다. 망상층의 두께는 여성에 비해 남성이 두껍다. 목덜미, 손바닥, 발바닥 순으로 두껍다.

(3) 진피구성섬유

1) 교원섬유(collagen)

진피성분의 90%를 이루며 삼차원의 망상구조로 진피에 장력을 제공하고 기계적인 외부 힘이나 자극에 의해 저항력을 가지며, 신체내부를 보호한다. 노화되면 섬유가 늘어나서 기능이 저하된다. 콜라겐 섬유들은 당단백질로부터 만들어져서 피부의 내성과 탄력에 관여한다.

콜라겐은 섬유모세포 내에서 프로콜라겐(procollagen)이라고 불리는 전구물질로 합성되어 그 중 프롤린 잔기는 Fe^{++}, 비타민 C, α-케토글루타레이트(α-ketoglutarate)의 존재 하에 프롤릴 가수분해효소(prolyl hydroxylase)에 의해 수산화 프롤린(hydroxy proline)으로 되며 리신 잔기는 Fe^{++}, 비타민 C, α-케토글루타레이트(α-ketogluturate)의 존재하에 리실 가수분해효소(lysyl hydroxylase)에 의해 수산화리신(hydroxylysine)으로 전환된다. 비타민 C가 결핍되면 콜라겐 생성이 감소되는 괴혈병이 나타난다.

2) 탄력섬유(elastin)

콜라겐 섬유에 비해 짧고 가늘며 탄력이 있으나, 연령이 증가함에 따라 점차 기능이 떨어진다. 탄력소는 교원질의 주변에서 보이며 피부의 탄력에 기여한다. 이는 피브릴린(fibrillin)으로 구성된 마이크로피브릴(microfibril)의 다발로 구성되어 있다. 광노출이 심하게 되면 탄력소는 분해되어 탄력섬유증(elastosis)이 유발된다. 광노출이나 노화 없이도 탄력섬유 결함이나 손상에 의해 주름이 생길 수 있는데 주름피부증후군(wrinkled skin syndrome)을 가진 아이에게서 탄력섬유 결핍이 나타난다.

교원질에 비해 탄력소는 여러 단계의 성숙도를 보이는데 가장 미숙한 섬유는 옥시탈란(oxytalan)으로 불리며 표피 · 진피 경계부로부터 망상진피 상부까지 수직으로 위치한다.

성숙한 탄력섬유는 엘라닌(elaunin)으로 불리며 망상진피층에서 수평섬유에 붙어 있다.

성숙한 탄력섬유(elaunin)는 피브릴린 메시(fibrillin mesh)에서 더 많은 탄력소를 갖고 있기 때문에 더 성숙하며 가장 성숙한 탄력소는 이름이 없고 망상진피층 가장 깊게 존재한다.

3) 당단백질(glycoprotein)

당단백질은 세포의 이동 · 부착에 관여한다. 진피 내에서는 피브로넥틴(fibronectin)과 테나신(tenascin)이 가장 많으나 비트로넥신(vitronectin)과 트롬보스폰딘(thrombospondin) 및 에피볼린(epibolin)도 있다.

피브로넥틴은 혈소판의 교원질 접착이나 상처조직 발육과 표피재생에 관여한다. 테나신은 발육 중인 피부에 많으나 성인 피부에는 유두진피에서만 발견된다. 이 성분은 조직 리모델링에 중요 역할을 하며 성형수술 후 상처회복에 중요하다.

4) 점다당질(glycosamionglycans)

점다당질(GAGs)은 중심단백에 이당류가 반복적으로 붙어 구성된 다당류로 이 성분이 수분 성분에 달라붙음으로써 염분과 수분 균형에 관여한다. 점다당질은 세포들이 가깝게 달라붙어 있으면서 자유롭게 움직일 공간이 없는 섬유화된 세포간질 부위에서 발견되며 노화에 따라 감소한다.

진피 내에서 가장 많은 점다당질은 히알루로산[hyaluronic acid(HA)]과 덜마탄황산(dermatan sulfate)이다. 황화점다당질로는 헤파린 설페이트(heparin sulfate), 헤파린 콘드로이틴-4(heparin, chondroitin-4)와 6-설페이트(6-sulfate)가 있다. HA는 세포성장, 세포막 수용체 기능, 유착에 중요하며 수분을 함유한다.

3. 지방조직 (adipose tissue)

피하지방층은 진피에서 내려온 섬유가 결합되어 형성된 망상조직으로 사이사이에 벌집 모양으로 많은 수의 지방세포들이 있다. 지방세포는 중성지방이 대부분을 차지하고 있으며 크기도 매우 다양하다. 비만인 사람들의 지방세포는 수도 많고 크기도 매우 큰 형태이다.

피하지방층은 단열작용, 충격 흡수, 에너지 저장소 등의 역할을 한다. 진피보다 두꺼운 층을 이루며 눈꺼풀이나 귀 등에는 덜 발달되어 있다. 피하지방은 진피의 하부에 위치하며 인체의 주요 에너지원이다. 남자는 복부 위쪽에 지방이 많다. 그리고 여성은 엉덩이, 허벅지, 골반 부위에 많다. 나이가 들면서 일부 피하지방은 여성과 남성 모두 복부 쪽으로 위치하게 된다.

4. 한선 (Sweat gland)

(1) 에크린한선(eccrine sweat gland)

손바닥, 발바닥, 겨드랑이와 이마에 대부분 있으며 입술의 경계부 등에는 없다. 에크린한선은 저장액(hypotonic solution)을 생산해 몸의 표면에서 증발시켜 체온을 낮춘다.

오랜 시간 열에 노출되어 체온이 올라가면 발한을 하며, 부신피질에서는 알도스테론 분비가 촉진되어 나트륨의 흡수를 증가시켜 나트륨 손실을 방지한다.

분비선은 피하지방층과 연결되는 지방조직에 둘러싸여 있다. 무색 · 무취이며 99%가 수분이며 나트륨, 칼슘, 칼륨, 요소, 인, 철, 단백질, 지방, 아미노산 등을 함유한다.

(2) 아포크린한선(apocrine sweat gland)

모발, 피지선과 함께 털싹(hair germ)에서 유래되며 피지선보다 상부에서 모누두부(毛漏斗部 foolicular infundibulum)와 연결된다. 분비부, 진피 내 한관, 표피 내 한관으로 구성되어 있다. 고리 모양의 분비부는 피하지방층에 있다. 냄새를 내는 기능이 있으며 교감신경 흥분성(아드레날린성) 물질에 의해 자극 받는다.

아포크린선의 분비물은 지질, 물, 단백질 등의 성분으로 끈끈하다. 분비 당시는 냄새가 없으나, 피부표면에서 세균에 의해 분해되면 특이한 냄새가 나며 겨드랑이 등에서 발견된다.

(3) 피지선

피지선은 모낭과 연결되어 있고 두피와 안면에 가장 많이 분포하며 지질을 생산한다. 피지선의 밀도가 높은 곳은 얼굴(cm^2 당 400~900개)과 두피 등이다. 가슴이나 등의 윗부분(cm^2 당 60~80개)에도 분포한다. 피지의 생성은 안드로겐의 영향을 받으며 출생 시 발달되어 있다가 8~10세 전까지는 쇠퇴하고 다시 사춘기부터 성숙한다. 여성은 폐경기 이후 감소하고 남성은 50대 이후 감소한다.

피지는 중성지방, 왁스 에스테르, 스쿠알렌, 콜레스테롤 에스테르 등으로 구성되어 있다. 모누두부에 있는 세균에 의해 중성지방이 분해되어 유리지방산을 생성하며 이는 여드름 발생에 원인이 된다.

Check point

피부는 표피, 진피, 피하지방으로 되어 있다. 그리고 각각은 고유의 특성과 기능을 가지고 있다. 특히 진피의 콜라겐, 엘라스틴, 점다당질의 변화는 피부 노화에 중요한 역할을 한다.

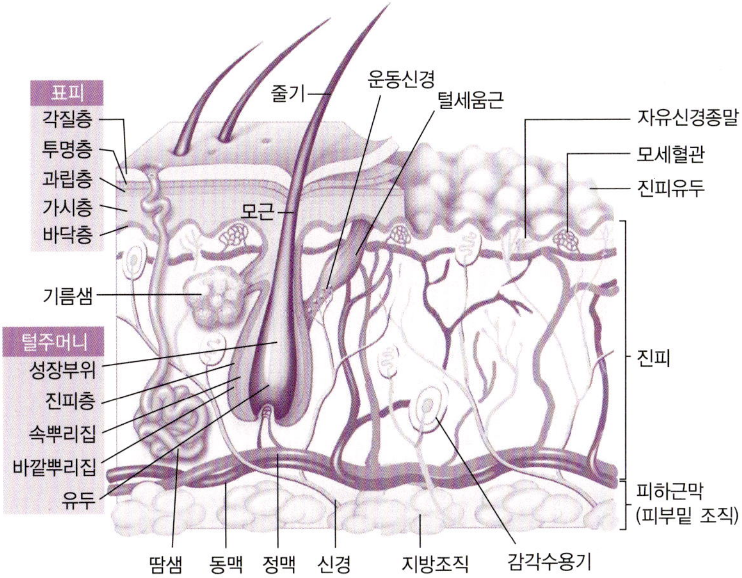

그림 3-2 피부의 구조

2. 피부의 기능

1. 보호기능 (protection)

외부로부터의 손상이나 이물질의 침입 등으로부터 인체 내부기관을 보호한다. 피부의 지방과 섬유조직은 쿠션 역할을 하며 피부 표면의 산성 지방막이나 정상피부세균총 등은 미생물과 한랭, 온열, 화학물질로부터의 침입을 막아준다. 표피의 멜라노사이트는 피부를 자외선으로부터 보호한다.

2. 흡수·분비기능 (absorption and secretion)

피부표면의 지방막은 지용성 물질인 모낭이나 피지선 등을 통해 지용성 물질을 흡수한다. 피부에는 한선과 피지선이 있어 피지와 땀이 분비되어 지방막을 형성한다.

3. 체온조절기능 (heat regulation)

피부에는 많은 혈관이 분포하여 체온 변화에 적응을 빨리 할 수 있다. 열 발산 시에는 혈관이 확장하고 땀 분비가 증가하며, 열의 방출을 막을 때는 피부의 혈관이 수축하며 땀 분비가 감소한다.

4. 감각기능 (sensation)

촉각, 압각, 통각, 온각, 냉각의 감각을 받아들이는 감각 수용체가 있다.

5. 대사기능

한선을 통해 물과 나트륨을 배설하며 혈액과 전해질 농도를 조절한다. 피부에 자외선을 받으면 비타민 D가 합성된다.

3. 피부의 수분함량

피부는 약 70%의 수분을 함유하고 있다. 표피의 세포 내에는 12%, 세포 외에는 1% 가량의 수분을 지니고 있다. 그리고 진피에는 세포 외에 54%, 세포 내에 3%의 수분이 있다.

Chapter 4

피부와 활성산소

생명체는 산소 없이는 생존할 수 없으며, 생명을 유지하고 성장 발달하기 위해 식품을 통해 영양소를 섭취한다. 영양소가 체내에 들어오면 수많은 효소의 작용으로 물질대사가 일어난다.

산소는 체내의 영양소를 산화해 에너지로 만들어 주는 95% 정도의 유익한 산소가 있고 활성산소(reactive oxygen)라고 하는 5% 정도의 유해한 산소가 있다. 활성산소는 인체를 구성하고 있는 각종 세포의 여러 대사과정에서 끊임없이 생성되고 있으며, 병원체나 이물질들을 제거하기 위한 생체방어과정에서 다량으로 발생하고 있다. 그러므로 이들 활성산소를 체내에서 잘 제거하는 일은 매우 중요하다.

1. 활성산소

활성산소란 짝을 이루지 못한 유리전자(free radical : $O_2-\cdot$, $\cdot OH$, $LOO\cdot$, $LO\cdot$ 등)를 가진 불안정한 산소 화합물 혹은 반응성이 큰 산소화합물(H_2O_2, $^1O_2$ 등)이다. 보통산소(triplet oxygen : $^3O_2$)가 대사 등에 의해 일중항 산소(singlet oxygen : $^1O_2$)로 되고, 이것이 전자(e^-)의 영향으로 슈퍼옥사이드 라디칼(superoxide radical : $O_2-\cdot$)이 되며, 계속해서 전자와 반응하여 과산화수소, 수산기(hydroxy radical : $\cdot OH$) 등의 유리기(free radical)가 생긴다.

생체 내 산화반응의 중간산물로서 발생하는 반응성이 매우 높은 유리기(free radical)는 세포막 구성성분인 인지질의 불포화지방산 등과 반응하거나 보다 높은 반응성을 가지는 지질 과산화물을 만들어 세포막의 구조를 변화시키며 세포의 정상적인 기능을 방해한다.

또한 생체는 외부로부터 방사선이나 자외선 및 수질오염에서 오는 중금속의 흡입, 대기오염물질 및 유기용매의 흡입, 항생제 및 합성 의약품의 남용 등으로 과도한 정신적 · 물리적 · 화학적 스트레스 등을 받게 된다. 즉, 정상적인 체내 대사 또는 여러 가지 외부 환경요인에 의해서 활성산소인 유리기가 끊임없이 생성된다.

2. 활성산소의 피부손상기전

피부가 일중항 산소, 슈퍼옥사이드 라디칼(surperoxide radical), 수산기(hydroxy radical), 과산화수소(hydrogen peroxide) 등의 활성산소종(Reactive Oxygen Species)에 의해 공격을 받게 되면 피부를 싸고 있는 지질이 과산화지질로 변하거나 DNA 등의 핵산 및 단백질이 산화적 손상을 받아 피부노화가 촉진된다. 활성산소에 의해 생체막 성분인 당단백(glycoprotein)의 절단이 일어난다.

생체막을 구성하고 있는 단백질의 교차결합(cross linking)이 일어나고 생체막에서 항산화제로 작용하고 있는 단백질들이 이황화물(disulfide)로 변해 항산화기능을 상실하고 만다. 생체막의 지질성분에 결합된 hydroxyl(OH) group이 산화되어 MDA(malon dialdehyde)를 생성한다. 생체막의 지방산이 산화되어 기능을 상실해 피부조직이 손상되고 피부노화가 진행된다.

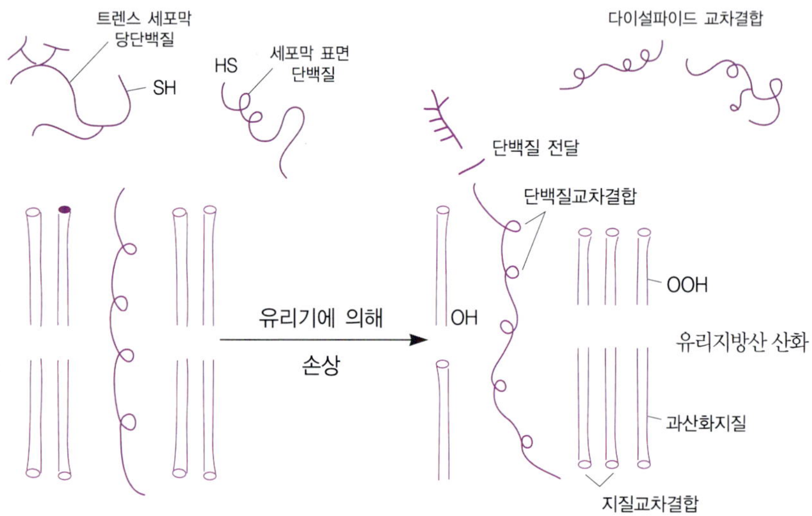

그림 4-1 활성산소에 의한 피부세포막의 손상기전

3. 활성산소 방어기전

체내에는 이들 활성산소의 공격으로부터 피부를 보호하기 위해 활성산소제거효소인 과산화물제거효소(superoxide dismutase, SOD), 글루타티온 과산화효소(glutathione peroxidase, GSHPx), 카탈라아제(catalase) 등이 있다. 그러나 나이가 들어감에 따라 체내에서 생산되는 유리기는 증가하여 방어효소들만으로는 활성산소를 다 제거하기 어렵게 된다. 그래서 외부로부터 항산화제를 섭취하는 것은 피부와 우리 몸의 산화를 억제하여 노화를 지연시키는 데 도움이 된다.

피부보호를 위해 화장품이나 기능성 식품 등에도 항산화제를 첨가하고 있다. 비타민 C, E, A 등의 항산화 비타민이나 글루타티온(glutathione, GSH), 레시틴(lecithin), 녹황색 채소 등에 항산화제가 들어 있다.

체내에서 일어나는 내적 노화는 음식을 통한 여러 가지 비타민이나 무기질의 충분한 섭취, 지질 섭취의 억제, 그리고 여러 항산화제 섭취로 항산화력을 높여서 활성산소의 공격을 감소시켜 지연시킬 수 있다. 그러나 외적인 피부노화는 문제가 된다. 자외선에 노출되거나 바람, 열, 담배 등은 피부노화를 촉진한다. 특히 지속적인 자외선은 표피와 진피에도 심각한 영향을 미친다.

4. 활성산소 방어영양소

1. 비타민 C

자외선에 의한 잠재적으로 손상된 지방(R·)은 비타민 E에 의한 환원반응으로 치료(repaired molecule, RH)되고 생성된 비타민 E 라디칼(radical)은 비타민 C에 의해 치료되며, 이때 생성된 비타민 C 라디칼은 환원형 보효소(NADH)에 의해 다시 재활용된다.

여러 가지 항산화제를 국소적으로 바르는 것이 꼭 상승작용으로 피부의 항산화 작용을 유지시키는 것만은 아니다. 항산화제는 산화과정에서 유발되는 자외선 손상을 입은 피부에만 효과가 있을 수 있다.

항산화제를 피부에 바르면 색소가 침착되는 것을 줄여 주고 UVA에 의한 광선 피부염을 약하게 한다. 항산화제는 체내뿐만 아니라 식품에도 있으며 경구영양제와 국소도포제에 첨가되기도 한다.

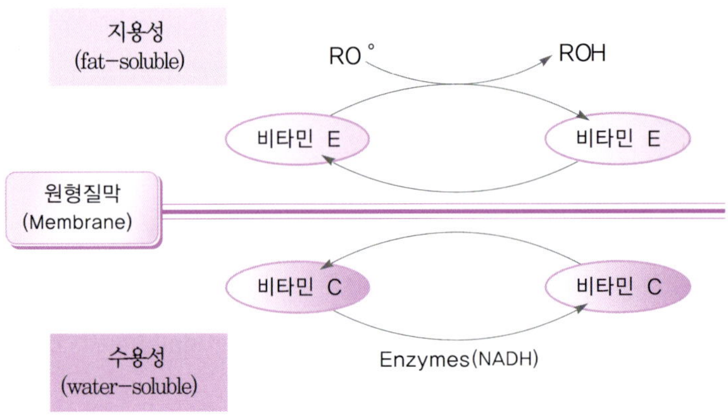

그림 4-2 항산화 비타민의 재활용 기전

2. 비타민 A (carotene)

비타민 A는 유리기를 제거하는 능력이 있으며, 특히 베타카로틴은 피부가 거칠게 되는 피부 각화증과 같은 각화세포의 이상 증식을 억제한다. 또한 자외선이나 가시광선이 피부에 닿으면 빨개지고 가려워지는 자외선 민감 피부에 베타카로틴을 투여하면 광선에 의한 히드록시기나 일중항 산소와 같은 유리기를 제거하여 증상을 회복시킨다. 면역능력을 활성화하며 니트로소아민의 생성을 저해하는 작용이 있다.

3. 비타민 B_2 (riboflavin)

비타민 B_2는 체내의 산화 · 환원 반응에 필요한 효소작용을 돕는 비타민으로 결핍되면 눈, 피부, 구강의 점막 등에 영향을 미쳐 눈이 충혈되거나 입술이 트고 입의 양쪽이 짓무르고 구내염이 생기며 혀가 빨개지고 따끔거리는 증상의 구각염 및 피부건조를 일으킨다. 비타민 B_2는 과산화지질 분해작용이 있어 인체에 유해한 과산화지질을 제거한다.

4. 비타민 B_6 (pyridoxine)

결합조직인 콜라겐을 형성하는 데 관여하며 부족하면 면역이 저하되어 면역글로블린이 생성되지 않는다. 항체가 생성되지 않으면, 비만세포에서 히스타민이 분비되어 혈관확장 작용이 일어나서 부종이 발생하며 가려움을 느낀다.

5. 요산

요산은 생체 내에서 이가철 이온에서 삼가철 이온이 될 때 생성되며, 활성산소 중에서도 가장 산화력이 강한 수산기를 제거한다.

6. 비타민 E

다가 불포화지방산인 리놀레산, 리놀렌산, EPA, DHA는 활성산소에 의해 과산화지질이 되기 쉬우므로 이들의 산화방지를 위해 비타민 E를 섭취해야 한다.

생체지질의 산화를 방지하며 유해한 과산화물의 증가를 억제하고 세포막을 안정화한다. 소맥배아나 참깨 등의 식물 종자에 많이 함유되어 있다.

7. 대두의 사포닌

대두의 사포닌은 과산화지질 생성을 방지하고 노화와 고지혈증을 예방하고 개선시킨다.

Chapter 5

피부노화와 영양

피부노화는 내인적 노화와 외인적 노화가 있다. 내인적 노화는 유전적 요인과 시간 경과에 의해 나타나므로 피할 수 없으며 조절이 불가능하다. 내적 노화피부는 표피가 위축되며 표피 · 진피 경계부가 편평해지고 진피가 위축되며 두꺼워지지 않으나 숫자는 증가한다.

외인적 노화는 흡연, 과음, 영양실조, 태양광선 등에 의해 나타나며 노력에 의해 감소시킬 수 있다. 외적 피부노화는 얼굴, 가슴, 팔의 외측부 등 노출 부위에 나타나며 평생 동안 받은 자외선의 양에 따라 결정된다.

1. 노화피부

(1) 표피(epidermis)

피부를 노화시키는 원인에 관계없이 피부가 노화되면 표피, 진피, 피하지방층에 많은 변화가 생긴다.

표피보다는 진피에서 노화와 관련된 변화가 더 많이 일어난다. 대부분 각질층의 두께는 나이의 변화와 일치하지 않는다. 피부의 유극층은 주름의 측면부보다 주름의 바닥에서 각질유리질(keratohyalin) 과립이 감소되어 있다.

피부가 노화되면 표피와 진피 경계부위가 편평해진다. 이는 서로 접해 있는 면적이 감소되었기 때문이다. 21~40세에서는 진피표피경계부의 면적이 2.64 mm^2인 데 비해 61~80세에서는 1.90 mm^2로 감소되어 있다. 이러한 진피표피경계부 면적의 감소는 피부가 외부손상에 대해 취약해져서 진피와 표피 간에 영양공급의 감소가 발생할 수 있음을 알려준다.

(2) 세포 주기의 감소

표피의 교체 속도는 70대가 되면 20대의 30~50% 정도로 감소된다. 각질층 경과시간(stratum corneum transit time)이 젊은 성인의 경우 20일인 데 비해 노인은 30일 이상이라고 한다. 이러한 세포교체 주기 연장은 각질층의 교체 지연(prolonged stratum corneum replacement rate)과 상처회복 지연을 초래한다.

박피술을 해도 젊은이에 비해 노인은 표피가 다시 재생되는 데 2배의 시간이 걸린다. 느린 세포 주기는 65세 이상의 노인에게서 비효율적인 표피 탈락을 일으킨다. 이러한 결과로 각질세포들이 덩어리를 형성하여 피부 표면을 거칠고 둔탁하게 한다.

(3) 진피

65세 이상에서는 진피의 두께가 약 20% 정도 감소된다. 노화피부의 진피는 세포와 혈관이 적으며, 교원질 생성에 변화가 오고 탄력섬유는 조각난다. 자외선에 노출되어 온 진피는 교원섬유의 배열에 이상이 생기고 비정상적인 탄력섬유의 축적이 발생한다. 콜라겐, 엘라스틴, 점다당질은 변화가 많이 온다. 비타민 C와 글리콜산(glycolic acid)을 공급하면 콜라겐 생성을 촉진시킨다.

(4) 콜라겐

피부가 노화되면 주름이 생긴다. 주름의 원인은 주름에 대한 동물 모델이나 시험관 내 모델이 없기 때문에 알 수 없다. 그러나 콜라겐 변성이 노화과정에서 중요하다는 것은 잘 알려져 있다.

콜라겐은 1형부터 3, 4, 5, 7, 12형이 있는데, 제4형 교원질은 진피표피경계부의 주요 요소로 다른 구조물에 대해 뼈대 역할을 하고 기계적인 안정성을 유지시킨다. 그런데 태양에 노출되는 부위에서 제4형 콜라겐의 현저한 감소는 관찰되지 않았지만 주름의 바닥에서는 제4형 콜라겐의 뚜렷한 감소를 관찰할 수 있다. 제4형 콜라겐 감소는 진피표피경계부의 역학적인 안정성에 변화를 주어 주름을 형성한다.

고정원 섬유(anchoring fibril)는 제7형 콜라겐으로 구성되어 있고 기저막 존(zone)을 하부의 유두진피(papillary dermis)에 부착시켜 준다. 장기적으로 태양광선에 노출된 사람은 정상인에 비해 고정원 섬유가 감소되어 있다.

고정원 섬유의 감소는 진피와 표피 간의 결합을 약하게 만들어 주름을 형성한다고 하며, 최근 연구에서는 주름의 바닥에서 제7형의 콜라겐 감소가 뚜렷하다는 것이 밝혀졌다. 제4형 콜라겐의 감소도 관찰되었다.

(5) 엘라스틴

노화되면 피부의 탄력이 감소되는 퇴행성 변화를 보인다. 피부가 노화되면 옥시탈란(oxytalan)이라는 정상적인 미성숙 탄력섬유의 퇴행성 변화를 초래한다. 젊은 피부에서는 이 섬유들이 유두진피로부터 기저막 아래까지 잘 연결되어 있으나 노화피부에서는 이러한 네트워크가 사라져 피부의 탄력성은 소실되며 피부가 처진다(sagging 현상).

(6) 글리코스아미노글리칸(glycosaminoglycans)

글리코스아미노글리칸은 자신의 부피보다 1,000배나 많은 수분과 결합할 수 있는 능력을 가지고 있는 점질다당질로 히알루론산(hyaluronic acid, HA), 황산콘드로이친(chondroitin sulfate), 데르마탄황산(dermatan sulfate)이 있다. 특히 노화피부에서는 HA가 감소하고 CSPGs(chondroitin sulfate proteoglycans)는 증가한다. 피부가 노화되면 수분 결합 능력이 감소되고 탄력성이 소실되며, 신축성 감소, 주름 등이 나타난다.

(7) 멜라닌세포 수

멜라닌세포의 수는 10년에 8~20% 정도 감소한다. 이는 노인에게서 멜라닌세포성 모반(점, melanocytic nevi)이 감소되는 것으로 알 수 있다. 멜라닌은 발암성의 자외선을 흡수하여 방어하는데, 노인은 이러한 능력이 결여되어 태양광선으로 인해 발생할 수 있는 암의 위험성이 증가된다.

(8) 혈관

노인이 되면 혈관이 감소하여 혈류량도 감소되고 영양공급이 줄어든다. 열조절 기능이 감소되고 피부표면 온도가 떨어지며 피부가 창백해진다.

(9) 피하지방 조직

나이가 들면 얼굴이나 손등의 피하지방은 감소하고 복부의 피하지방은 증가한다.

2. 자외선과 피부노화

태양광선은 감마선과 X-선 및 적외선 40%, 가시광선 50%, 자외선 9% 등으로 이루어져 있다. 적외선은 파장이 긴 광선으로 에너지가 매우 약하나 자외선은 단파장을 가진 광선으로 높은 에너지를 가지고 있다.

자외선의 종류에는 자외선 A(320~ 400 nm), 자외선 B(280~320 nm), 자외선 C(200~280 nm)가 있다. 자외선은 피부 모든 층에 걸쳐 다양한 형태적 또는 생화학적 변화를 유발하는데, 진피의 경우에는 기질의 양적, 질적인 변화를 초래하면서 염증이나 피부노화를 초래한다. 태양광선은 각질층과 멜라닌의 방어에도 불구하고 광선의 파장이 길수록 피부 깊숙이 침투한다.

자외선의 강도와 양은 지역, 계절, 그리고 시간대에 따라 크게 달라진다. 즉 지구와 태양의 위치관계, 그 지역의 기후 등에 의하여 크게 좌우된다. 또 사람이 받는 자외선의 양은 반사광도 크게 영향을 미치고 신체 각 부분에 받는 양에 따라서도 크게 다르다. 일반적으로 코나 뺨 및 아랫입술에 받는 양이 많다.

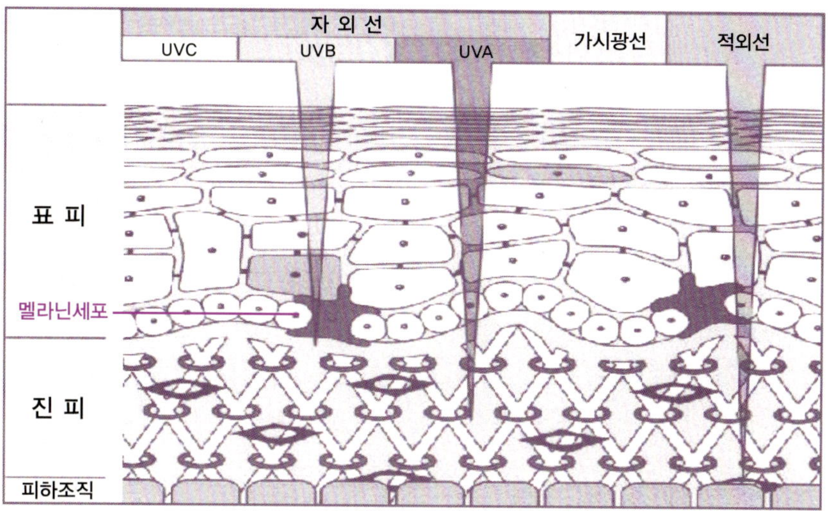

그림 5-1 태양광선의 피부투과 정도

1. 자외선의 종류 및 특성

(1) 자외선(UV) A (320 nm~400 nm)

① 피부 안으로 더 깊숙이 투과될 수 있고 진피(dermis)까지 도달한다.

② UVA 노출의 50%는 그늘에서 발생한다.

③ 활성산소(reactive oxygen species, ROS)의 생성에 의해 간접적인 DNA 손상의 원인이 된다.

(2) 자외선 B (290 nm~320 nm)

① 자외선 A보다 세포살상형(cytotoxic)과 돌연변이 확률을 높인다.

② UVA보다 단위 물리적 광량(dose, J/cm^2)당 크기에서 DNA 광손상, 홍반, 태닝의 원인이 된다.

③ DNA에 의해 직접적으로 흡수되고 기초 구조적인 DNA 손상을 일으킨다.

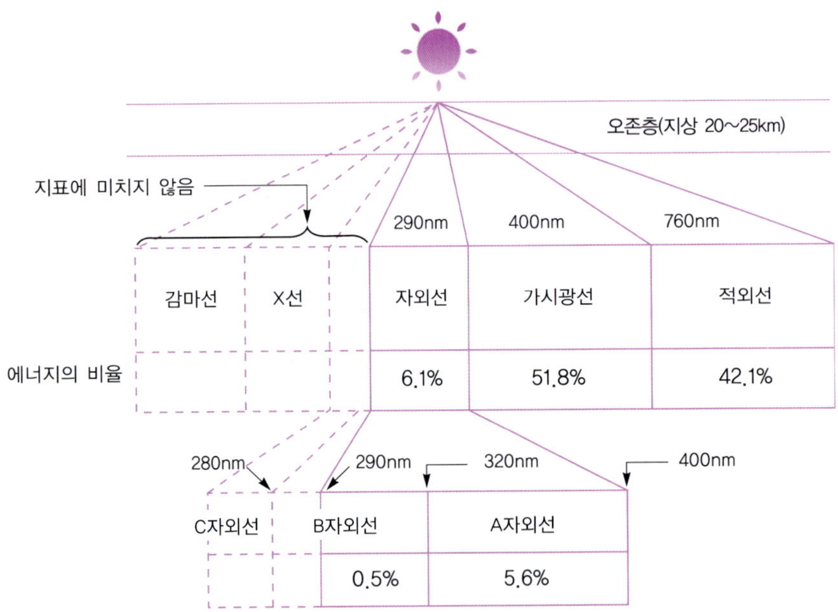

그림 5-2 태양광의 스펙트럼

(3) 자외선 C (200 nm~290 nm)

자외선 중 특히 UVA와 UVB는 피부뿐만 아니라 화장품의 내용물에도 유해 작용을 미치므로 이를 방지하기 위해 화장품의 종류와 사용 정도에 따라 여러 가지 유형의 자외선 흡수제와 산란제 등을 첨가하여 사용한다.

화장품에 사용되는 자외선 흡수제는 독성이 없고 피부장해를 일으키지 않는 등 안전성이 높고, 자외선 흡수 능력이 크며, 자외선과 열에 의한 분해 등의 변화를 일으키지 않는 것으로 사용한다. 화장품에 주로 사용되는 자외선 흡수제는 화학구조상 벤조페논 유도체, 파라아미노안식향산 유도체, 파라메톡시계피산 유도체, 살리실산 유도체 및 기타 흡수제 등이 있다.

2. 자외선 방어효과의 표시법

자외선 차단 제품은 UVA와 UVB에 대한 자외선 방지 효과의 정도가 표시되어 있다. 하나는 SPF(sun protection factor)로서 주로 UVB에 대한 효과를 나타내고 수치로 표시한다. PFA(protection factor of UVA)는 PA+, PA++, PA+++로 표시된다. PFA 2~4는 +, 4~8은 ++, 8 이상은 +++로 표시한다.

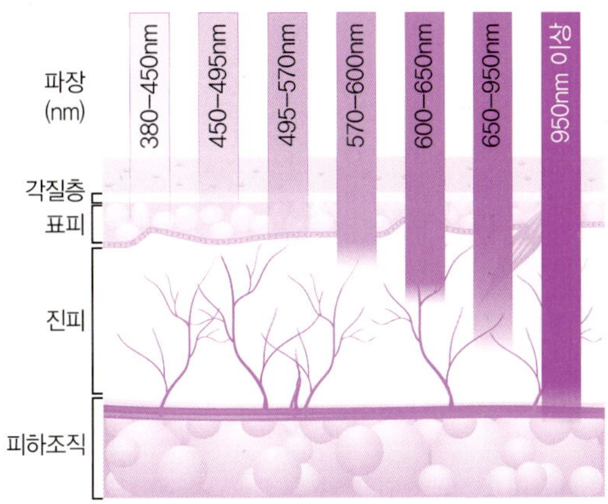

그림 5-3 피부에 있어서의 광선투과와 파장 의존성

3. 자외선에 대한 피부의 반응

피부는 자외선을 받으면 표피에서 비타민 D를 합성하므로 영양학적으로 매우 중요하다. 신체의 자외선에 대한 방어반응으로 색소를 침착시키므로 바람직할 수도 있고 바람직하지 않은 면도 있다. 적외선은 피부에 홍반을 일으킨다.

(1) 일광화상(Sunburn)

자외선 B에 의해 발생하며 여름에는 정오에 20분 정도만 쬐어도 홍반현상이 나타난다. 일광화상은 홍반이 나타나다가 나중에는 화상처럼 물집도 생기는 증상이다. 자외선 A도 홍반을 만들 수 있지만 UVB와 비교할 때 같은 홍반 반응을 만들기 위해 대략 1,000배 더 많은 UVA 광량이 필요하다.

① UVA는 태닝하는 데에 더욱 효율적이다.

② UVA에 의한 홍반과 일광화상을 위한 시간 과정은 두 단계로 진행된다.

③ UVB는 홍반을 유발한다.

④ UVB로 야기된 홍반은 태양광선에 노출 2~6시간 사이에 발현하고 12~24시간 사이에 최고로 나타난다. 태양광선에 의해 세포막과 핵이 손상된다.

표 5-1 자외선에 의한 피부 반응

경 로	내 용
홍반(Erythema)	표피 및 진피 세포에 일어나는 현상으로, 진피 유두부의 작은 혈관 및 유두의 혈관층의 확장으로 인하여 피부가 발적, 충혈되는 것이다.
일광화상(Sunburn)	노출되고 나서 몇 시간 사이에 피부가 빨개진다. 붉은 정도는 8시간 후 가장 심하고 이후에 서서히 약해지면서 지속된다. 다량의 자외선을 받은 경우, 물집이 생기는 화상 상태가 되는데, 심하면 부종과 수포 및 동통을 나타내며 오통, 오한, 발열, 오심이 나타난다. 기여하는 파장 영역은 300~310 nm이다.
색소침착 (Pigmentation)	자외선 조사 즉시 색소침착이 나타나며, 1차적 흑화라고 한다. 즉시형 흑화는 UVA가 주로 작용하여 가시광선도 작용한다. 지연 색소침착은 피부가 붉게 탄 후 3일째 무렵부터 서서히 검어지며, 2차 흑화 또는 선탠이라고 한다. 지연형 흑화는 UVB, UVA가 작용한다.
광과민성 반응	자외선에 대한 감수성이 높은 사람일수록 적은 자외선 양으로도 붉어진다. 원인에 따라 광독성 반응, 광알레르기 반응, 광과민증 등으로 분류한다.

(2) 각질층의 과각질화

각질층이 두꺼워진다. 각질층이 증가하면 피부에 투과되는 자외선 B의 70%가 제거되어 피부가 보호된다. 태양광선에 노출된 24시간 후부터 일어나며 예전 상태로 되돌아가는 데는 약 1~2개월이 소요된다.

(3) 피부의 착색

자외선 B에 대한 방어작용으로 피부는 유멜라닌을 증가시켜 색소를 침착시킨다. 착색이 되어도 태양광선에 다시 노출되지 않으면 점차 사라진다.

피부 착색의 형태는 기미나 주근깨 등이 있으며 태양광선에의 노출이 많을수록 짙어지고 두드러지며 더 많이 생성된다.

(4) 피부질환

1) 여드름(acne)

자외선 B는 각질층을 두껍게 하기 때문에 피지가 분비되지 못하므로 여드름이 유발될 수 있으며, 증세를 더 악화시킬 수 있다.

2) 주사(rosacea)

혈관을 확장시켜 붉게 만든다.

3) 단순포진(herpes simplex)

태양에 노출되면 포진이 생기거나 악화된다.

4) 각화증(keratoses)

모세혈관 확장, 유경연성 섬유종(쥐젖, skin tags) 등이 발생할 수 있다.

5) 노화진행

피부가 태양광선에 노출되는 부위에서 특히 심하다. 자외선 A는 피부 깊숙이 침투하므로 노화를 더 촉진한다.

글로가우(Glogau)가 개발한 태양광에 의한 광노화의 임상적 손상 정도에 대한 분류는 다음과 같다.

① 태양광선에 의한 피부노화

- 제1형: 주름이 없다.
  - 20~30대 초기 광노화, 경미한 색소침착, 각화증 없다.
- 제2형: 움직일 때만 주름이 생긴다.
  - 30대 후반~40대 초기에서 중기 광노화, 초기 노인성 흑자, 만져지지만 보이지 않는 각화증, 입 주위 웃음선에 따라 생긴다.

- 제3형: 주름이 늘 있다.
  - 50대 이상, 진행된 광노화, 색소침착 및 모세혈관 확장, 각화증이 있다.
- 제4형
  - 60대 이상, 심한 광노화, 황회색 피부, 피부암, 정상피부가 없다.

이 분류에 따르면 태양광선에 노출이 많았던 사람들은 자신의 나이보다 더 나이가 들어 보이며 노출이 적었던 부위는 등급이 낮다.

② 태양광선에 의한 노화피부의 특징

탄력섬유증이 나타나며 표피위축과 교원섬유 및 탄력섬유의 변화가 나타나며 심한 경우에는 콜라겐이 조각나 있으며 두꺼워지고 잘 용해된다. 엘라스틴도 조각나 있고 지속적인 교차결합이 일어난다. 지속적인 자외선 노출은 콜라겐과 엘라스틴의 변화를 더 악화시킨다.

자외선 조사는 MMP(matrix metalloproteinases)와 같은 콜라겐을 파괴시키는 효소 생성을 증가시킨다. 사람에서 MMP 중 특히 콜라겐 가수분해효소(collagenase)와 젤라틴은 자외선 B 조사를 받은 후 몇 시간 내에 생성된다. Fisher 등은 자외선 B의 반복 조사 후 지속되는 MMPs의 생성을 증명하였다.

콜라겐 가수분해효소가 교원질을 분해시킬 수 있기 때문에 콜라겐 가수분해효소 같은 다른 MMPs 의 장기적인 증가는 광노화 피부에서 볼 수 있는 무질서한 배열을 하고 덩어리 모양을 보이는 교원질을 만들어 낸다. 이러한 MMPs로 자외선 조사에 감소되는 제1형 교원질을 설명할 수 있다.

[엘라스틴의 변화]

태양광선에 의해 엘라스틴은 무정형의 물질로 변화된 탄력섬유증(elastosis)이 된다. 자외선의 영향을 받은 유두진피 내의 탄력섬유는 두꺼워지고 꼬여 있다. 지속적인 자외선의 노출이 일어나면 망상진피(reticular dermis)에서 같은 양상의 변화를 관찰할 수 있다. 65세 이상 환자 피부의 엘라스틴은 당과 지질이 적게 포함되어 있으며, 극성 아미노산이 비정상적으로 많다. 또한 세포가 과형성되어 탄력조직을 증대시킨다.

적외선도 주름 생성 요인이다. 적외선은 지표면에 이르는 일광의 40% 정도를 차지하며 노출부위의 탄력섬유소를 증가시키고 두껍게 하여 탄력섬유증 등을 발생시킨다. 지속적인 열에 의한 노출 등은 탄력섬유증을 증가시킨다.

표 5-2 자외선 조사에 따른 피부의 방어기전

경 로	형 태
반사작용 (Reflection)	피부 표면의 각질층에서 반사되거나 표피세포나 진피로 투과된 후 반사된다.
산란작용 (Scattering)	피부를 구성하는 다양한 세포나 조직들에서 조사되는 빛을 받는 물질의 입자 크기와 파장에 관계되며 파장이 짧을수록 더 많은 산란을 일으킨다.
흡수작용 (Absorption)	피부에 존재하는 대사물질, 색소, 단백질, 핵산 등 다양한 물질들이 크로모포어(chromophores, 색수친화체)로 작용한다. 즉, 표피에 함유된 요산이나 멜라닌인데 특정 흡수파장을 가지고 있으며, 흡수된 광선만 이 광의 학적 기능을 수행한다.
투과작용 (Transmission)	피부의 각 층을 지나면서 흡수나 반사 및 산란되지 않은 광선은 투과된다. 광선은 파장에 따라 투과율이 달라지며, 피부의 각질층을 비롯하여 표피나 진피를 거치면서 다양한 크로모포어에 흡수되기 때문에 인종에 따라 달라지며, 개인에 따라서도 달라진다.

표 5-3 자외선 관련 용어

용 어	의 미
최소 홍반량 (MED)	자외선에 대한 감수성을 나타내는 하나의 지표로 자외선차단지수(SPF) 측정 시에 사용되는 최소 홍반량은 UVB를 사람의 피부에 조사한 후 16~24시간 동안 조사 영역의 대부분에 홍반을 나타낼 수 있는 최소한의 자외선 양이다.
자외선차단지수 (SPF)	UVB를 차단하는 차단효과를 나타내는 지수로 UVB 차단제품을 사용하기 전과 후의 최소 홍반량의 비율이다. 자외선차단 크림을 바른 상태에서 홍반이 생기게 되는 자외선의 양/자외선차단 크림을 바르지 않은 상태에서 홍반이 생기게 하는 자외선의 양이다.
자외선 A 차단지수 (PFA)	UVA 차단제품을 사용하기 전과 후의 최소 흑화량의 비율을 말한다.
자외선차단제 (Sunscreen)	UVA, UVB, 적외선까지 피부 표면에서 흡수 및 분산시키고 완전히 차단하는 것으로 선탠로션, 선탠크림, 선스크린을 포함한 모든 선블록(sun-block)제품을 말한다.

표 5-4 자외선 차단

PFA	UVA 차단정보 분류	UVA 차단효과
2 이상 4 미만	PA+	있음
4 이상 8 미만	PA++	상당히 높음
8 이상	PA+++	매우 높음

(5) 피부암

자외선 B가 원인이며 백인에게서 많이 나타난다.

얼굴, 목, 손은 항상 햇빛에 노출되어 있으므로 자외선차단제를 1년 내내 바르는 것이 좋으며, 지속적으로 꾸준히 발라야 한다. 특히 수영 후나 바닷가 등 자외선에 노출되는 곳에서는 꼭 바르도록 한다.

자외선차단제는 피부 표면에 일정하게 펴 바르도록 한다. SPF 30의 자외선차단제를 매일 바른 어린이들은 바르지 않은 대조군에 비해 주근깨가 30~40% 감소되었다고 한다.

색소성 병변을 예방하는 자외선차단제는 피부노화 방지와 악성 흑색종(melanoma)의 발생도 줄여 준다. 피부톤과 탄력성 소실 및 피부가 외부손상에 대해 약해지며 혈관이 약해져서 자반이 생긴다.

(6) 자외선에 의한 노화와 유리기

반응성 활성산소종(ROS)인 유리기(free radical)가 유전자 발현과정에서 변화를 일으켜 태양광선에 의한 특징적인 침착을 일으킨다. 항산화제는 반응성 활성산소종에 전자를 공여해서 중화시키고 산소가 짝을 이룬 전자를 가짐으로써 안정화된다. 태양 자외선 중에서 지표까지 도달하는 300 nm 이상 파장의 자외선이 피부에 치명적이며 노화를 촉진시킨다.

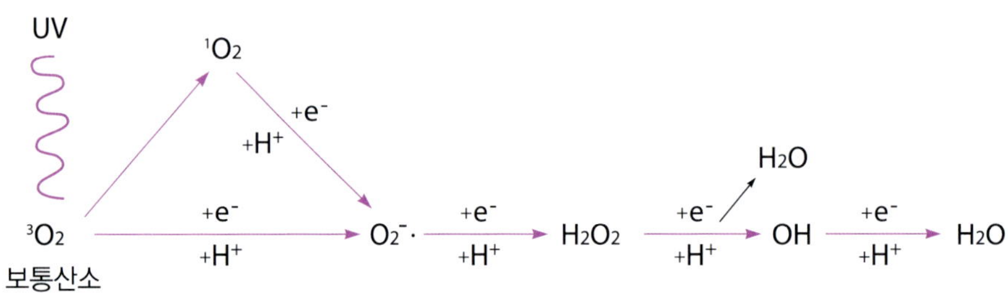

그림 5-4 자외선에 의한 활성산소 생성기전

$$2O_2^- + 2H^+ \longrightarrow \text{비효소적 } {}^1O_2 + H_2O_2$$

$$H_2O_2 + O_2^- + H^+ \longrightarrow OH + {}^1O_2 + H_2O$$

유리기는 피부암의 원인이 될 수 있다고 한다. 그러나 기전은 알려져 있지 않다.

3. 과산화지질과 피부노화

1. 제1단계

피부조직 중의 지질이 활성산소에 의해 지질 라디칼(lipid radical)을 생성한다. 과산화지질은 검버섯, 반점 등의 원인이 되며 피부 주름 등을 증가시킴으로써 피부 노화를 촉진시킨다.

2. 제2단계

자외선 조사가 펜톤(Fenton) 반응에 의해 피부조직 중의 지질을 공격하여 지질 라디칼로 변화시키는 하이드록시 라디칼(hydroxy radical)의 계속적인 생산에 관여한다. 수산화물 라디칼(hydroxy radical)의 계속적인 생산을 위해서는 펜톤 반응이 계속되어야 하고 펜톤 반응을 통해 Fe^{3+}와 Fe^{2+}로 환원되어야 한다. Fe 환원에는 초과산화물 라디칼(superoxide radical, O_2^-)이 필수적이고 초과산화물 라디칼 생성에는 자외선 조사가 필수적이다.

피부의 노화 *Check point*

자외선 조사 → 초과산화물 라디칼 생성 → 펜톤 반응(Feton reaction) 촉진($Fe^{3+}-Fe^{2+}$로 환원) → 수산화물 라디칼 생성(·OH), lipid radical(Lipid·) 생성 → 피부노화로 진행

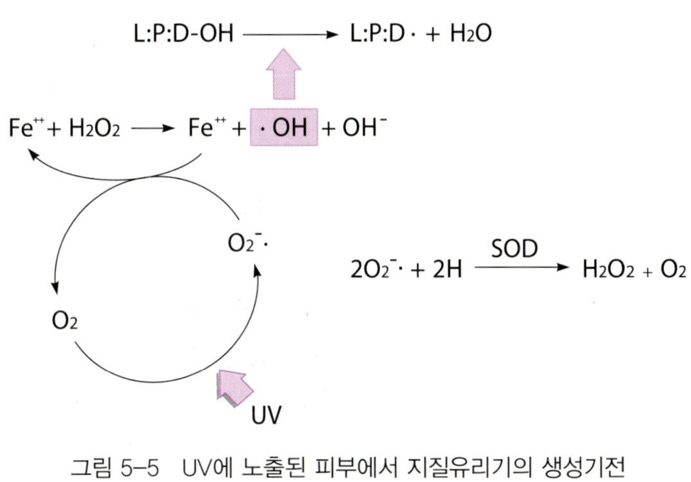

그림 5-5 UV에 노출된 피부에서 지질유리기의 생성기전

Check point

철 화합물에 의한 지질과 산화

Fe^{++}, Fe^{+++}, Cu, Cu+ 등에서 킬레이트(chelate) 철은 환원됨으로써 산소를 활성화하고 지질과산화 반응개시종으로 된다. 철이온은 과산화지질이 존재하면 분해하고 새로운 지질과 산화반응을 일으킨다.

4. 흡연과 피부노화

흡연은 피부노화보다는 폐암이나 여러 가지 질환 등과 관련되어 많은 연구가 이루어져 있다. 흡연은 기호와 관련되어 있으며, 여성들의 경우에는 흡연이 식욕의 감퇴를 가져오기 때문에 식사량을 줄이고 체중감량에 긍정적인 영향을 미칠 것이라고 생각한다. 이것이 여성들의 금연을 어렵게 하는 이유가 되고 있기도 하다.

그러나 오랜 추적조사와 실험에 의해 흡연과 체중감소와는 큰 관련이 없다는 것이 밝혀졌으며, 오히려 흡연이 체내 항산화 영양소의 결핍을 유도하며 외적 피부노화의 원인이 된다는 연구결과가 발표되고 있다.

흡연을 하는 경우에는 음주가 함께 이루어지는 경우가 많기 때문에 오히려 열량의 섭취는 늘어나고 비타민 B군 등의 영양소와 미량 영양소의 섭취가 부족해지므로 영양불균형을 유발하여 각종 질환의 원인이 된다.

흡연은 혈중 콜레스테롤을 높여서 동맥경화의 위험성을 증가시키며, 폐기종이나 여러 가지 폐질환의 원인이 된다. 흡연자들이 비흡연자들에 비해 얼굴 노화와 피부주름이 더 많다고 하나, 이에 대한 이론적 기전이 많이 알려져 있지는 않다.

1. 흡연이 피부에 미치는 영향

얼굴의 주름이 증가하며 피부색이 짙어지고 창백하며 푸석하게 보이며 수척하다.

장기 흡연자는 피부가 일찍 노화되며 황색을 띠고 불규칙하게 두꺼워진다. 이는 흡연에 의해 피부 탄력섬유가 파괴되기 때문이다. 흡연은 흰머리가 생기게 하며, 손가락 색을 황색으로 변화시키고 얼굴의 주름을 증가시킨다. 그리고 입술과 구강의 암전구증이나 편평상피암(squamous cell carcinoma), 혈관경련(vasopapasms)

등을 유발하며 동맥과 미세혈관을 손상시킨다. 흡연자는 니코틴의 이뇨작용으로 피부 각질층의 수분 함유량이 낮아진다.

2. 흡연과 주름

흡연을 하면 메트릭스 메탈로프로테이네이즈 콜라겐[Matrix metalloproteinases (MMPs) collagen]이 분해되고 각질층의 보습력과 비타민 A도 감소한다. 만성적인 흡연은 모세혈관과 동백의 혈액순환을 저하시켜 국소적인 진피허혈이 되고 피부에 영양소와 산소 공급이 줄어들며, 생성된 유독 노폐물이 제대로 배출되지 못하고 축적되어 피부가 손상된다.

3. 흡연과 상처치유

흡연은 상처치유를 늦추므로 수술 전의 환자들은 금연이 필요하다. 수술 후에 피부로의 원활한 혈액공급을 위해서도 금연이 필요하다.

4. 관리

금연하는 것이 중요하다. 금연을 위해서는 니코틴 패치, 껌, Zyban 같은 항우울제를 사용하는 것도 도움이 된다.

계속 흡연을 하는 경우에는 항산화제를 충분히 섭취하면 흡연에 의한 해로운 영향을 막을 수 있다.

5. 여성호르몬과 피부노화

1. 폐경과 여성호르몬이 피부에 미치는 영향

여성들은 폐경이 가까워지면 여성호르몬인 에스트로겐의 양이 줄어들고 프로게스테론과 안드로겐도 감소한다. 상대적으로 남성호르몬인 테스토스테론이 상대적으로 더 우위를 차지한다.

여성들은 폐경이 되면 피부 두께가 갑자기 얇아진다. 난포자극호르몬(FSH)과 황체형성호르몬(LH)은 증가한다. 대부분의 여성들은 피부가 건조해지며 주름이

깊어지고 피부탄력이 감소한다. 에스트로겐이 피부 두께와 건조에 미치는 영향은 정확하지 않다.

2. 여성호르몬 치료가 피부노화에 미치는 영향

폐경 이후의 여성은 피부 두께가 감소되어 표피능력이 떨어져 있으므로 에스트로겐을 투여하면 호전된다. 에스트로겐이 교원질과 탄력섬유와 진피 히아루론산(hyaluonic acid)에 영향을 주기 때문으로 생각된다. 노화로 인해 나타나는 피부교원질 감소는 폐경 후 처음 2~3년에 크게 나타난다. 피부교원질의 30%가 폐경 후 5년 안에 사라지며 20년 동안 평균 교원질 감소는 한 해에 2.1% 정도이다.

피부교원질은 호르몬대체요법(HRT)을 받으면 증가한다. 주름의 정확한 원인은 모르지만 피부 두께, 제1형 콜라겐의 양, 점다당질의 양이 중요하다. HRT(Hormone Replacement Therapy)는 이에 영향을 미치므로 주름이 적게 형성되는데 도움을 주는 것으로 생각된다.

3. 여성호르몬이 질환에 미치는 영향

에스트로겐은 피부의 원활한 혈관공급을 도와주어 정상적인 노화에서 나타나는 혈관감소와 혈액에 지질이 쌓이는 것을 막아 준다. 호르몬대체요법(HRT)을 받는 여성들은 조갑상의 혈류량이 20~30% 증가되어 있다.

여성은 폐경 이후에 에스트로겐 분비가 되지 않으면 지방조직이 축적되어 복부비만이 되는 경우가 많다. 또 혈중 지질이 늘어나서 동맥경화나 고지혈증 등 혈관계 질환의 발생 위험이 높아진다. 그러나 에스트로겐 치료를 받으면 심장질환 발생 위험을 감소시킬 수 있다.

반대로 여성호르몬 치료는 유방암 발생 위험을 증가시킬 수 있다는 연구결과가 많기 때문에 유전적으로 유방암의 가족력이 있는 경우에는 하지 않아야 한다. 그러므로 여성호르몬 치료는 반드시 의사와 상의한 후 하는 것이 바람직하다.

4. 에스트로겐과 모발 성장과의 관계

에스트로겐은 모발의 생장기에서 휴지기까지의 과정을 조절한다고 알려져 있다. 임신 중에는 에스트로겐의 양이 증가하여 생장기의 모발이 많아진다. 그러나 폐경이 되면 휴지기의 모발이 증가하면서 탈모를 겪는다.

5. 에스트로겐 치료가 피부노화에 미치는 영향

에스트로겐 치료는 국소적으로 크림을 사용하는 경우도 있고 경구로 복용하는 경우가 있다. 국소 에스트로겐 크림(Topical estrogen)은 먹는 호르몬 대체요법처럼 피부의 두께를 보존하고 교원질과 점다당질의 양을 증가시킨다. 치료를 받으면 피부탄력이 증가하고 피부가 단단해지며 주름의 깊이가 얕아지고 피부 수분량이 증가한다고 한다.

결과적으로, 에스트로겐 치료는 제3형 콜라겐이 증가하고 교원질 섬유도 증가하여 긍정적인 효과가 많다. 그러나 부작용에 유의해야 하고 반드시 의사와 상의를 하고 치료를 받도록 한다.

여성호르몬과 피부노화 *Check point*

폐경 후에는 급격히 피부교원질이 감소하고 피부 두께가 감소한다. 점다당질의 감소와 피지분비의 감소로 인해 피부가 건조하다.

호르몬대체요법(HRT)이나 국소호르몬요법(topical estrogen therapy)은 폐경 후의 피부노화와 비만 및 심혈관계 질환을 예방할 수 있다.

6. 여드름과 호르몬

여드름은 청소년기에 흔하게 나타나서 청소년기의 상징처럼 생각되기도 한다. 남성에게도 그렇지만 특히 여성에게 여드름은 미용상의 큰 문제로 생각된다. 경미한 경우도 있으나, 심각한 경우에는 치료도 매우 힘든 경우가 많다.

1. 원인과 증상

여드름의 원인에는 여러 가지가 있지만 유전적 요인이나 호르몬 변화에 의해 발생하는 경우가 많다. 여드름의 처음 병변은 면포이다. 면포에는 하얀 면포와 검은 면포가 있다. 검은 면포 안에는 피지에 의해 엉겨붙은 각질세포 덩어리가 있다. 사춘기 동안 남성호르몬의 증가는 피지선의 증식을 자극하고 피지분지를 촉진한다. 피지는 피부세균(propionibacterium acnes)의 영양소이다.

이 세균이 증식하면 여러 염증물질이 만들어지고 이로 인해 염증이 발생한다. 이를 여드름이라고 한다.

호르몬은 성인 여성의 여드름을 유발한다. 여성이 폐경기에 가까워지면 에스트로겐 양이 줄고 상대적으로 남성호르몬인 테스토스테론이 늘어나서 여성호르몬의 길항작용이 없어지므로 그 역할이 더 커진다. 테스토스테론은 피지선을 자극해 여드름을 유발한다.

여성들은 여드름이 성인기까지 생기는 경우도 있다. 안드로겐이 여드름 발생 요인이 되고 안드로겐 길항제는 여드름을 호전시킨다. 하지만 여드름 정도와 안드로겐 생산과의 상관성은 확실하지 않다.

2. 치료

여드름이 심한 여성은 경구피임약 같은 호르몬 치료가 도움이 된다. 경구피임약은 안드로겐의 양을 감소시켜 여드름을 완화시키고 성호르몬 결합 글로불린 생산을 촉진해 부신이나 난소에서 생산된 활동성의 유리 테스토스테론을 감소시킨다. 경구피임약은 직접적으로 성선자극호르몬(gonadotropin)을 억제하여 테스토스테론 생산을 감소시킨다.

안드로겐 과다인 환자가 경구피임약으로 적절히 호전되지 않으면 다른 항안드로겐인 스피로놀락톤(spironolacton)이나 시프로테론 아세테이트(cyproterone acetate)가 효과적일 수 있다. 그러나 이런 약제는 부작용 우려가 있기 때문에 의사의 처방을 통해 사용해야 하며, 다른 여드름 치료와 병행해야 한다.

Chapter 6

항산화제와 미용

1. 항산화제

항산화제들은 상호상승적으로 서로의 작용을 증강시키고 재생시킨다. 전자를 주거나 빼앗아서 여분의 전자를 제거하여 자유기를 무기력하게 만든 항산화제는 재활용되지 않는 한 그 기능을 더 이상 하지 못한다.

비타민 C, E, 글루타티온(glutathione), 리포산(lipoic acid), CoQ10의 재활용 과정을 보면 비타민 C, CoQ10은 비타민 E에게 전자를 주어 비타민 E를 항산화제 상태로 재활용한다. 글루타티온은 리포산(lipoic acid) 혹은 비타민 C에 의해 재활용될 수 있다.

항산화제와 주름

Check point

항산화제가 주름을 예방한다는 것은유리기 이론으로 설명할 수는 있다. 하지만 현재 있는 주름을 치료하기 위해 항산화제를 사용하는 것은 치료효과가 있다고 할 수는 없다.

항산화제들이 생물학적으로 활성하기 위해서는 복용하는 제품들이 흡수되어 피부에서 항산화제 수치를 증가시켜야 하며 바르는 제품도 피부 속으로 흡수되어 조직에 활성화된 형태로 전달되어야 한다. 그러나 많은 제품은 산화되어 목표조직에 가기 전에 불활성화되며 화합물의 구조나 pH 및 수용성인지 혹은 지용성인지에 따라 흡수가 달라진다.

2. 항산화제의 종류

1. 비타민 E

지용성으로 토콜(tocol)과 토코트리에놀(tocotrienol) 유도체이며, 특히 라세미체의 입체이성체(racemicstereoisomer) 네 쌍을 가진 화합물의 일반적인 이름으로, 보통 비타민 E 혹은 토코페롤이라고 한다. 야채, 기름, 씨, 콩, 옥수수, 땅콩, 밀가루, 마가린, 고기와 유제품에 있다.

(1) 비타민 E의 종류

α, β, γ, δ 토코페롤(tocopherol)이 있다. α-토코페롤이 활성형이며 D형이 천연형태이고 DL은 합성형이다. 합성제제는 α-토코페롤이며, 음식물은 알파(α, alpha), 감마(γ, gamma), 델타(δ, delta)를 포함한다. 비타민 E는 토코페롤 또는 토코페롤 아세테이트같이 토코페릴(tocopheryl) 뒤에 이름이 붙으며 형태는 유사하지만 토코페롤이 잘 흡수되고 토코페릴은 장기간 보존 가능하다.

경구용 비타민 E는 D-α 토코페롤, D-α 토코페릴 아세테이트, D-α 토코페릴 석시네이트 형태이다.

화장품에 사용되는 비타민 E는 α-토코페릴 아세테이트와 α-토코페릴 리놀레이트이다. 이런 형태는 D-α 토코페릴보다 접촉성 피부염을 덜 일으키고 실온에서 안정적이다. 그러나 토코페릴 에스터는 토코페롤 형태보다 피부에서 흡수가 잘 안되어 같은 광보호 효과를 내지 못할 수 있다.

α-토코페릴 아세테이트나 α-토코페릴 석시네이트(tocopheryl succinate)는 광에 의한 암화를 예방하지 못하고 오히려 증가시킬 수 있으며, α-토코페릴 에스터(tocopherol ester)는 스킨 로션이나 화장품 및 자외선차단제에 포함되는 경우가 많기 때문에 광발암(photocarcinogenesis)을 증가시키는지에 대한 연구가 필요하다.

(2) 비타민 E의 기능

비타민 E는 산화적 스트레스에서 피부를 일차적으로 보호하는 지용성 항산화제로 지질과산화를 감소시켜 심혈관질환을 예방한다. 비타민 E가 동맥에서 지질과산화로부터 세포를 보호하는 것처럼 피부에서도 과산화로부터 세포막을 보호한다.

비타민 E는 프로스타글란딘(prostaglandin) E2 생성을 줄여 주고 IL-2 생성을 증가시켜 항염증과 면역증강효과가 있으며 콜라겐 생합성에 역할을 한다. 65세 이상 노인 중 혈중 토코페롤 농도가 높은 경우는 감염질환과 암 발생률이 낮다고 한다.

비타민 E를 복용하거나 바르는 경우에는 광보호 효과가 있는 것처럼 보이며 동물 피부에 α-토코페롤을 바르면 일광화상이 줄고, 만성 자외선 B 노출로 인한 손상도 감소되며 광발암(photocarcinogenesis)이 억제된다는 보고도 있다. 비타민 E만 사용하기보다는 비타민 C를 함께 사용하면 서로 상호작용하여 광보호 효과를 나타낼 수 있다. 세포가 손상을 받으면 산소기가 발생되고 DNA, 세포막, 단백질과 지질을 공격하여 회복을 방해한다. 항산화제는 창상 치유과정 중 호중구에서 나온 유리기로 인한 손상을 줄여서 상처를 완화시킨다.

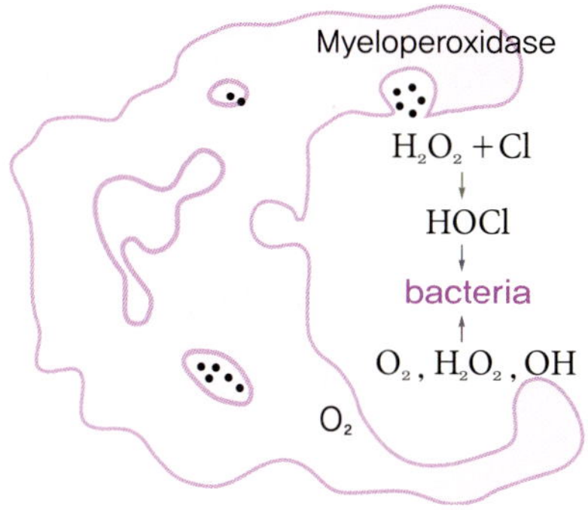

그림 6-1 호중구에서 활성산소의 박테리아 파괴 기전

(3) 비타민 E의 부작용

산화된 비타민 E 유도체들이 상호상승적으로 합텐(hapten) 또는 자극 물질로 작용할 수 있다.

Check point

합텐(hapten)

합텐은 분자량이 작고 비면역원성이며 마치 합성 에피토프(epitope)와 같은 성질을 가진, 보통 비생물학적인 유래를 가진 분자이다. 합텐은 항원 역할을 하며 면역수용체에 결합은 하지만 그 자체로 특정 면역반응을 유도하지는 않으므로 면역원성을 결여하고 있다. 그러나 합텐이 면역원에 의해 화학적으로 결합할 경우에 합텐과 면역원성의 에피토프 양측 모두에 대해 면역반응이 일어날 수 있다.

에피토프(epitope)

항원구조 내에서 수용체와 직접 결합하는, 개별적으로 확인 가능한 최소한의 부위를 말한다. 화학적인 반응성이 있는 물질은 표피를 통해 흡수되어 그곳에서 단백질에 결합할 수 있다. 잠재적인 접촉민감제(contact sensitizer)에는 합성화학물질과 식물대사산물, 그리고 일부 금속(니켈) 등이 포함된다. 일반적으로 접촉민감제 자체로는 그 분자량이 작아서 면역계에 인식되기 어렵다.

접촉민감제는 자기단백질과 상호작용하여 그 단백질 상에서 면역원성의 신-에피토프(neoepitope) 또는 신항원(neoantigen)을 형성한다. 면역학자들은 흔히 또 다른 분자에 결합할 때에만 면역원성인 물질을 합텐이라고 한다.

과도하게 사용하면 접촉성 두드러기 및 습진성 피부염과 다형 홍반양 피부반응 등을 유발할 수 있다. 장기간 복용하면 부작용을 유발할 수 있다고 한다. 혈액을 묽게 하는 효과가 있으므로 항지혈제 치료를 받는 환자는 피하는 것이 좋다. 그리고 정상혈소판을 가진 사람에서는 혈소판 응집을 감소시키지는 않지만 수술 전에는 비타민 E 섭취를 하지 않도록 권장한다.

Check point

비타민 E의 작용

항산화력이 있으므로 다른 항산화제와 같이 병행해 사용하면 피부암과 광노화에 대한 치료효과를 나타낼 수 있을 것으로 생각된다.

비타민 E는 이영양성 수포성 표피 박리증, 원판상 홍반성 루프스, 황색조갑증후군, 환상육아종, 아토피 천포창, 경화 위축성 태선 등 여러 피부질환에 치료 또는 예방 목적으로 사용하여 왔으며, 결과는 긍정적인 면과 부정적인 면이 있다.

2. CoQ10

(1) 구조 및 생리기능

Q는 퀴논(ubiquinone)계를 말하며 10은 바깥사슬의 이소프레노이드(isoprenoid)의 수를 말한다. CoQ10은 타이로신(tyrosine)에서 합성된다. 생선과 조개가 좋은 공급원이며 하루 권장량은 90~150 mg이다.

에너지를 만드는 전자전달계의 한 부분으로서 세포에 존재하는 지용성 화합물이며 항산화제로 작용한다. 사람과 동물의 경우에 나이가 들면 CoQ10 수치가 떨어진다. CoQ10은 항산화제로 노화피부 치료에 이용할 수 있다.

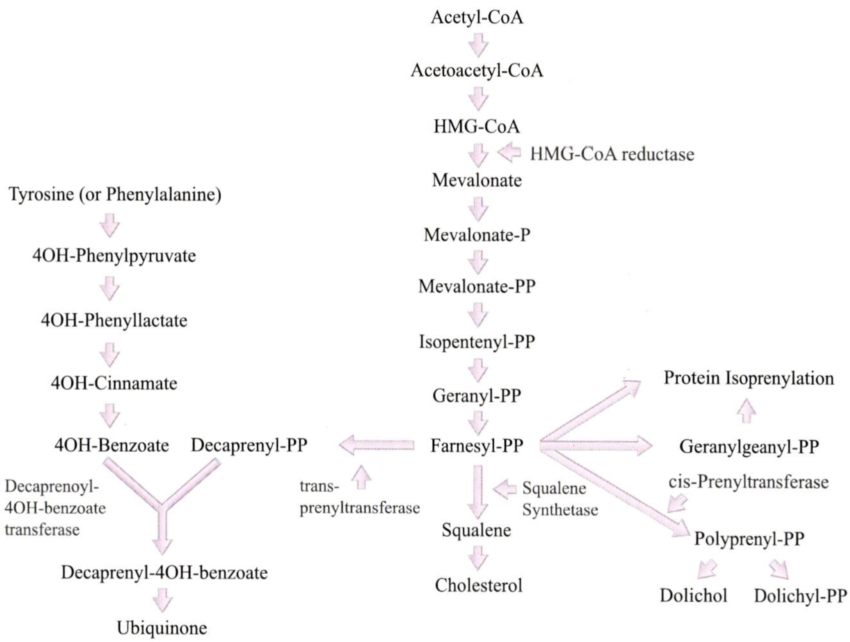

그림 6-2 CoQ10 합성과정

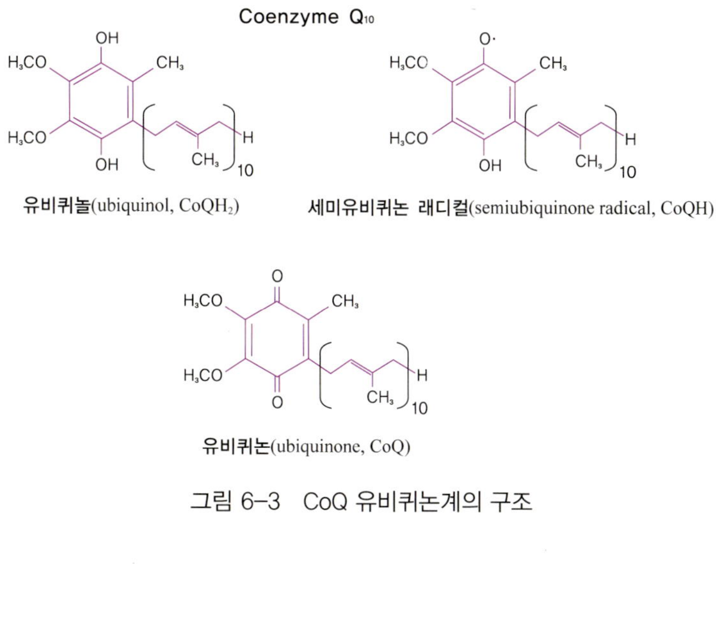

그림 6-3 CoQ 유비퀴논계의 구조

(2) 부작용

먹는 Q10 제제는 카페인 같은 부작용이 있으므로 신경증 등을 유발한다. 밤에 복용하면 잠이 오지 않을 수 있다. 설사 또는 식욕감퇴와 약한 구역질 등의 부작용도 있을 수 있다. 그러나 바르는 것의 부작용은 보고된 바가 없다.

3. 리포산(lipoic acid)

(1) 구조

수용성이면서 지용성인 항산화제로 α-[lipoic acid(ALA, 리포산)]는 thiotic acid (티옥트산)으로 불렸으며 시스테인(cystein)과 결합된 카복실산(carboxylic acid)의 8개 탄소체를 의미하는 옥탄산(octanoic acid)이다. 미토콘드리아 탈수소효소(Mitochondrial dehydrogenase)의 구성성분이다.

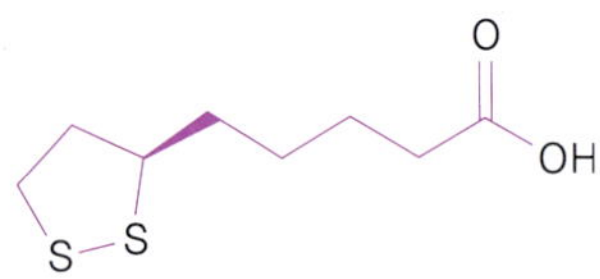

그림 6-4 리포산 구조

(2) 기능

피부노화 치료와 예방에 좋다. 항염증 효과가 있으므로 레이저 후의 홍반 치료에도 이용될 수 있다. ALA가 환원되며 생기는 DHLA(dehydrolipoic acid)가 더 강력한 항산화 효과를 가진다. 하지만 불안정하여 바르자마자 산화된다. 리포산은 안정된 형태로 흡수되어 세포 내에서 DHLA로 전환된다. 레시틴과 함께 사용하면 UVB로 생기는 홍반을 반으로 감소시킨다.

항산화 작용은 활성산소 제거, 산화에 의한 손상 복구 등의 기능이 있는 것을 말한다. 세정제나 보습제 등의 형태에 포함된다. 처음 ALA를 포함하는 제품을 사용하면 약간 따가운 증상을 느끼나 곧 사라진다.

(3) 효과

먹거나 바르는 것 모두 사용한다. 복용 시에는 혈당조절에 영향을 주어서 만성적인 고혈당과 관련된 부작용, 당뇨, 알츠하이머, 백내장, AIDS 발현, 방사선 손상 등을 예방하는 데 도움이 된다. 녹내장, 허혈재관류 손상, 버섯중독 손상과 세포산화 손상 등에 보조적 치료제로 사용된다.

Check point

α-lipoic acid(리포산)은 강력한 항산화제로 피부노화 예방과 치료에 도움이 된다고 여겨진다.

4. 글루타티온 (glutathione)

가장 풍부한 항산화제이고 글루타민산이나 시스테인과 글리신(glycine) 등의 아미노산에서 만들어진다. 전신적으로 흡수되기는 힘들어서 복용은 어렵고 화장품으로도 사용되기 어렵다. 리포산이 글루타티온을 재활용할 수 있다.

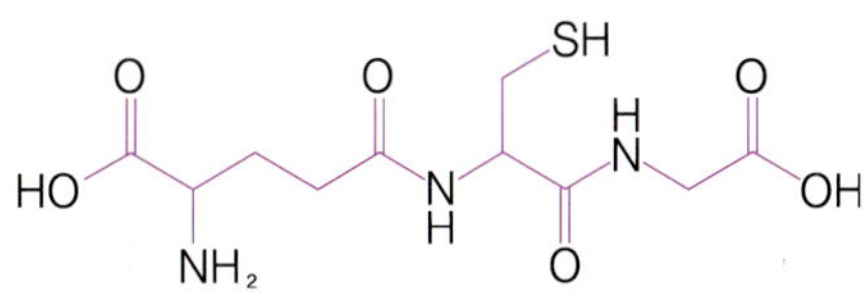

그림 6-5 글루타티온 구조

5. 비타민 C

1930년대 귤과의 비타민 C가 괴혈병 예방의 효과가 있음을 확인하였다. 먹는 비타민 C는 특정 암과 백내장 및 심혈관질환의 위험을 줄여 주고 면역기능을 향상시킨다. 바르는 비타민 C는 국소항산화제로 일광손상을 막고, 기미, 백색선조와 레이저 후의 홍반치료제로 사용한다.

(1) 비타민 C의 구조

비타민 C 또는 아스코르빈산염(ascorbate)은 친수성 수산 음이온(monovalent hydroxyl anion)으로 존재하는 α-ketolactone이다.

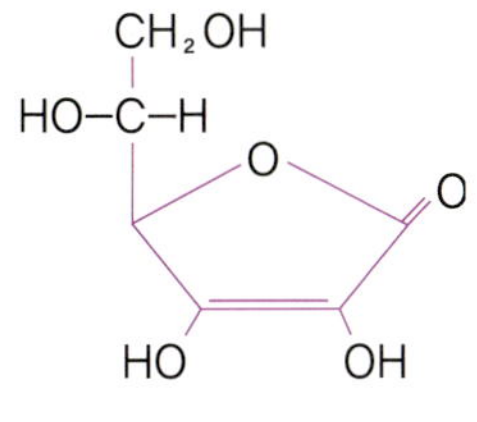

그림 6-6 비타민 C의 구조

(2) 비타민 C의 항산화 기능

아르코르빈산염에 전자가 하나 더해지면 디히드로아스코르브산(dehydro L-ascorbic acid)이 되어 다른 자유기보다 안정적이고 다른 전자를 받을 수 있어서 유리기를 제거하는 강력한 항산화제가 된다. 그러나 전자를 받지 못하면 효소반응에 전자를 주게 되어 전자 공여체가 된다.

아스코르브산(Ascorbic acid)에 두 개의 전자가 더해지면 새로운 디히드로아스코르브산이 생기며 다시 아스코르브산염(ascorbate)으로 환원될 수 있지만, 락톤고리가 불가역적으로 열리면 디케토글론산(diketogulonic acid)을 형성해 불활성화합물이 된다.

이것은 비타민 C 제품이 산화될 때에 자주 형성되고 항산화 기능이 없기 때문이다. 또한 비타민 C 제품은 자외선이나 공기 중에 노출되면 두 개의 전자를 받아 디히드로아스코르브산(dehydroascorbic acid, DHAA)이 되지만, 더 산화되면 고리가 열려서 불활성화된다. 비타민 C는 히드록실 라디칼(hydroxyl radical)이나 과산화물음이온(superoxide anion)과 반응하여 자외선에 의해 ROS가 형성되는 것을 막아주므로 자외선차단제품에 첨가된다. 강한 항산화제로서의 비타민 C는 산화된 비타민 E를 활성형태로 환원시켜 비타민 E의 항산화력도 증가시킨다.

(3) 비타민 C의 생리기능

아스코르빈산염은 프롤릴 하이드록실라아제(prolyl hydroxylase)의 보조인자(cofactor)인데, 이 효소는 콜라겐 전물질과 엘라스틴, 콜라겐 섬유를 이루는 다른 단백질에 있는 프롤릴 잔기(prolyl residue)가 삼중 나선구조를 형성하기 전에 하이드록시레이트(hydroxylate)시키는 효소이다.

비타민 C 결핍은 콜라겐 형성에 장애를 가져와서 괴혈병을 유발한다. 비타민 C가 첨가되는 대부분의 국소제제는 각질층내로 흡수될 수 없으므로 효과가 없다. 비타민 C 제품은 대부분이 자외선 조사로부터 완전히 차단될 수 있는 밀폐용기가 없기 때문에 병을 따자마자 효과가 없어진다.

Check point

비타민 C 제제는 UV에 의한 피해를 줄여 주고 예방하며, 과색소 침착과 레이저 조사 후의 홍반을 완화시켜 준다. 바르는 비타민 C는 밀폐되고 빛에 강한 용기에 저장되어야 효과가 있다. 안정적으로 흡수가 되는 구조인 비타민 C 제품이 개발될 때까지는 음식으로 섭취하거나 먹는 약이 더 효과적이다.

6. 녹차 (green tea)

녹차의 폴리페놀 화합물(polyphenolic compound)의 에피카테킨(epicatechin)은 항산화작용이 있다. EGCG(Epigallocatechin-3-gallate)가 효과가 있어서 폴리페놀(polyphenol)화합물이 들어간 제품을 바르거나 먹는 것이 발암물질이나 자외선에 의한 피부암 발생을 억제한다고 한다.

또한 태양광선에 의한 노화를 막아주고 항염효과가 있다. 피부에 녹차를 바를 경우, 자외선 조사에 의한 홍반을 바르는 양에 비례해 억제한다고 하며 일광화상세포의 수를 감소시키고 치료하지 않은 부위에 비해 DNA 손상이 적었다. 부작용은 없다고 알려져 있다. 녹차가 발효해 생기는 홍차의 테아플라빈도 항산화 작용이 있다고 한다.

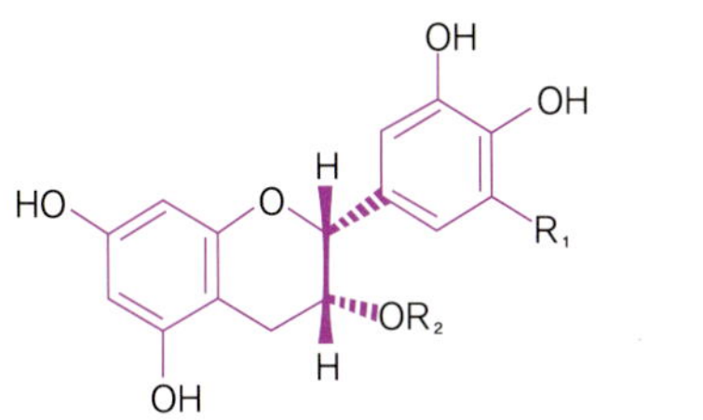

EGC = Epigallocatechin R_1=OH R_2=H

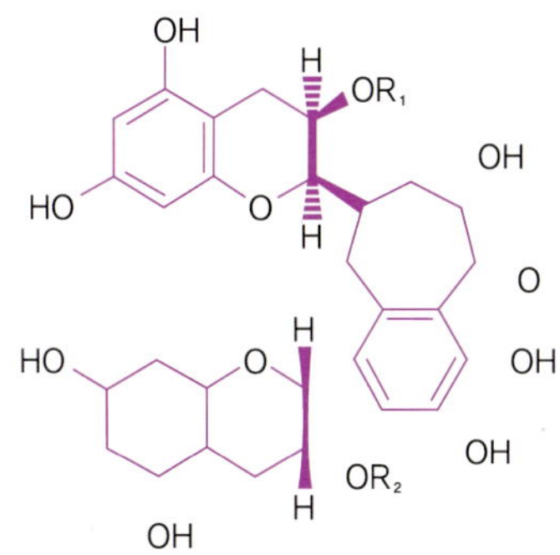

TF_1 = Theaflavin−1 R_1=R_2=H

그림 6-7 녹차 카테킨과 테아플라빈의 구조

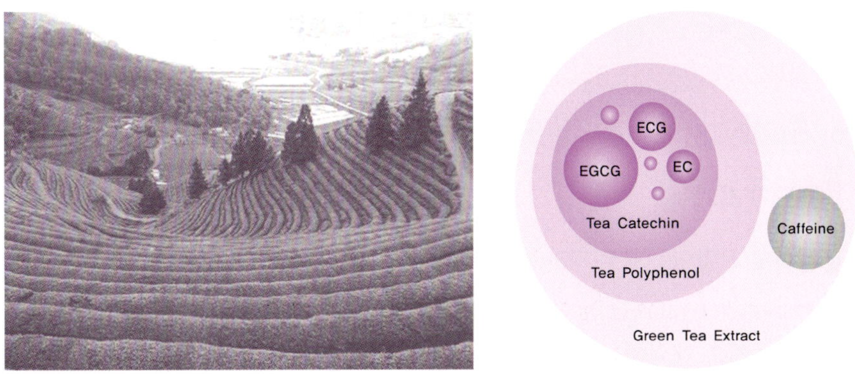

그림 6-8 녹차 카테킨과 테아플라빈의 구조

7. 멜라토닌 (melatonin)

송과체선에서 분비되는 호르몬이다. 유리기 제거제(free radical scavenger)로 ROS(Reactive oxygen species)와 RNS(Reactive nitrogen species)를 제거하며 불균등화효소(dismutase) 및 글루타티온 산화효소(glutathione peroxidase)와 글루타티온 환원효소(glutathione reductase)를 자극하여 항산화 효과를 증가시킨다.

또한 산화과정에서 지질막과 핵 DNA를 보호하고 동물실험에서 확인한 바에 의하면 자외선 흡수를 차단하여 암 발생을 줄여 준다고 한다.

우울증이 있거나 수면을 잘 취할 수 없는 환자들에게 수면장애 치료제로 사용된다. 먹는 약으로만 사용된다.

L-Tryptophan(트립토판)

↓

5-Hydroxytryptophan(히드록시트립토판)

↓

5-Hydroxytryptamine(히드록시트립타민)

↓

Melatonin(멜라토닌)

멜라토닌 합성과정

그림 6-9 멜라토닌 합성과정

8. 셀레늄 (selenium)

(1) 생리기능

항산화제와 항염증제로 작용한다. 콩, 동물의 콩팥, 조개, 생선에 있는 미량원소로 pitysporum ovales 균의 증식을 억제하여 항비듬 샴푸에 첨가된다.

과산화지질을 제거하는 글루타티온 과산화효소(glutathione peroxidase)의 한 성분으로 과산화수소 및 지질과 인지질, 산화수소를 환원시켜 자유기를 줄일 수 있다. 또한 고리형 산소화효소(cyclooxygenase)와 리폭시게나아제(lipoxygenase)

경로에서 히드로퍼옥시티(hydroperoxide) 매개물을 환원시켜 염증을 줄여 준다.

셀레늄은 항암작용이 있으며 UVB에 의한 자외선 노출 후 면역계를 손상시키는 사이토킨(cytokine)의 생성을 방해함으로써 암 발생을 저해한다.

UVB에 의한 IL-6, IL_8, IL-10, TNF-α 유도를 방해한다. 그리고 세포성 면역과 체외성 면역을 증강시켜 항암능력을 갖게 한다.

IL-6는 체온의 상승을 초래하는 단백질의 생산을 증가시킨다. TNF-α는 말초혈관상피의 투과성을 증대시키고 세포나 수용성 분자들의 혈관으로부터 조직으로의 이동을 증진시킨다. 대장암은 58%, 폐암은 43%, 전립선암은 63% 낮추어 준다. 또 전체 암 사망률을 50% 줄여 주고 전체 암 발생률을 37% 줄여 주는 효과가 있었다.

(2) 과잉증

셀레늄 중독증은 소화 장애, 탈모, 신경손상 등이 나타난다. 셀레늄은 다른 항산화제인 음식섭취와 균형을 이루어야 하는데 그렇지 않으면 오히려 전구 산화제로 DNA 손상을 줄 수 있다. 하루 최대치를 400 μg으로 정하고 있다.

(3) 영양소권장량

한국인 영양소 섭취기준에서 정하는 1일 셀레늄의 권장량은 성인남녀 모두 60 μg이다.

9. 실리마린 (silymarin)

엉겅퀴에 있는 폴리페놀플라보노이드로 silybin 성분은 강력한 항산화 효과가 있어 태양광선과 UV에 의한 피부손상을 막아준다.

10. 커피 베리 (coffee berry)

아라비카 커피나무에서 추출한 커피 열매는 녹차나 비타민 C와 비타민 E보다도 강력한 항산화 활성을 가지고 있다.

항산화제로 알려져 있는 폴리페놀을 함유하고 있다.

11. 레스베라트롤 (resveratrol)

레스베라트롤은 포도와 견과류 및 레드 와인에서 발견되는 폴리페놀 성분으로 UVB에 의한 산화적 스트레스를 억제하는 효과가 있다고 보고되고 있다. 포도씨에는 프로안토시아니딘(proanthicyanidins)이 풍부한데, 이는 플라보노이드과로 비타민 C나 비타민 E보다 유리기를 제거하는 활성이 강한 강력한 항산화제이다. 포도씨 프로안토시아니딘(GSP grape seed proanthocyanidins)의 항산화 기전은 UVB에 의해 유도된 항산화 방어성분의 결핍을 막아주어 사람에게 광보호 효과를 나타낸다.

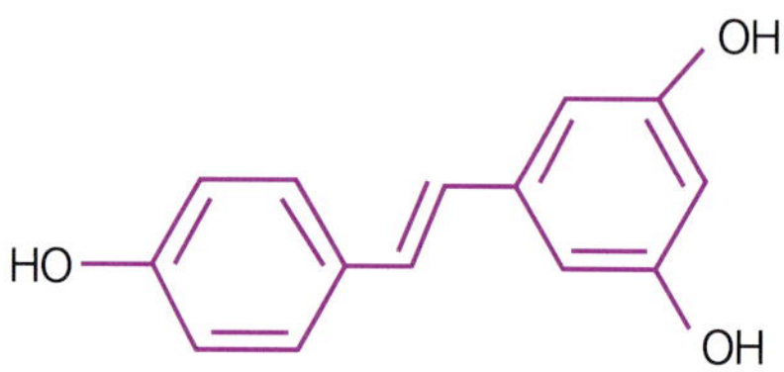

그림 6-10 레스베라트롤 구조

12. 제니스테인 (genistein)

이소플라본으로 대두에서 유도되었다. UV에 의한 DNA의 산화적 손상을 억제한다고 한다. UVB에 의한 피부손상으로부터 효과적으로 피부를 보호한다.

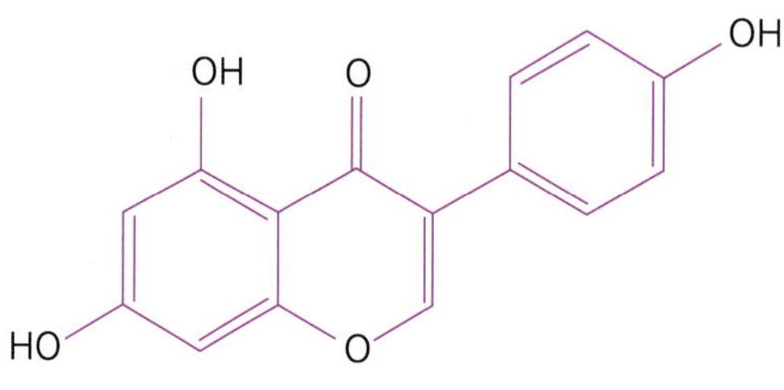

그림 6-11 제니스테인 구조

13. 피코노제놀 (pyconogenol)

프랑스 소나무에서 추출한 성분으로 플라보노이드와 페놀 성분을 함유하고 있으며 강력한 유리기 제거 능력이 있다고 한다. 동물실험에서 0.05~0.2%의 피코노제놀(pyconogenol)은 태양광선에 의한 염증반응과 면역 억제를 감소시킨다고 하였다.

14. 니아신아미드 (niacinamide)

나이아신아미드나 니코틴아미드는 비타민 B_3라고 하며 항산화력이 있으며, 항염증이나 색소침착 억제 등의 효과가 있다고 연구되어 있다.

니코틴아미드는 피부톤을 개선시키며 주름을 감소시키고 색소의 과잉침착을 억제한다고 한다.

그림 6-12 레스베라트롤 구조

Chapter 7

피부 타입과 영양

1. 건조한 피부

건성피부는 지질이 부족한데, 표면에 피지가 부족한 경우와 각질층에 부족한 경우가 있다.

1. 원인

추위나 바람 등의 외부적인 요인도 있지만 수분과 지질막을 파괴하는 pH가 높은 비누와 세척제 및 여름 휴가 동안 바닷물에 많이 노출된 경우를 비롯하여 지나치게 석회질이 포함된 물을 사용하기 때문이기도 하다. 또한 너무 덥거나 건조한 경우에도 건성피부가 된다.

2. 특징

건성피부는 각질층에서 천연보습인자의 부족으로 각질층이 수분 함유능력을 상실함으로써 가려움 등이 유발된다.

노인의 피부는 박리장애가 일어나서 건성피부가 되며 태양광선은 각질층을 두껍게 만들어서 피부의 건조를 유발한다. 또한 어린선이나 모공각화증(keratosis pilaris) 등의 피부병에서는 각질 이상으로 인해 건조증이 발생한다.

3. 영양관리

건성피부는 동물성 단백질, 식물성 지방, 수분이 많은 과일, 채소와 물을 충분히 섭취한다. 그리고 비타민 A와 E를 섭취한다. 염분이 많은 식품은 주의하고, 건조가 심해 각질이 하얗게 일어날 때에는 비타민 B군이 많이 함유된 식품을 섭취한다.

2. 지성피부와 여드름성 피부

1. 원인

지성피부는 피지 과다분비로 인해 피지가 피부표면에까지 퍼져 있어 모공을 팽창시킨다. 피지 분비는 사춘기에서부터 시작되며 18~20세 사이에 피지 분비가 가장 많으며 그 후에는 줄어든다. 피지가 가장 많이 나타나는 부위는 이마, 코, 틱, T존(T-zone)이다. 피부색이 칙칙하며 T존이 번들거리고 모공이 팽창되어 있어서 여드름이 생성되는 경우가 많다.

2. 영양관리

여드름은 비타민 B_1 결핍에 의해서도 생긴다. 피지 분비를 촉진시키는 지방과 당질의 과다한 섭취를 삼간다. 채소와 과실을 충분히 섭취하고 비타민 B군을 많이 섭취한다.

3. 민감성 피부

1. 원인

과민하고 알레르기를 일으키기 쉬운 피부를 말하며, 환경적인 요인인 추위나 바람, 오염, 화장품 등에 의해서 피부가 민감하게 반응하는 것이다. 현대인들에게 가장 많다.

2. 영양관리

피부의 저항력을 증강시켜 주는 비타민 B군과 P를 많이 섭취한다. 커피나 담배 등의 자극적인 음식은 피하고 가공식품의 과다섭취도 피하는 것이 좋다.

4. 생애주기에 따른 피부변화

1. 태아의 피부

태아는 자궁 안에서 피부를 보호하기 위해 왁스 같은 물질로 몸을 감싸고 있다. 이 물질은 출생 시에도 태아의 몸을 덮고 있다가 1주일 정도 지나면 벗겨지기 시작한다.

2. 아동의 피부

성장하면서 피부가 강해지고 방어력이 증가한다.

3. 청소년기 피부

성호르몬의 분비가 왕성해져서 피지선을 통한 피지 분비가 많아진다. 남자는 피부결이 거칠어지고 안드로겐으로 피지선의 활동이 활발해져서 여드름이 나기 쉽다. 10대 여자는 에스트로겐이 여드름을 억제하여 남자보다는 덜하다. 그러나 배란 시기나 생리 중에는 피지 분비가 왕성해지고 색소침착이 생기기 쉽다.

피지 분비로 인해 두피가 지성으로 되기 쉬우며 아포크린선의 활동이 활발해서 체취가 나기도 하므로 피부를 청결히 관리해야 한다.

4. 임신부의 피부

에스트로겐 분비가 많아져서 피부가 부드러워지며 색소침착이 일어나는 경우도 있다. 임신선(striae gravidarum)은 진피가 얇아지고 탄력성을 잃기 때문에 생긴다.

5. 중년의 피부

각화과정이 길어지므로 각질이 두꺼워지면 제거하는 것이 좋다. 자외선은 피부를 노화시키는 원인이 되므로 주의한다. 중년기부터는 젊었을 때보다 더 태양광선을 피하고 자외선차단제를 사용하는 것이 바람직하다. 오전 10시부터 오후 4시까지 불필요한 태양광선에 대한 노출을 피하고 선탠(suntan)은 하지 않는다.

자외선차단제는 매일 사용하며 집에서도 바르는 것이 좋다. 왜냐하면 자외선 A는 유리를 투과하기 때문에 집에 있는 경우에도 노출위험이 있다. UVA 방어막을 유리창에 부착시키는 방법도 있다. 태양광선에 노출되는 경우에는 모자를 쓰고 SPF 45 정도의 크림을 바른다.

6. 노년기의 피부

피지 분비가 감소하여 피부가 건조해지고 얇아지며 진피의 구조가 파괴되어 주름과 반점이 많이 생긴다. 피부결이 두꺼워지고 거칠어지며 주름이 지고 창백해지며 색소침착이 생긴다. 콜라겐 섬유가 감소하여 탄력성이 떨어지고 피부재생이 살되지 않으므로 자외선을 차단하고 항산화제 등을 충분히 섭취한다.

노인은 비늘 같은 건조피부를 경험하는데, 이는 연령이 증가함에 따라 방어기능이 떨어지기 때문이다. 표피에서의 수분 손실이 증가하므로 습도가 낮아지면서 건조피부로 쉽게 변한다.

노화피부에서는 손상받은 장벽기능의 회복이 느려서 쉽게 건조해진다. 이러한 현상은 층판소체(lamellar body) 내의 지질 및 표피 필라그린의 감소와 함께 발생한다. 피부도 늘어진다. 쉽게 멍드는 피부와 쉽게 손상받는 피부가 특징이다. 양성종양이 발생한다.

노화피부에서의 양성종양 발생 *Check point*

피부는 나이가 들면 유경연성섬유종(쥐젖, acrochordon, skin tags), 버찌혈관종(cherry hemangioma), 지루각화증(seborrheic keratosis), 흑자(lentigo, sunspot), 피지선증식(sebaceous hyperplasia)이 나타날 수 있다.

5. 피부 타입에 영향을 미치는 요소

1. 흡연

흡연은 피부 진피의 콜라겐과 엘라스틴을 파괴하여 탄력성을 저하시키고 혈액 순환을 방해한다. 얼굴색이 밝지 않고 연기를 마실 때의 입 모양 때문에 입 주위에도 주름이 생기고 치아가 변색된다. 이마에도 주름이 생기고 흡연할 때 연기 때문에 눈을 가늘게 뜨게 되므로 눈가에도 잔주름이 생긴다. 흡연은 유리기 생성을 촉진하여 노화를 빨리 오게 하며 피부암에 걸릴 확률을 높인다.

담배의 니코틴은 혈관을 수축시켜 산소공급을 방해하며 혈중 콜레스테롤을 상승시킨다. 또한 니코틴은 비타민 C를 파괴시키므로 담배를 피우는 경우에는 비타민 C 등을 충분히 섭취해야 한다.

2. 알코올

알코올 섭취는 비타민 B 등의 영양소 결핍을 유발할 수 있으며 피부를 건조하게 하여 주름의 원인이 된다. 또한, 유리기 생성을 촉진시켜 노화를 진행시키며 피부의 모세혈관을 확장시켜 붉은 피부로 만든다.

3. 카페인

카페인 함량이 많은 커피 등을 과도하게 마시면 이뇨작용으로 인해 수분이 지나치게 손실되어 건성피부가 되기 쉽다.

4. 피부와 녹차

녹차는 피부의 주름 생성을 예방하고 기미나 주근깨를 방지하여 미백효과를 나타내며 알레르기성 피부염을 방지하는 등 피부건강에 매우 좋은 식품이다. 특히 피부노화를 촉진시키는 유리기는 자외선 조사에 의해 많이 생성되는데 이는 멜라닌 색소 합성에서 조절효소인 티로시나아제의 활성을 증가시킨다고 한다.

멜라닌 색소는 자외선으로부터 피부를 보호하기도 하지만 기미 · 주근깨나 노인성 색소 같은 색소침착을 일으킨다. 이러한 색소침착을 예방하기 위해서는 멜라닌 합성 조절이 중요한데, 멜라닌 형성을 억제하는 물질로는 비타민 C 유도체와 레티놀 및 하이드로퀴논 등이 있다.

녹차에 많은 비타민 C는 멜라닌 색소 억제 활성이 크다. 또한, 녹차에는 활성산소를 제거해 주는 항산화제인 비타민 C와 E 등을 비롯하여 폴리페놀이 많이 함유되어 있기 때문에 피부노화를 방지한다.

현대사회는 여러 공해와 환경오염으로 인해 각종 알레르기성 피부염, 비염, 천식 등의 질환이 많이 발생하고 있다. 녹차는 알레르기 반응에서 가려움증을 유발하는 물질인 히스타민의 방출을 억제시켜 알레르기성 피부염을 예방한다. 피부에 염증이 생겼을 때도 녹차의 폴리페놀 성분은 염증 반응을 억제할 수 있다고 하며 항암효과 또한 가지고 있다고 한다.

녹차는 영양적으로 볼 때에 향기와 맛도 있으며 갈증을 해소한다. 열량이 거의 없기 때문에 체중 조절에 좋으며 지방을 산화시키는 효과가 있으므로 비만 예방에도 많은 도움이 된다.

Check point

피부 타입에는 건조피부와 민감성 피부 및 지성피부 등이 있다. 각 피부 타입에 따른 관리를 해주는 것이 바람직하며, 특히 자외선 차단은 노화를 예방하는 데 도움이 된다.

Chapter 8

피부질환과 영양

1. 색소침착

색소침착은 멜라닌(melanin)이 짙어지는 것으로 많은 여성들이 신경을 쓰고 치료를 하다가 좌절을 느끼기도 한다. 피부색은 표피의 멜라닌세포에서 생성되는 멜라닌을 포함한 멜라닌소체(melanosome)의 케라틴세포(keratinocyte) 내로의 이동과 연속되는 분해에 따라 결정된다. 피부색이 검은 사람은 흰 사람에 비해 멜라닌세포가 멜라닌을 더 많이 생성하고 멜라닌소체가 크며 더 많이 멜라닌화되어 있고 천천히 분해된다.

1. 멜라닌 합성 기전

멜라닌은 티로신(tyrosine)이 티로시네이즈(tyrosinase)에 의해 3,4-dihydroxyphenylalanin(DOPA)으로 수산화(hydroxylation)되고 산화(oxidized)되어 도파퀴논(dopaquinon)이 되고 멜라닌이 형성된다. 멜라닌이 멜라닌 소체에서 만들어진 뒤에는 미오신 V 플라멘트(myosin V filaments)와 디네인 모터(dynein motor)를 사용해 멜라닌세포 내의 수상돌기 끝으로 이동한다. 각각의 멜라닌세포는 주변의 여러 각질형성세포와 함께 표피 멜라닌 단위를 형성한다.

멜라닌세포 내의 멜라닌은 표피 멜라닌 단위의 각질형성세포나 진피 내로 이동하게 된다. 자외선에 노출되면 멜라닌이 합성되어 피부색이 짙어져 다시 자외선에 반복 노출되었을 때에 피부의 주된 방어기전이 되기도 한다. 자외선 조사는 멜라닌세포의 수를 증가시키고 멜라닌세포에서 각질형성세포 내로의 멜라닌 소체 이동을 증가시킨다.

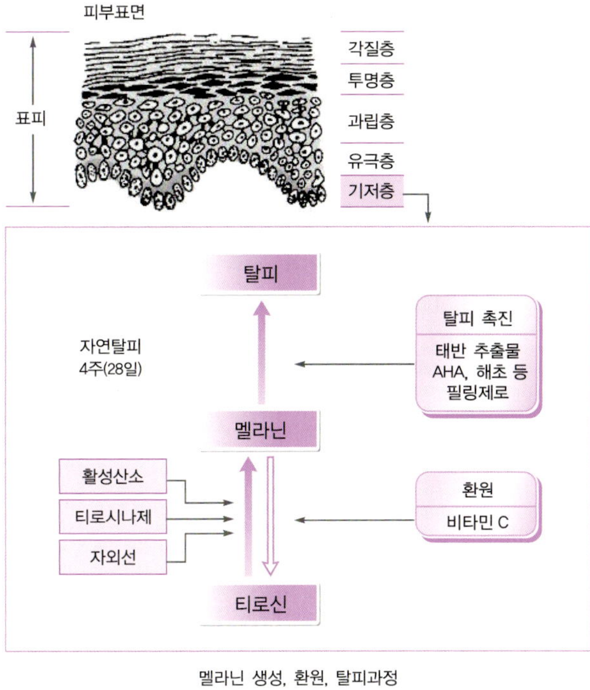

그림 8-1 멜라닌 생성, 환원 및 탈피과정

2. 기미

기미는 여성에게 주로 나타나는 질환이다. 기미는 여성에게 많은 스트레스를 주고 만성이어서 치료가 매우 어렵기 때문에 여성들이 가장 힘들어하는 질환이다. 주로 가임기 여성에게 나타난다.

기미는 불규칙한 형태이지만 경계는 명확하고 밝고 짙은 갈색의 얼룩을 보인다. 입술 위, 코, 뺨, 턱, 이마, 목 등에 나타난다.

1. 원인

에스트로겐과 자외선 조사 및 임신 중에 흔하다. 증가된 에스트로겐이 어떻게 기미를 생성하는지는 밝혀지지 않았으나 에스트라디올(estradiol)이 발생기전에 중요한 역할을 하는 것으로 보인다. 기미는 남자들에게도(10%) 발생한다.

대부분 중동, 카리브해, 아시아 사람들이다.

햇볕노출은 기미를 악화시킨다. 기미는 겨울에는 감소하며, 유전, 영양결핍, 프로게스테론 호르몬, 히단토인(Hydantoin)이나 다일랜틴(Dilantin) 같은 간질치료제도 남녀 모두에게 기미를 발생시키는 요인에 해당한다. 여성의 2/3와 대부분의 남성들에게 기미는 원인을 알 수 없이 생긴다.

경구피임약을 사용할 경우 가장 흔하게 발생하며 임신한 여성에게 흔하고, 두 가지 조건이 다 있으면 대부분 기미가 발생한다. 폐경기 여성이 에스트로겐 치료를 받는 경우에는 기미 발생 빈도는 낮다. 기미는 임신 후, 경구피임약을 끊으면 흐려지지만 간혹 회복되는 데 5년 이상 걸리는 경우도 있으며 재발한다. 난소질환이 있는 경우에도 기미가 증가한다.

2. 기미 형태

(1) 표피형 기미

갈색으로 보이며 기저층과 기저층 상부에 정상보다 많은 멜라닌을 함유하고 있다. 표피 전층에서 이런 현상을 보인다. 표피형 기미는 치료가 가능하다.

(2) 진피형 기미

청회색을 보이며 멜라닌이 진피 상부와 중간 부위의 혈관 주위에 분포한다. 특별한 치료법이 없다.

(3) 혼합형

혼합형은 갈색과 회색을 보이는데, 표피형 성분만이 치료된다.

3. 치료

멜라닌세포의 증식을 억제하고 멜라닌 소체의 형성을 저하시킨다. 멜라닌 소체의 분해를 증진시키기 위해 자외선 A도 차단되는 높은 자외선 차단지수를 가진 차단제(24시간 내내)를 바르고 햇빛을 조심하며 모자를 착용하고 운전 시에도 주의한다.

65세 이상 노인의 약 90%는 1개 내지 그 이상의 일광 흑자가 있다.

3. 햇빛에 의한 노인성 반점

1. 원인

일광에 의해 직경 1 cm 정도의 갈색반점이 생기는 것으로 급성이거나 만성적인 자외선 노출에 의해 발생한다. 나이보다는 햇빛이 주원인으로 손, 얼굴에 주로 나타난다. 50세 이하의 사람에세서는 거의 없다. 햇빛에 노출되지 않는 부위에서는 노인이라도 발생하지 않는다. 일광흑자와 주근깨 및 단순흑자는 임상적으로 서로 구별하기 힘들다. 이들은 흑색종이나 기저세포암의 주요 위험인자이다.

2. 특징

멜라닌세포와 색소침착이 많이 되어 있으며, 멜라닌 숫자가 증가해 멜라닌 색소의 생산능력이 증가되어 있다. 주근깨는 상피능이 확장되어 있지 않고 멜라닌 숫자의 수도 정상이거나 약간 줄어 있으므로 주근깨와 구별이 가능하다.

3. 예방

자외선차단제를 사용하고 태양광선을 조심하며 자외선을 차단하는 크림 등을 바르는 것이 필요하다. 미백제나 비타민 C 등도 도움이 된다.

4. 상처 후 색소침착

1. 원인

여러 가지 피부질환이 있기 때문에 치료 후에 색소가 침착된다. 염증이 있었던 부위에 불규칙하고 보다 어두운 색소성 반점을 보이며 염증 후 과색소침착은 어디에나 생긴다.

염증 후 과색소침착은 피부손상에 대한 반응으로 멜라닌 합성이 증가된 결과로 넓게 분포하고 부분적으로 생기기도 한다. 분포 정도는 원래 손상 위치에 따라 분포한다.

2. 치료

자외선을 피하고 자외선 차단제를 잘 바르면 일정시간 안에 호전되므로, 인내심을 가져야 한다.

5. 눈 주위 색소침착

1. 원인

남녀 모두에게 흔한 문제이다. 원인은 명확하게 밝혀지지 않았으나 이 부위의 피부가 얇아져서 혈관들이 더 잘 보이게 되는 것이 원인으로 추정된다. 이 부위의 염증이나 혈관 확장도 색소침착을 나타낼 수 있다.

연구에 의하면 눈 주위 색소 침착의 한 원인이 헤모시데린(hemosiderin)의 축적 때문이라고도 한다.

2. 치료

자외선차단제를 바르고 휴식을 취하는 것이 가장 효과적이다.

헤모시데린(hemosiderin) *Check point*

난용성의 철분저장 단백질로 체내 철분이 페리틴(ferritin)으로 저장되고 남으면 간에 철분을 저장하는 형태이다.

6. 알레르기(과민반응)

알레르기 혹은 과민반응(hypersensitivity)은 어떤 항원에 대한 인체의 반응으로 여러 가지 물질들이 항원이 될 수 있다. 알레르기 반응이 가장 잘 나타나는 곳이 피부이다.

개인에 따라 일부 사람들이 특정 식품에 대해 과민반응을 나타내면 식품 알레르기라고 한다. 어떤 음식의 특정 단백질(allergen)에 대하여 천식, 가려움을 동반한 발진이나 발열 등의 전신증상과 신경증상을 비롯하여 설사, 복통, 구토 등이 유발되는 것을 말한다.

화장품이나 금속, 의복, 세제, 꽃가루, 햇빛 등에 의해서도 과민반응이 피부 홍반이나 발진 및 두드러기 등의 형태로 나타난다. 일부 사람들은 시간이 지나면 쉽게 사라지며 어떤 사람들은 반응이 오래 지속되고 심하게 나타날 수도 있다.

1. 과민반응의 유형

과민반응은 세포들을 모집하고 활성화하는 화학물질과 염증을 유발하는 분자들을 방출함으로써 조직손상을 초래한다.

제I형 과민반응은 항원에 노출된 몇 분 이내에 신속히 일어나며 항상 호염기구와 비만세포의 IgE-매개 탈과립화와 혈관활성 아민(예: 히스타민) 및 기타 염증 매개체들의 방출을 유도한다.

히스타민 및 염증 매개체들은 혈관 내피세포 연접을 이완시키고(혈관 확장) 혈관 투과성을 증가시켜 조직 내 체액의 축적(부종)을 초래한다. 히스타민은 동맥 및 세동맥 혈관벽의 평활근 수축을 유도하여(혈관수축) 신체의 중심으로부터 말초 조직으로의 체액 분포를 빠르게 한다.

천식은 제I형 과민반응으로 비만세포가 알레르기원과 만나면서 유리되는 염증 매개자에 의해 발생하는 가역적인 기도폐색을 일으켜 호흡곤란을 초래한다.

제II형 과민반응은 항체(IgM 또는 IgG)와 세포막 또는 항체와 세포외 기질과의 상호작용에 의해 발생한다. 용혈성 빈혈이 있으며 그레이브씨병이나 중증근무력증 등이 이에 해당한다.

제III형 과민반응은 조직에 축적되는 수용성 항원-항체 복합체를 형성하는 항체와 수용성 분자와의 상호작용을 수반한다. 순환 중인 항원-항체 복합체는 그 축적되는 장소에서 염증반응을 유도하여 흔히 혈관염증(혈관염, vasculitis)과 자가면역질환인 전신성 홍반 루프스(systemic lupus erythematosus) 등이 있다.

제IV형 과민반응은 항체가 없는 상태에서 면역세포가 숙주세포를 직접 공격함으로써 발생한다. 접촉성 피부염이나 지연형 과민반응 등이 있다. 접촉민감제에는 합성화학물질, 식물대사산물, 니켈 같은 금속 등이 있다. 이들은 자기 단백질과 상호작용하여 신항원(합텐, hapten)을 만들어 면역계를 자극한다. 재노출 또는 만성적인 노출은 진피의 국소적 염증을 일으킨다.

2. 식품에 대한 과민반응

어떤 사람들은 섭취하는 식품들 중에서 특정식품에 과민반응을 보이는 경우가 많다. 특히 달걀이나 우유 및 메밀 등의 항원에 대해 IgE 항체를 만들어서 비만세포에 작용하여 히스타민 등 각종 화합물질이 방출됨으로써 반응을 나타내는 현상을 식품에 대한 과민반응이라고 말한다.

소화관 내에서 반응이 일어나면 설사나 복통 등이 생기며, 재채기나 두드러기, 심하면 호흡곤란 등의 증상도 일어난다. 또한 항원과 반응하는 T 세포는 시간이 지난 후에 반응을 나타내어 피부가 붉어지거나 붓고 가려운 증상 등을 보이기도 한다.

식품에 함유되어 있는 특정 물질에 반응을 나타내는 경우도 있다. 시금치, 가지, 토마토 등에는 히스타민이 많으며 바나나, 파인애플, 키위 등에는 세로토닌 등이 많아 알레르기를 일으킬 수 있다. 이러한 재료들은 최근에 천연팩 재료로 많이 이용되고 있는데, 사람에 따라서는 알레르기를 일으킬 수 있으므로 주의한다.

(1) 달걀 알레르기

달걀 알레르기는 대표적인 식품 알레르기의 하나로 유아와 어린이들에게 가장 발생 빈도가 높다. 달걀 알레르기를 일으키는 물질은 난백에 있는 오브알부민(ovalbumin), 오보뮤코이드(ovomucoid), 달걀 리소자임(lysozyme) 등이다.

유아들에게는 달걀 흰자보다는 노른자를 주는 것이 바람직하다. 이는 달걀 흰자의 아비딘(avidin)은 비오틴(biotin)의 흡수를 방해하기 때문이다.

(2) 우유 알레르기

우유 알레르기는 락타아제가 부족하여 우유를 분해하지 못하므로 설사나 복통 등의 증상이 나타나는 것을 말한다. 우유 알레르기가 있는 사람들은 두유나 두유 제품으로 대체하면 증상이 완화되는 경우가 많다.

(3) 글루텐 알레르기

밀가루에 있는 글루텐 단백질이 알레르기 증상을 일으킨다. 실리악 질환(celiac

disease)은 매우 심한 위장증상으로 소맥류(밀, 보리, 귀리 등)를 섭취하면 소장에 염증과 흡수불량이 나타난다. 주로 서구인에게서 발생하고 한국인에게서는 거의 나타나지 않는다. 글루텐 알레르기가 있는 사람은 밀가루를 이용해 만든 식품을 섭취하지 않도록 한다.

(4) 신경성 알레르기

알레르기 반응은 자율신경과 밀접한 관계가 있으며, 특히 부교감신경의 긴장이 쉽게 항진하는 사람 또는 자율신경이 불안정한 사람, 스트레스를 많이 받는 사람 등에게서 식사성 알레르기가 잘 일어난다.

3. 알레르기에 대한 영양치료

식품 알레르기의 원인이 되는 식품 항원을 섭취하지 않도록 하며, 제한되는 식품으로 인한 영양부족을 대체할 수 있는 식품을 잘 선택해 섭취하도록 한다. 대부분의 식품은 시간이 지나면 알레르기가 사라진다. 하지만 땅콩, 견과류, 해산물 등은 변화가 없는 경우도 많다.

① 식품 재료는 신선한 것을 선택하고, 부패성이 높은 동물성 단백질 식품은 주의한다.

② 가공식품이나 조리된 식품은 되도록 피하고, 사용할 때에는 첨가되는 물질을 확인한다.

③ 채소류는 향기가 강한 채소를 피하고 가능한 한 가열 조리를 한다.

④ 어린이의 간식이나 음료 중에서 알레르기 유발물질의 유무를 충분히 확인한다.

⑤ 알레르기는 밤에 잘 일어나므로 저녁 식사로 소화흡수가 잘되는 식품을 이용한다.

⑥ 과음이나 과식, 알코올 음료, 단백질과 지방 식품섭취에 유의하고, 장내 가스 형성 식품 등을 금한다.

그 밖에도 알레르기성 질환을 막기 위해서는 신선한 과실과 채소 등을 충분히 섭취하고 규칙적인 식생활을 유지하는 것도 중요하다.

표 8-1 과민반응을 일으킬 수 있는 식품

히스타민이 많은 식품	시금치, 가지, 토마토, 옥수수, 죽순, 셀러리, 효모, 어류, 돼지고기, 쇠고기, 치즈
티라민이 많은 식품	바나나, 오렌지, 아보카도, 자두, 가지, 치즈, 발효식품, 간장, 된장
세로토닌이 많은 식품	바나나, 토마토, 파인애플, 키위, 자두, 호두, 아보카도, 가지, 콜리플라워, 시금치
아세틸콜린이 많은 식품	토마토, 가지, 죽순, 마, 토란, 메밀
트리메틸아민이 많은 식품	오징어, 게, 새우, 가자미

7. 아토피 피부염

아토피 피부염은 호전과 악화가 반복되는 피부염증으로, 최근에 가장 많은 사람들이 고통받고 있는 질환이다. 심한 가려움과 홍반을 동반한다. 아토피의 원인에는 여러 가지가 있으나 환경에 의해 발생하는 경우가 대부분이다.

특히 어린시절에 발병해 성인이 되어서도 치유가 안 되거나 다른 피부염으로 2차 감염되는 경우도 많이 있다. 피부가 건조하거나, 땀이 많거나 스트레스를 많이 받으면 악화되는 경향이 많다. 아토피 피부염의 치료에는 자연식품의 섭취를 강조하고 있으며 많은 효과가 있다고 한다.

[생활 속의 아토피 및 접촉성 피부염 예방을 위한 피부관리]

① 목욕이나 샤워 후에는 보습제를 충분히 바른다.

② 높은 온도의 목욕물 등은 가려움증을 유발할 수 있으므로 피한다.

③ 고지방 · 고열량 식품은 피한다.

④ 달걀이나 우유 등이 많이 함유된 식품은 피하도록 한다.

⑤ 자극적인 비누, 세제, 화장품 등의 사용을 주의한다.

⑥ 먼지, 진드기, 꽃가루, 곰팡이 핀 식품 등을 주의한다.

⑦ 2차 감염(피부감염 등)을 주의한다.

⑧ 스트레스는 아토피 피부염을 악화시킬 수 있다.

⑨ 면이나 천연소재의 의류를 입는 것도 도움이 된다.

⑩ 자연식품(과일, 채소, 잡곡) 위주의 식생활을 한다. 이러한 식품들은 항산화제가 많으므로 아토피나 접촉성 피부염 등의 원인이 될 수 있는 활성 산소를 제거하는 데 도움이 된다.

⑪ 건조하면 가려움증을 유발하므로 집안을 건조하지 않게 한다.

8. 트랜스지방산 식품과 피부

우리나라의 트랜스지방 추정 섭취량은 마가린이나 쇼트닝을 포함한 가공유지의 생산 또는 수입 등을 고려할 때에 전체 칼로리의 0.7% 가량으로 평가된다. 세계보건기구(WHO) 권고기준은 1% 이하로 하루 평균 칼로리 섭취를 2,000 kcal로 기준하면 약 2.2 g 정도라고 한다.

식품을 섭취할 때에 가급적 트랜스지방산이 많이 함유된 식품의 섭취는 줄이도록 하는 노력이 필요하다.

특히 가정에서 식품을 구입할 때 또는 외식을 할 때 등에는 트랜스지방이 많이 함유된 팝콘, 도넛, 피자, 햄버거, 감자튀김, 각종 과자 등과 쇼트닝이 많이 들어간 음식은 가급적 피하는 것이 바람직하다.

자연계에 존재하는 불포화지방산은 '트랜스'와는 달리 '같은 쪽'을 뜻하는 '시스' 결합형태로 돼 있다. 필수지방산을 비롯한 유익한 지방산들도 모두 시스 결합형태로 되어 있다. 이것이 고온에서 가열되거나 외부 충격을 받으면 수소의 위치가 엇갈린다. 이런 화학반응으로 만들어진 물질은 배설되지 않는데 그 이유는 체내에서 대사를 돕는 우리 몸의 효소가 이런 물질에는 제대로 작용하지 못하기 때문이다.

트랜스지방산은 뇌를 비롯한 몸 전체의 세포막과 호르몬, 각종 효소 등 생체기능 조절물질의 구조에 나쁜 영향을 미친다.

우리 몸의 세포는 세포막을 통해 영양분을 받아들이고 노폐물을 배출한다. 또 생체활동에 필요한 물질을 받아들이고 유해한 병원균은 차단하는 '선택적 투과' 기능이 있다. 우리 몸은 피부, 구강, 비강, 인후부, 소화기관 등 모든 곳을 통해 병균이 침입할 수 있는데 건강한 사람의 몸에 이들이 쉽게 침입하지 못하는 이유는 세포막이 이를 차단하고 보호하기 때문이다. 이 세포막을 구성하는 주요 성분이 바로 필수지방산이다.

그런데 우리 몸의 세포막은 트랜스지방산과 필수지방산을 잘 구별하지 못한다. 자연형태의 시스 지방산은 굽은 모양으로 선택적 투과기능에 맞추어져 있다. 그러나 트랜스지방산은 곧은 막대기 모양을 하고 있다.

세포막에 트랜스지방산이 많으면 세포막이 본래의 선택적 기능을 잘 하지 못하고 병균에 대해서도 선택적 인지가 떨어져 저항력도 낮아짐으로 인해 면역기능이 저하되어 피부에 염증 등이 잘 발생한다. 트랜스지방산은 LDL-콜레스테롤을 증가시켜 동맥경화 발생을 촉진하며 포화지방보다 인체에 더 유해하다. 따라서 트랜스지방산은 섭취하지 않도록 한다.

표 8-2 가공식품 중의 트랜스지방 함량

식품 종류	결핍증	트랜스지방 함량(g/100 g) (평균값 ± 표준편차)
유지류	식용유지	1.0 ± 0.5
	쇼트닝 · 마가린	14.4 ± 10.2
과자류	비스킷류	2.8 ± 2.1
	초콜릿 가공품	3.2 ± 2.4
	스낵류	1.2 ± 2.2
	전자렌지용 팝콘	11.0 ± 0.1
	팝콘	0.1 ± 0.1
제빵류	빵류	0.6 ± 0.8
	케이크류	2.5 ± 1.7
	도넛	4.7 ± 1.7
패스트푸드류	햄버거	0.4 ± 0.4
	피자	0.4 ± 0.2
	프라이드 치킨	0.9 ± 1.3
	감자튀김	2.9 ± 1.9
	튀김용 냉동감자	3.5 ± 2.4
	튀김류	0.3 ± 0.2
기타	마요네즈	ND
	커피프림	ND
	인스턴트 스프(분말)	0.2 ± 0.2

* ND : Not Detected(불검출)

Chapter 9

모발건강을 위한 영양

사람의 신체에 분포되어 있는 털은 남녀에 따라 차이는 있으나 대개 100만 개 진후로 알려져 있다. 모발도 사람에 따라 차이는 있지만, 약 10만~12만 개 정도이다. 두뇌를 외부로부터 보호하며 자외선을 차단하는 모발은 대부분이 케라틴 단백질이며, 그 밖에 지질과 미량원소 및 색소 그리고 수분으로 이루어져 있다.

케라틴을 구성하고 있는 아미노산은 산성 아미노산인 아스파라긴산과 글루타민산, 중성 아미노산인 알라닌, 시스틴, 글리신, 이소루이신, 루이신, 메티오닌, 페닐알라닌, 프로린, 세린, 트레오닌, 트립토판, 티로신, 발린, 그리고 염기성 아미노산인 알기닌, 히스티딘, 리신이나 시스틴이 대부분을 차지하고 있다.

1. 모발의 구조

모발은 두피 안쪽의 모근부와 두피 바깥쪽의 모간부로 나누어진다. 그리고 모근부는 모낭, 모유두, 모구, 피지선, 기모근 등으로 이루어져 있다. 눈썹, 코털, 솜털에는 기모근이 없다.

① **모낭**: 모근을 싸고 있는 내 · 외층의 막이다.
② **모유두**: 모구에 영양을 공급하여 두발의 성장을 담당한다.
③ **모구**: 모근의 뿌리 부분으로 모발의 생장 부분이다.
④ **피지선**: 피지를 분비하여 모발을 윤기있게 한다.
⑤ **기모근**: 평활근의 섬유다발로 수축 시에 털을 세우는 작용을 한다.

모발의 모간부를 횡단으로 자르면 모표피와 모피질 및 모수질로 되어 있다.

1. 모표피

케라틴 단백질로 이루어져 있으며 모표피의 겹침 정도에 따라 모발의 굵기와 질감의 차이를 나타낸다. 모표피는 모발의 습윤성과 광택 등 모발의 일반적인 성질을 결정하며 외부의 자극으로부터 모발 내부를 보호한다.

2. 모피질

모표피 바로 안쪽에 있으며 모발의 가장 중요한 부분으로 모발의 대부분(80~90%)을 차지하고 있다. 피질세포와 간충물질(세포간 결합물질)로 구성되어 있으며 모발의 탄력성이나 유연성 등을 결정한다. 피질세포 속에 다량의 멜라닌 색소를 함유하고 있어서 모발의 색상을 결정한다.

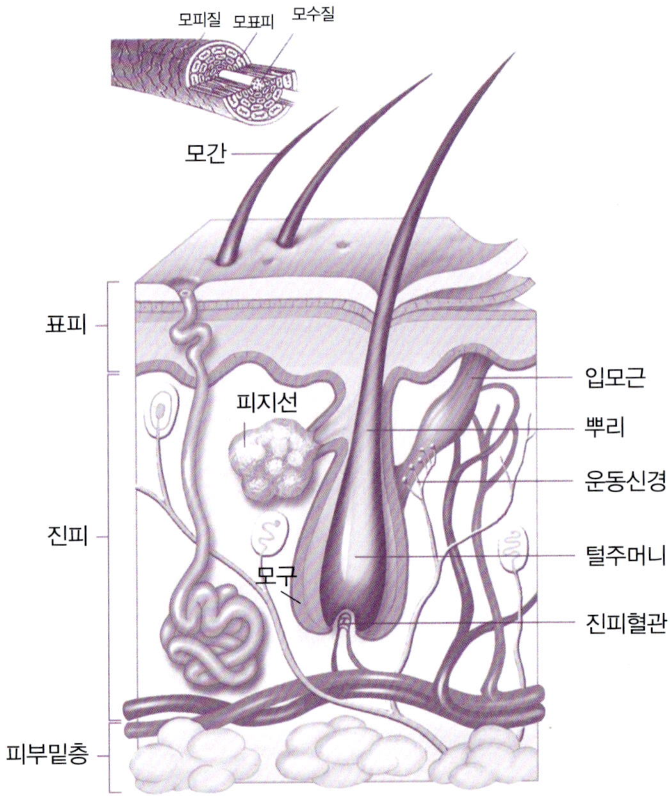

그림 9-1 모발의 구조

3. 모수질

모발의 중심에 위치하며 모든 털에 있는 것이 아니라 경모에만 있다. 수질 속에는 공기를 저장할 수 있는 공포가 있어야 보온의 기능이 있다.

2. 모발의 주기

우리 인체의 모공의 수는 태어날 때부터 이미 결정되어 있다. 갓 태어난 아기는 어린 털로 전신이 덮여 있지만 2살 정도까지 자연적으로 전부 빠진다. 신생아의 어린 털은 앞으로 자라날 털을 잘 자라게 하는 기초이다. 최초에 자란 털의 수명은 3년 정도이며 2번째부터는 4~6년 정도의 평균수명을 가진다.

머리카락은 성장기(anagen, 3~10년의 기간)에는 굵고 길게 자라며, 퇴행기(catagen, 3주 정도)로 들어서면 모근의 각화가 시작되어 휴지기(telogen)가 되면서 자연적으로 빠지는 일정의 수명이 있다. 3개월 정도 지나면 다시 그 자리에 새로운 모발이 자라난다. 이것을 모주기라고 한다.

사람의 모주기는 평균 5년이며 성장기에는 피부 아래의 털을 둘러싸고 있는 모포도 길어서 진피를 뚫고 피하지방조직까지 도달한다. 모주기는 머리카락이 나서부터 5~6년 정도 자라고 빠진 후에는 3개월 쉬는 규칙성을 지킨다. 모주기는 사람에 따라 약간의 차이는 있지만 평균 12회 정도이다.

사람의 전체 모발을 살펴보면 성장기에 있는 모발이 약 80~90% 정도이다. 휴지기(telogen, 3개월 정도)에 있는 모발이 하루 50~70가닥 정도 빠지므로 하루에 빠지는 모발의 수는 전체 모발의 약 0.05% 정도이다.

모유두에서 영양을 잘 취한 모발은 건강인의 경우는 1개월에 약 1 cm 정도 자란다. 그러므로 1가닥의 모발이 5년의 모주기를 거치면서 자라나는 길이는 60 cm가 된다. 모발이 모주기를 거치면서 자라나는 동안에 환경오염이나 유해물질을 포함하는 화학약품 등으로 인해 손상을 받는다.

3. 모발건강에 영향을 주는 요인

1. 식생활과 영양섭취

현재 우리 식생활에서 고육류와 고지방 및 고열량 식품의 섭취가 증가하면서 비만, 동맥경화, 심장병, 고혈압 등의 대사질환이 급증하고 있다. 특히 지방이 혈관에 부착되어 혈류의 흐름이 나빠지면 모발을 생성하는 모모세포에도 영향을 끼침으로써 세포증식기능의 저하를 가져와서 모발의 노화가 촉진된다.

또한 인스턴트나 패스트푸드 식품의 섭취증가로 인해 이들 식품에 함유된 첨가물 등의 유해한 성분이 체내에 흡수 축적되어 모발에도 영향을 미친다.

2. 스트레스

복잡한 현대사회에서 스트레스(stress)는 피할 수 없다. 스트레스는 여러 질환의 원인이 되는데 특히 스트레스로 인한 탈모가 문제가 되고 있다. 최근에는 여성들도 스트레스로 인한 탈모가 많다고 한다.

현대사회가 복잡하고 바쁘다 보니 충분한 수면을 취하지 못하는 경우가 많으며, 그 결과 아드레날린이 과잉분비되어 혈관 내의 중성지방이 증가하고 혈액의 흐름이 나빠짐으로써 산소와 영양이 체내 장기에 충분히 공급되지 않으므로 체온 저하가 일어난다. 이로 인해 면역기능이 떨어지며 세포활성이 저하되어 신진대사 기능이 떨어지고 다시 체온이 저하되는 상태로 된다.

체온이 0.5℃ 떨어지면 면역력은 65%로 낮아지고, 체온이 1℃ 떨어지면 대사능력은 75%로 떨어진다. 이 경우 혈색이 나빠지고 만성피로 등의 증상이 나타난다. 체온의 저하와 함께 두피의 온도(두피의 온도는 체온보다 약간 낮다. 평상시 31~32℃)도 저하된다.

빈모나 탈모가 진행 중인 두피의 온도는 평균온도보다 낮은 27~28℃이다. 모발과 혈액의 흐름은 매우 밀접하며 중요한데, 혈액의 흐름이 원활하면 모발이 건강하고 윤기가 있다.

3. 화학약품

염색이나 탈색 및 퍼머 등을 할 때 쓰이는 화학약품에 의해 모발이 손상을 입고 있다. 계속되는 퍼머는 모발을 가늘게 하며 탈모를 유발한다. 퍼머약은 2종류의 약품을 사용하여 모발에 웨이브를 넣는다. 제1액은 알칼리 환원제로서 모발의 단백질 아미노산 결합을 분해시키며 제2액은 산화제로 끊어진 아미노산 결합을 재생시킨다.

퍼머 약제를 자주 사용하면 모발의 윤기는 사라지고 건조모가 되기 쉬우며 모발이 부서지기 쉽다. 또한 컬러링, 염색제, 탈색제 사용도 모발에 큰 손상을 주어서 모발의 광택을 사라지게 하고 뻣뻣해지게 하며 쉽게 끊어지도록 만든다.

4. 지나친 다이어트로 인한 체중감소

다이어트를 심하게 하면 영양결핍으로 인해 머리칼의 변색과 탈모를 초래할 수도 있다.

4. 모발과 영양소

1. 비타민 A

모발의 건조를 막는다. 부족하면 모공 각화증을 유발하여 탈모가 촉진된다. 비타민 A는 장어, 간, 당근, 난황, 우유, 시금치, 호박 등의 식품에 많이 함유되어 있다.

2. 비타민 B_1

비듬을 방지한다. 부족하면 두피건조증으로 인한 비듬이 발생한다.

3. 비타민 C

항산화제로 면역기능을 도와주며, 스트레스로 인한 백모현상을 억제한다.

4. 비타민 D

탈모 후 모발의 재생에 효과 있으며, 두피의 혈액순환을 도와서 모발을 윤택하게 한다.

5. 비타민 E

모발 성장에 관여하며 모발을 아름답게 유지하도록 만든다.

6. 요오드, 철, 칼슘

두피의 신진대사 작용을 촉진하여 모발의 성장에 도움을 준다. 해조류, 어패류, 쇠고기, 새우, 난황, 감, 당밀, 우유, 굴, 조개 등에 많다.

표 9-1 모발건강에 좋은 비타민

영양소	기 능	함유 식품	1일 권장섭취량
비타민 A	피부와 두피의 피지선을 건강하게 유지	간, 난황, 우유, 오렌지, 등황색 야채류 등	750~800 μg RE (30~64세 성인남자) 650 μg RE (19~49세 성인여자)
비타민 C	피부의 콜라겐 성분을 유지하고 과도한 손상으로부터 모발 보호	토마토, 딸기, 피망, 감자, 진녹색 야채류	100 mg (성인남녀)
비타민 E	두피의 순환을 향상시킴 모발의 질에 영향을 미침	식물성 기름, 통밀, 말린 콩류, 녹색 야채류	12 mg α-TE (성인남녀충분 섭취량)
비오틴	모발 변색을 막아줌	우유, 간, 난황, 통밀, 발효된 이스트	30 μg (성인남녀충분 섭취량)
이노시톨	모낭의 건강을 유지	닭, 칠면조, 생선류	
니아신	두피의 순환기능을 향상	고기의 내장류, 발효된 이스트, 난황, 통밀류	16 mg NE 성인남자, 14 mg NE 성인여자
비타민 B_5	피부와 모발의 건강에 유익한 호르몬의 조절도움	고기의 내장류, 발효된 이스트, 난황, 통밀류	5 mg 성인남녀

한국인영양소 섭취기준, 2020

7. 아연

모발 생장을 촉진한다. 참깨, 콩, 간, 시금치 등에 많다.

참깨에는 철분, 칼슘, 비타민 B_1 등이 풍부하다. 식이섬유도 많이 들어 있다. 특히 비타민 E가 풍부하여 콜레스테롤을 제거하며 노화를 방지한다. 그리고 고혈압, 뇌졸중, 심근경색 등의 예방에도 좋다. 두피와 모발의 건강에 좋으며 멜라닌 색소

형성을 촉진하는 작용이 있으므로 흰머리 방지에도 좋은 식품이다.

8. 단백질

모발의 구성성분은 케라틴 단백질이 90%로 18종의 아미노산으로 구성되어 있으며, 황이 함유된 시스틴이 많이 들어 있다. 시스틴은 모발 내에서 시스틴 결합을 이루면서 모발의 강도와 탄성을 유지한다. 알기닌, 메티오닌, 리신, 트립토판, 발린 등의 아미노산을 섭취하면 모발 건강에 좋다. 단백질이 부족하면 모발이 변색된다.

5. 모발과 호르몬

모발관련 호르몬으로는 뇌하수체 호르몬, 갑상선 호르몬, 부신피질 호르몬, 성호르몬 등이 있다. 뇌하수체는 전엽, 후엽, 중엽으로 나누어지며 모발에 관여하고 있는 것은 뇌하수체 전엽이다.

1. 뇌하수체 호르몬

뇌하수체 전엽에서 분비되는 호르몬은 대뇌 혹은 간뇌의 영향을 받아서 분비된다. 뇌하수체 전엽에서는 성장호르몬을 분비하며 갑상선, 부신피질, 성선 등의 내분비계를 자극하여 다른 내분비계 호르몬들이 정상적으로 분비되도록 도와주어 모발의 생장에 간접적으로 관여한다.

2. 갑상선 자극 호르몬

세포의 신진대사를 촉진시키는 호르몬이다. 탄수화물과 지방 및 단백질 대사에 관여하며 모발의 생장에 매우 중요하다. 갑상선 호르몬이 과잉 분비되면 바세도우시 병을 유발하고 탈모가 되며 분비가 저하되면 모발이 연모화되거나 탈모가 진행되기도 한다.

3. 부신피질 호르몬

부신피질 호르몬은 염분이나 당 및 단백질 등의 대사에 작용하는 호르몬이다. 여성의 경우에 이 호르몬이 과잉분비되면 탈모가 되거나 수염이 나기도 한다.

4. 성호르몬

여성호르몬의 작용은 눈썹을 기준으로 위쪽 모발의 생장을 촉진시키며, 눈썹 아래의 털에 대해서는 발육을 억제하는 효과가 있다. 모발과 관련 있는 호르몬인 에스트로겐이 결핍되면 모발이 거칠어지며 빠지기 쉽고 피부노화가 촉진된다.

여성들이 출산 후 1~2개월 뒤에 갑자기 모발이 빠지는 산후 탈모증이 있으나, 이는 병이 아니고 임신 중 여성호르몬이 과다분비되었다가 출산 후 여성호르몬이 정상적으로 분비되면서 일어나는 일시적 탈모현상이다.

남성호르몬은 여성호르몬과 반대의 작용을 한다. 사람의 눈썹을 기준으로 위쪽 모발의 생장을 억제하며 눈썹 아래 털의 생장을 촉진하여 남성의 제2차 성징인 수염이 자라며 사람에 따라 다소 차이는 있지만 팔이나 다리 및 가슴 등에 털이 많이 자란다.

수염과 가슴털의 성장은 고환에서 생성된 호르몬의 작용이며 팔이나 다리 등의 털의 성장은 부신피질에서 생성된 호르몬의 작용에 의한 것으로 알려져 있다. 지나친 남성호르몬의 촉진은 피지 분비를 왕성하게 하여 지루성 탈모의 원인을 제공한다. 탈모가 진행되고 있는 남자의 경우에 남성호르몬의 분비를 차단하면 탈모가 중단된다고 한다.

6. 모발관련 질환

모발 질환으로 가장 큰 것은 탈모이며 탈모는 유전이나 생리적으로 발생하는 자연탈모와 병이나 환경에 의한 이상탈모로 나눌 수 있다. 탈모의 원인으로는 동물성 단백질의 과잉섭취, 위장 장애, 호르몬의 이상, 스트레스에 의한 교감신경 장애 등이 있다.

1. 원형 탈모증

탈모의 부위가 원형 또는 타원형으로 탈모가 한 장소에서만 일어나면 단발성 원형탈모증이라고 하며, 여러 곳에 동시 다발적으로 탈모가 일어나면 다발성 원형탈모증이라고 한다. 원인은 스트레스로 인해 자율신경이 저하되어 두피에 영양을 공급하는 혈관이 위축됨으로써 모발이 영양부족을 일으키는 것으로 보고 있다. 원형 탈모증은 남녀 모두에게 나타나며 여성에게 더 자주 나타난다. 스트레스를 해소하는 것이 가장 좋은 방법이라고 한다.

2. 비만성 탈모증

탈모 부위가 원형을 이루지 않고 경계가 불분명하며 두피 전체에서 탈모가 일어나거나 두피의 여러 부위에서 탈모가 진행되면서 전체적으로 번진다. 여성에게 많이 나타난다고 하며, 식생활이 불규칙하거나 갑상선 이상에 의해서도 발생한다고 한다.

3. 비강성 탈모증

건강한 모발을 가진 사람이라도 신진대사의 이상에 의해 비듬이 발생한다. 비강성 탈모는 마른 비듬이 대량으로 발생하는 것이 특징이다. 이 비듬이 모근으로 침투하면 모발의 성장에 이상을 초래하여 점점 모발이 가늘어지고 힘이 없어져서 쉽게 빠진다. 방치하면 새롭게 자라는 모발도 가늘어지며 탈모로 이어지므로 상피세포 건강에 도움이 되는 비타민 A를 충분히 공급한다.

4. 지루성 탈모증

기름기가 많은 지성 비듬이 원인으로 모공을 막아 외부로 분비되어야 할 피지를 차단하여 모근을 싸고 있는 모낭에 쌓여서 모발의 고착력을 약하게 함으로써 탈모로 이어진다. 지루성 탈모는 여성에게 자주 나타나는데 식물성 식품 위주의 식사를 하는 것이 도움이 된다.

5. 반흔성 탈모증

화상이나 상처에 의해 두피의 표면에 상처가 남아서 일어나는 탈모로, 모유두나 피하조직에 이상이 없으면 모발 재생이 가능하다고 한다.

표 9-2 주요 케라틴의 아미노산 조성

(단위: %)

아미노산	모발	표피	양모
발린(Valine)	5.5	4.2	5.0~5.9
류신(Leusine)	6.4	8.3	7.6~8.1
이솔류신(Isoleusine)	4.8	6.8	3.1~4.5
페닐알라닌(Phenylalanine)	2.4~3.6	2.8	3.4~4.0
프롤린(Proline)	4.3	3.2	5.3~8.1
세린(Serine)	7.4~10.6	16.5	7.2~9.5
트레오닌(Threonine)	7.0~8.5	3.4	6.6~6.7
티로신(Tyrosine)	2.2~3.0	3.4~5.7	4.0~6.4
아스파르트산(Aspartate)	3.9~7.7	6.4~8.1	6.4~7.3
글루탐산(Glutamate)	13.6~14.2	9.1~15.4	13.1~16
아르기닌(Argine)	1.9~3.1	3.1~6.9	2.8~3.3
리신(Lysine)	1.9~3.1	3.1~6.9	2.8~3.3
히스티딘(Histidine)	0.6~1.2	0.6~1.8	0.7~1.1
트립토판(Tryptophane)	0.4~1.3	0.5~1.8	1.8~2.1
시스틴(Cystine)	16.6~18.0	2.3~3.8	11.0~13.7
메티오닌(Methionine)	0.7~1.0	1.0~2.5	1.0~2.5

표 9-3 모발건강에 좋은 식품

식품군		종 류
곡류군		율무, 현미, 검은쌀, 수수, 녹두
어육류군	저지방	갑오징어, 굴, 돼지고기, 우렁
	중지방	검은콩, 고등어, 노란콩
	고지방	돼지 족, 참치, 장어
채소군		연근, 다시마, 더덕, 버섯, 호박
과일군		사과, 토마토, 석류
우유군		우유
지방군		검은 깨, 잣, 식물성 기름

Q & A

1. 모발을 구성하는 단백질은?

(가) 알부민 (나) 케라틴
(다) 글로불린 (라) 오리자닌

2. 모발관련 아미노산이 아닌 것은?

(가) 라이신(Lysine) (나) 시스틴(Cystine)
(다) 시스테인(Cysteine) (라) 펩티드(Peptide)

3. 케라틴에 가장 많이 들어 있는 아미노산은?

(가) 시스테인 (나) 리놀레산
(다) 발린 (라) 트리토판

4. 모발 건강에 해롭지 않은 것은?

(가) 술 (나) 담배
(다) 스트레스 (라) 채소

5. 탈모를 유발하는 중금속이 아닌 것은?

(가) 수은 (나) 비소
(다) 철 (라) 납

Part III 체내 대사와 미용

Chapter 10

에너지 대사와 체중

우리 체내에서는 생명유지를 위해 끊임없이 에너지를 필요로 한다. 에너지를 얻기 위해서는 식품을 섭취해 계속적인 화학반응이 일어나야 하는데 이러한 신체 내에서의 화학반응을 대사라고 한다.

1. 에너지 대사

신체의 모든 기관, 조직, 세포들은 대사작용에 관여한다. 대사작용은 에너지 생성, 분해, 합성 등의 화학반응으로 호르몬 신호에 의해 조절되어 신체에 에너지를 안정적으로 공급한다. 호르몬은 에너지 대사를 조절하는 중요한 조절물질로 효소를 억제하거나 활성화한다. 이화작용과 동화작용 경로를 조절하는 주요 호르몬은 인슐린, 글루카곤, 코티졸, 에피네프린 등이다.

인슐린은 에너지를 글리코겐, 중성지방, 단백질의 형태로 저장되도록 촉진하는 동화작용 호르몬이다. 에너지가 부족해지면 췌장호르몬인 글루카곤이 분비되어 저장된 글리코겐을 분해하고 에너지를 공급하는 이화작용을 촉진시켜 에너지 공급을 조절한다. 스트레스를 받거나 기아상태일 때에는 부신호르몬인 코티졸과 에피네프린이 분비되어 근육 글리코겐을 분해하여 포도당의 공급을 증가시켜 에너지 대사를 조절한다.

세포에서 열량영양소로부터 저장된 에너지를 발생시키는 화학반응이 일어날 때, 에너지는 세포가 일을 할 수 있도록 돕는다. 기초대사량은 공복상태로 편안하게 누워있을 때에 필요한 에너지이다. 연령이 증가함에 따라 감소하고 체온과 비례한다. 성별 및 제지방과 관계가 있기 때문에 남성이 여성보다 높고 근육량이 많을수록 대사량이 높다.

휴식대사량(resting energy expenditure, REE)은 쉬고 있을 때에 필요한 에너지로 기초대사량과 차이가 10% 이내이고 측정이 간편하다. 식사성 열발생 에너지는 하루 에너지 요구량의 5~10%를 차지한다.

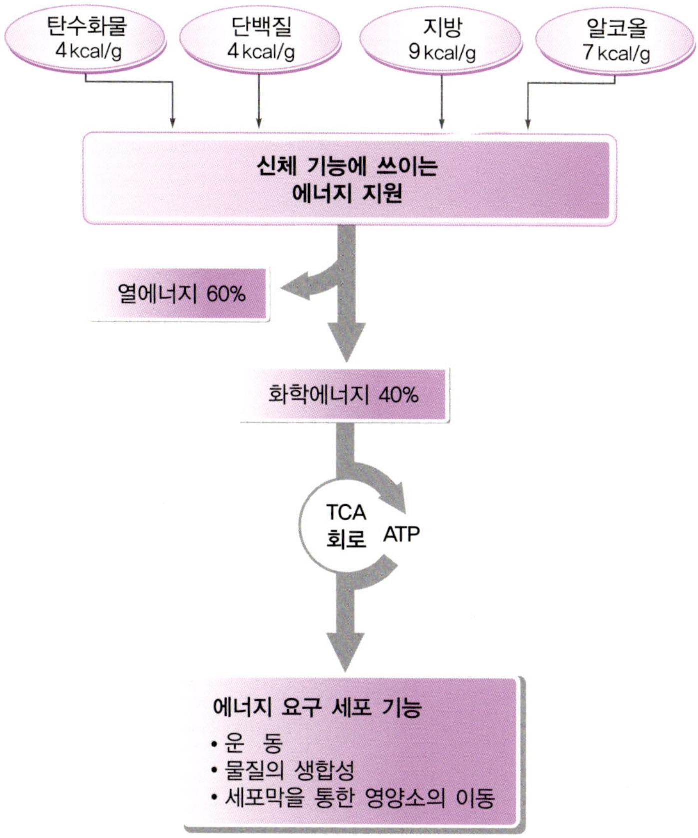

그림 10-1 에너지 대사

2. 동화작용과 이화작용

동화작용이란 작은 화합물이 더 복잡한 구조의 큰 형태가 되는 것으로 ATP에 의해 제공된 에너지를 필요로 한다. 세포가 에너지를 필요로 하지 않을 때, 열량영양소는 체내 화합물을 합성하는 데 사용된다. 이를 동화작용이라고 하며, 탄수화물이 가수분해된 포도당은 글리코겐을, 글리세롤과 지방산은 중성지방으로 되고 아미노산은 단백질을 합성한다.

이화작용은 에너지를 발생시킨다. 동화작용과 반대로 글리코겐은 포도당으로, 중성지방은 지방산과 글리세롤로, 단백질은 아미노산으로 분해된다. 이화작용에 의해 생긴 에너지는 동화작용에 사용되며, 이화작용의 생성물은 동화작용에 필요한 구성성분을 마련하는 데 사용되어 신체 내에서는 끊임없이 생명유지를 위한 대사가 지속된다.

3. 에너지 대사 불균형

우리가 생명을 유지하고 활동하기 위해서는 에너지가 필요하다. 심지어 음식을 섭취하고 소화시키는 데에도 식품의 특이동적 에너지 대사량이라는 형태로 에너지가 소요된다. 즉, 우리 몸은 에너지를 보유하는 방향으로 진화가 이루어졌다고 해도 과언이 아니며, 그 저장형태의 하나가 지방이다.

음식을 통해 에너지를 섭취하고, 섭취된 에너지가 기초대사와 활동을 위해 다 소비되면 체중은 변하지 않는다. 그러나 많은 양의 에너지를 섭취하는 데 비해 소비가 다 되지 않으면 지방이 축적되어 체중이 증가하고, 너무 적은 양을 섭취하게 되면 체중이 감소한다. 지방조직의 세포 안에는 주로 중성지방의 형태로 저장되며, 살이 찔 때는 지방세포 수와 크기가 모두 증가한다.

1. 에너지 과잉섭취

많은 양의 에너지를 섭취하고 소비가 되지 않으면 남은 열량은 대부분 체내 지방의 형태로 저장이 된다. 축적되는 지방은 탄수화물과 지방식품의 과잉섭취로부터 오며 알코올로 섭취한 열량도 지방으로 저장이 된다. 알코올은 1 g당 7 kcal로 지방과 비슷한 열량을 내며, 체내에서 지방을 연료로 이용하지 못하게 하고 오히려 많은 양의 지방이 저장되게 한다. 지방 조직의 지방 세포는 지방의 양이 늘어날수록 크기가 커진다.

(1) 탄수화물 과잉섭취

탄수화물 식품은 체내에서 포도당으로 최종 가수분해되어 에너지로 사용되며 남은 포도당은 글리코겐 형태로 간과 근육에 저장되지만, 글리코겐을 저장하는 세포의 저장량은 한정되어 있다(간에 100 g, 근육에 250 g). 글리코겐으로 저장되고 남은 탄수화물은 체지방 대신에 에너지원으로 사용되며, 체지방으로 축적되어 비만의 원인이 된다.

(2) 지방 과잉섭취

식이로부터 섭취한 지방은 체내에서 대사되고, 에너지로 사용되고 남은 지방은 체내 지방으로 저장되기 쉬우며 비만을 유발한다.

(3) 단백질 과잉섭취

과잉으로 섭취하는 단백질 또한 체지방을 늘린다. 체단백질을 구성하거나 에너지를 생성할 필요가 없다면, 아미노산은 질소가 제거되고 여러 반응을 거쳐 중성지방으로 전환되어 체중을 증가시키고 비만을 유발한다. 대부분의 양질의 단백질 식품인 쇠고기, 돼지고기, 양고기 등은 지방도 함께 포함되어 있으므로 많이 섭취하면 결국 체내 지방량, 특히 포화지방의 양이 증가한다.

Check point

탄수화물, 지방, 단백질, 알코올로부터 오는 과다한 양의 에너지는 체내 지방으로 축적된다.

2. 에너지 섭취 부족

우리 체내에서는 항상 에너지가 소비되고 있다. 수면 혹은 완전히 휴식을 취하는 상태에서조차 체내 많은 기관의 세포들은 계속 일을 하여 에너지를 소비한다.

(1) 단식과 기아

체내의 모든 세포에서 끊임없이 일어나는 대사반응에는 에너지가 공급되어야 한다. 체내의 에너지 요구를 충족시키기 위한 일반적인 방법은 하루에 여러 번의 식사를 하는 것이다.

음식을 섭취하지 않으면 신체는 체조직에 저장되어 있는 연료를 사용한다.

에너지가 공급되지 않는 상황에는 두 가지가 있다. 자기 의지로 먹지 않는 단식(fasting)과 선택의 여지 없이 굶을 수밖에 없는 상태인 기아(starvation)이다.

신체는 이 두 가지 상황에 대해 구별을 하지 못하기 때문에 대사적으로 볼 때에 단식과 기아는 같다. 단식이든 기아 상태이든 신체는 저장된 탄수화물과 지방을 모두 이용하며, 이 두 영양소가 다 소비되고 나면 체내의 열량영양소이자 구성영양소인 단백질 조직까지도 이용하는 소비적 대사를 한다.

(2) 에너지 소비 패턴

가장 먼저 이용되는 저장 영양소는 글리코겐이다. 식사를 하지 않으면, 간에 글리코겐 형태로 저장되어 있던 포도당과 지방조직에 저장되어 있던 지방산은 세포 내로 이동하여 에너지를 생산한다. 그렇지만 몇 시간 이내에 간의 글리코겐은 포도당으로 분해되어 소비됨으로써 고갈되어 저혈당 상태가 되며, 저혈당은 더 많은 양의 지방이 분해되도록 하는 신호가 된다.

글리코겐이 고갈된 후에는 대부분의 세포들이 지방산에 의해 에너지를 제공받는다. 그러나 뇌, 신경계, 적혈구는 포도당만을 에너지원으로 사용한다. 일반적으로 신경계는 하루 동안 쓰이는 에너지 양의 약 1/4 정도를 포도당으로 사용한다(약 400~600 kcal). 저장된 지방으로는 뇌, 신경, 적혈구 세포에 필요한 포도당을 제공할 수 없다. 그러므로 식사를 하지 않을 때는 일부 체조직(간과 근육)이 분해된다.

단식이 진행되는 처음 며칠 간은 필요한 포도당의 90% 정도를 체단백질에서 제공하며, 글리세롤은 10% 정도를 제공한다. 만약 체단백질의 손실이 이러한 상태로 지속된다면, 약 3주 안에 사망할 것이다.

그러나 굶는 상태가 지속되면 우리 몸은 지질을 이용하여 뇌에 연료를 제공하는 방법을 찾는다. 지방산으로부터 나온 물질들이 서로 탈수 · 중합하여 케톤체(ketone body)를 생산해 우리 몸이 적응을 하는 것이다.

여전히 뇌의 많은 부분은 포도당에 의존하며, 체단백질은 지속적으로 분해되어 포도당을 만든다. 계속적으로 식사를 통한 에너지 공급이 되지 않아 신경계가 에너지 공급을 케톤체에 의존하면 신체는 에너지 방출(대사율)이 저하되어 지방조직 및 제지방 조직(인체에서 지방을 제외한 구성성분)을 보존한다. 그리고 대사를 천천히 하여 에너지 소비를 최대한 줄이려고 한다. 즉, 기초대사율이 저하된다.

그러므로 체중 감량을 위해 단식을 하면 체중은 단시간 내에 감소하나, 단식이

끝난 후에 식사를 시작하면 기초대사율이 떨어져 있으므로 적게 식사해도 에너지 저장이 더 많아지는 요요현상(YO-YO effect)이 나타난다.

(3) 인위적 단식의 위험성

우리 신체는 굶어도 물만 섭취한다면 기초대사를 줄이는 등의 신체 적응으로 생명을 장기간 유지할 수 있다. 노폐물이 배출되고 체중이 감소하는 측면도 있으나, 단식에는 여러 가지 건강을 위협하는 위험요인이 있다. 치명적으로 제지방 조직이 소모되며, 면역력이 저하되어 질병위험에 노출되며, 체온이 저하되고 체액과 전해질의 불균형이 오며, 지방산이 계속 분해되어 생긴 케톤체로 인해 산독증이 발생한다. 그러므로 비만한 사람이 체중을 줄이려고 할 때 단식은 최선의 방법이 아니다.

체중감량의 좋은 방법은, 시간은 오래 걸리지만 장기적으로 계획을 세워서 저에너지 식이를 통해 1주일에 0.5~1.0 kg 정도씩 감량하는 것이다. 저에너지 식이는 체지방을 줄이고 제지방 조직을 유지시키는 바람직한 방법이다.

Check point

우리 신체는 식사를 하지 않으면 적응 반응으로 지방을 많이 분해하여 대부분의 세포에 에너지를 공급하며, 글리세롤과 아미노산을 이용하여 적혈구 세포와 중추신경계에 필요한 포도당을 생산하고대사율을 낮추어 에너지를 보존하고 손실을 최소화한다. 그러므로 비만을 예방하기 위해서는 장기간 적절한 에너지 제한식이를 하는 것이 체지방을 줄이고 제지방 조직을 유지시킬 수 있는 방법이다.

3. 에너지 균형

장기간 건강체중을 유지한다는 것은 에너지가 균형 상태에 있게 하는 것으로 식품으로부터 섭취하는 에너지가 소비하는 에너지량과 같은 상태이다. 에너지 저장량은 식이로부터 섭취한 에너지에서 기초대사 및 육체활동을 통해 소비된 에너지를 뺀 값이다.

에너지 저장량 = 에너지 섭취량 − 에너지 소비량

(1) 에너지 섭취량

식품과 음료로부터 오는 에너지로 탄수화물과 지방 식품에서 제공된다.

7,700 kcal를 초과할 때마다 1 kg의 체중이 늘어난다. 같은 방식으로, 1 kg의 지질은 7,700 kcal를 소모할 때마다 손실이 된다. 정상 체중을 유지하는 성인이라도 많은 양의 에너지(50,000~200,000 kcal)를 체지방으로 보유하고 있다.

(2) 에너지 소비량

체내에서 에너지 소비는 기초대사와 활동 및 활동 정도에 따라 1일 에너지 소모량이 변할 수 있으며, 기초대사도 제지방 조직을 늘리면 변할 수 있다.

① 기초대사량

기초대사란 우리가 의식하지 않아도 신체대사가 유지되어 심장 박동이 일어나고, 호흡하며, 체온을 유지하고, 신경을 전달하며 호르몬의 신호를 직접 전달하는 등의 생명을 유지하는 과정에 필요한 에너지이다.

기초대사율은 시간당 소비하는 에너지(kcal/hour)로 총 에너지 소비량(Total Energy Expenditure, TEE)의 약 50~70%를 차지한다. 기초 에너지 소비량(Basal Energy Expenditure, BEE)은 24시간 동안의 기초대사량을 kcal/day로 표시한다. 기초대사량(Basal Metabolic Rate, BMR)은 8시간 수면하고 나서 아침에 공복상태로 적정한 실내온도에서 측정한다. 하루 24시간 동안 필요한 총 에너지가 2,000 kcal인 사람의 경우는 1,000~1,300 kcal 정도가 기초대사량이다.

기초대사량은 사람에 따라 다르며, 개인의 육체적인 상태에 따라 변화가 있을 수 있다. 수면상태에서 기초대사량은 가장 낮으며 적정온도가 유지되는 방 안에서 휴식이 될만한 잠을 자거나 밤에 잠을 잔 후(12~14시간) 깨어있는 상태로 가만히 누워 있을 때에 측정을 하게 된다. 이때 소모되는 에너지를 휴식대사량(Rest Metabolic Rate, RMR)이라고 한다. RMR은 BMR보다 약 10% 정도 높게 나타난다.

기초대사량은 어린이, 청소년, 임신부에게서 높으며 제지방량이 많은 사람들(남성, 운동을 많이 하는 사람들)에게서 높다. 기초대사량을 높이는 방법 중에 하나는 주기적이고 지속적으로 근력 운동을 하여 제지방 조직을 최대로 끌어올리는 것이다.

기초대사량은 체표면적이 큰 사람과 열이 나거나 스트레스를 받은 사람, 특정약을 복용하고 있는 사람, 갑상선의 활성이 높은 사람 등에게서 높게 나타난다. 또한 제지방 조직이 손실될 때, 질병으로 인해 갑상선의 활성이 낮아졌을 때, 활동이 없을 때, 단식이나 기근 상태에서 낮아진다.

• 해리스–베네딕트 계산법(Harris-Benedict Equation)에 의한 기초(휴식) 대사량(Rest Energy Expenditure, REE) 측정

여자: 655.1 + [9.6 3 체중(kg)] + [1.8 3 신장(cm)] − [(4.7 3 나이)]

남자: 66.5 + [13.8 3 체중(kg)] + [5 3 신장(cm)] − [(6.8 3 나이)]

표 10–1 기초대사량에 영향을 미치는 인자

인자	반응
연령	제지방량이 나이에 따라 감소하며 기초대사량도 낮아진다.
신장	신장이 크고 마르면, 기초대사량이 높다.
성장기, 임신	어린이와 임신부는 기초대사량이 높다.
체구성 (성별)	제지방 조직이 많을수록 기초대사량이 높다(남성이 여성보다 기초대사량이 높음). 지방조직이 많을수록 기초대사량이 낮다.
열	열이 나면 기초대사량이 높아진다.
스트레스	스트레스가(질병과 특정 약물 포함) 기초대사량을 높인다.
환경적인 온도	고온과 저온에서는 기초대사량이 높다.
단식/기아	단식/기아 시에 기초대사량이 낮아진다.
영양불량	영양불량 상태는 기초대사량을 낮춘다.
호르몬 (성별)	갑상선 호르몬인 티록신은 기초대사량을 낮추거나 높일 수 있으며, 월경 전에는 기초대사량이 약간 높다.
흡연	니코틴은 에너지 소비를 높인다.
카페인	카페인은 에너지 소비를 높인다.
수면	수면 상태에서 기초대사량이 가장 낮다.

② 활동대사량

활동을 통해 소비되는 에너지로, 근육량, 체중, 활동에 의해 영향을 받는다. 근육량이 많을수록, 체중이 많이 나갈수록 더 많은 에너지가 소모된다. 활동을 지속하는 정도, 빈도, 강도 등이 에너지 소비량에 영향을 준다. 자주 오랜 시간 동안 강도있는 활동을 했을 경우에 에너지의 소모는 더욱 많아진다. 또한 체중이 많이 나가는 사람이 1분 동안 사용하는 에너지의 양이 체중이 적게 나가는 사람보다 같은 활동을 했을 때에 높은 것으로 나타났다.

③ 식사성 발열 효과

식품의 소화, 흡수, 대사에 관여하는 세포들은 에너지가 더 필요하다. 즉, 식품을 소화·흡수시키는 데 필요한 에너지를 식사성 발열 효과라고 하며 섭취한 총 식품 에너지의 약 10%에 해당된다.

4. 에너지 필요량 결정

에너지 필요량을 결정하는 데는 여러 가지 요인이 작용한다.

1) 성별

일반적으로, 남성이 여성보다 제지방량이 많아 기초대사량이 높다.

2) 성장

임신부, 어린이, 청소년기에는 기초대사량이 높다.

3) 연령

성인기에는 제지방량이 감소하므로 기초대사량이 낮아지고 육체적 활동이 줄어서 매 10년마다 평균적으로 에너지 소모량이 5%씩 낮아진다.

4) 활동과 운동

활동 강도에 따라 다르다.

5) 신체 구성성분과 크기

기초대사량은 키가 크고 체표면적이 넓은 사람에게서 높게 나타난다. 또한, 체중이 많이 나가면 기초대사로 소모되는 에너지의 양도 많아진다.

Check point

사람은 식품을 통해서 에너지를 공급받고, 대부분의 에너지는 기초대사와 활동에, 10% 정도는 식품의 대사에 사용되어 열이 발생한다. 사람마다 에너지 필요량은 모두 다르다. 성별, 성장, 연령, 체성분, 신체 크기와 같은 요인에 의해 영향을 받는다.

4. 적정체중

건강의 척도로 가장 많이 고려되는 것이 체중이다. 신생아나 영유아는 특히 영양 상태를 체중의 변화로 알 수 있다. 각 나라마다 이상적인 체중은 같지 않다. 인종도 다르고 지역에서 얻는 식재료도 다르며 골격도 다르기 때문이다.

체중은 제지방 조직과 지방조직, 골격, 근육, 체액 등을 모두 반영한다.

1. 체중의 기준

(1) 체질량지수(BMI)

체질량지수(BMI)는 신장에 대한 체중으로 비만도에 따른 질병의 위험과 상관관계를 보인다. BMI 공식은 다음과 같다.

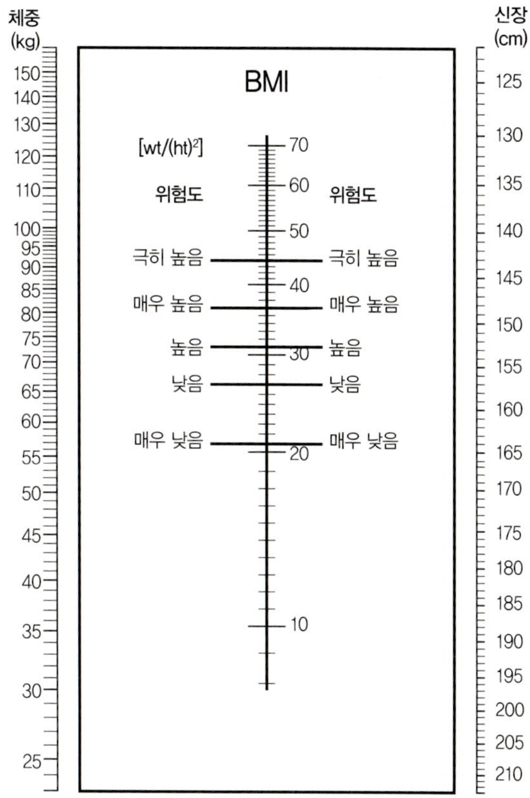

$$\textbf{체질량지수(BMI)} = \frac{\textbf{체중(kg)}}{\textbf{신장(m)}^2}$$

정상체중의 범위는 BMI 18.5에서 22.9 이하일 때이다. BMI가 18.5 이하로 떨어지거나 23 이상이 되면 질병에 노출될 위험이 증가한다. 따라서 저체중과 과체중은 건강 상태를 위협하는 요인이 된다.

BMI만으로는 체지방량과 체지방 분포를 알 수 없어 질병의 위험도를 평가하는 데는 부족하므로 체구성성분의 측정이 필요하다.

운동선수나 보디빌더는 상대적으로 많은 근육량을 가지고 있어 지방보다 근육의 무게가 더 나가기 때문에 지방이 많지 않아도 체질량지수는 과체중의 범위에 있을 수 있다. 몸이 허약하고 좌식 생활을 하는 노인에게도 체질량지수를 사용하기가 어려운데, 실제로 체질량지수가 낮은 경우(18.5~24.9)에는 체지방량을 충분히 반영하지 못하는 단점이 있다.

(2) 체구성 성분

표준체중과 비교하여 지방이 많을 때에 과체중으로 판단한다. 그러나 골밀도가 높고 근육이 잘 발달된 운동선수들의 경우는 과체중이 되어도 신체 지방량이 낮다. 이와는 반대로, 비활동적인 사람은 적절한 체중이 나가더라도 지방량이 높을 수도 있다.

(3) 지방의 위치

지방의 위치에 따라, 복부에 지방이 많은 중심성 비만인 사과형이 있고, 엉덩이와 허벅지에 지방이 있는 서양배형이 있다. 복부 지방은 폐경기의 여성 및 남성에서 흔히 나타난다. 총 지방량은 유사하지만, 특히 남성이 폐경기 전과 후의 여성보다도 복부 지방이 더 많다.

복부에 지방이 많은 내장형 비만은 당뇨병이나 뇌졸중 및 고혈압과 동맥경화와 같은 질환이 나타난다. 복부 지방은 세포에서 방출될 때 간문맥을 통해 간으로 지방(유리지방산)이 바로 유입되고 다시 VLDL 형태로 중성지방으로 분비되어 이상지질혈증을 유발한다. 유리지방산이 증가하며 근육에서 포도당의 흡수를 억제하면 근육에서는 포도당 사용이 감소하고 간에서는 포도당 생성이 증가해 고혈당이 되어 당뇨병으로 진행된다.

다른 부위의 지방은 순환계를 따라 한 바퀴를 돌아서 간으로 유입되어, 주로 다른 조직에서 먼저 지방이 대사된다. 복부 지방이 많은 여성의 경우, 심혈관계 질환 위험률과 사망률이 남성만큼 증가한다.

흡연자 역시 체지방이 복부로 더 많이 모인다. 흡연자가 비흡연자보다 체중은 덜 나가지만 허리둘레가 더 굵게 나타난다. 그러므로 흡연이 체지방 분포에 직접적인 영향을 미치는 것으로 여겨진다.

알코올 섭취와 활동도 체지방 분포에 영향을 준다. 적당량 이상의 알코올 섭취는 중심성 비만이 되기 쉽다. 규칙적인 활동으로 복부 지방의 축적을 예방할 수 있다.

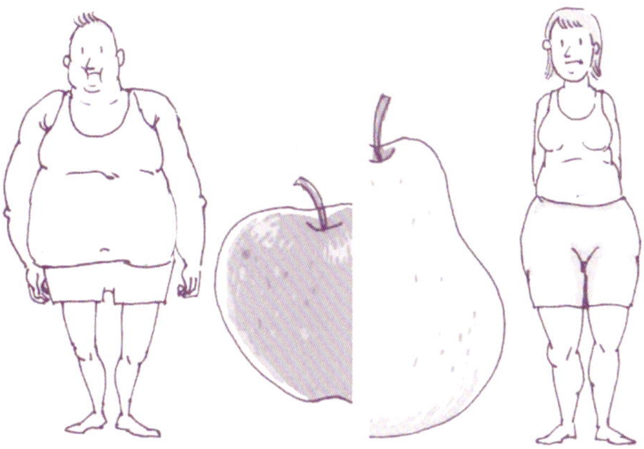

그림 10-2 체지방의 분포 형태

(4) 피부두겹 두께 측정

피부두겹 두께 측정으로 총 체지방량을 정확하게 측정할 수 있고, 지방이 분포한 위치를 측정할 수 있다. 신체 지방의 절반 가량이 피부 아래에 위치하고 있으며, 피하지방의 두께는 신체 총 지방량을 반영한다. 복부 근처의 중심부를 측정하는 것이 팔이나 등의 상체에서 측정하는 것보다 지방량의 변화를 더 잘 반영한다.

(5) 허리둘레

허리둘레는 복부의 비만 정도를 나타낸다. 예전에는 허리-엉덩이 둘레의 비율을 주로 이용하였으나, 최근에는 허리둘레만으로 비만을 판정한다.

일반적으로 여성과 남성이 각각 85 cm와 90 cm 이상이면 비만과 관련된 건강 문제의 위험도가 높아진다(대한비만학회 2018년 개정 기준).

양 발 간격을 25~30 cm 정도 벌리고 서서 체중을 균등히 분배시키고, 숨을 편안히 내쉰 상태에서 줄자를 이용하여 측정한다. 측정 위치는 최하위 늑골하부와 골반 장골능과의 중간부위를 측정하며, 이는 전상장골극(Anterior superior iliac spine)의 3cm 상부 쪽으로 줄자가 연부조직에 압력을 주지 않을 정도로 느슨하게 하여 측정한다.

허리둘레 측정 시는 위의 어느 값을 사용하든 쉽게 확인할 수 있는 해부학적 표시를 하고 일관성 있게 측정하는 것이 중요하다. 심한 비만일 경우나 출산 후 또는 폐경 후 여성은 피하지방이 과도하여 허리와 겹쳐져 실제보다 길게 측정되는 경우가 있으므로 직립자세에서 피하지방을 들어올려 측정한다.

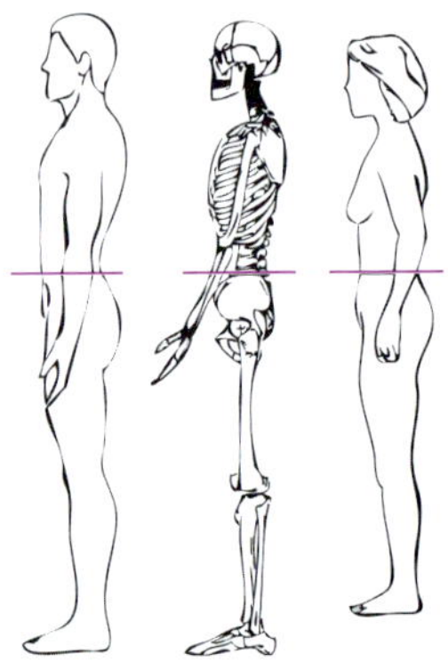

2. 체지방의 적정량

이상적인 체지방량은 남성의 경우 체지방량이 13~21%, 여성의 경우 23~31%로 권고된다.

운동선수들은 지방의 분포도가 더 낮은데, 남자 운동선수들은 체지방이 5~10%, 여자 운동선수들은 15~20% 정도이다.

지방은 열전도율이 낮아서 추운 날씨에 열이 손실되는 것을 방지하는 데 도움이 된다.

Check point

내장형 비만(중심성 비만)은 복부에 지방이 과도하게 축적되어 있는 형태로 하반신 비만보다 여러 가지 질병의 발현이 높으므로 유의해야 한다. 체지방은 한 가지만으로 판단할 수 없기 때문에 허리둘레 측정이나 피부 두께 측정 등도 지표로 사용되고 있다.

3. 비만으로 인한 질환

(1) 고혈압

비만한 사람들은 고혈압 발생 위험이 증가한다. 이는 체내에 지방이 많으면 몸속에서 필요로 하는 산소 요구량이 많아지고 이 산소를 공급하기 위해 몸속을 순환하는 혈액의 양이 늘어나 말초혈관 저항을 높여서 혈압이 상승하기 때문이다. 이렇게 되면 심장이 훨씬 자주 뛰게 되어 혈압이 높아진다.

복부비만을 가진 사람은 내장 지방세포에서 혈압에 영향을 미치는 호르몬과 여러 물질을 분비해 혈압을 상승시킨다. 그러나 체중을 줄이면 혈압이 감소하여 고혈압 발생 위험이 줄어든다.

(2) 이상지질혈증

비만한 사람들은 혈중 중성지방과 LDL-콜레스테롤이 높으며, HDL-콜레스테롤이 낮다. 복부에 지방이 많으면 LDL잔여물(small Dense LDL particle)이 증가하여 혈중 지질 농도가 높다.

(3) 제2형 당뇨병

비만한 사람들은 인슐린 저항성 등으로 인해 제2형 당뇨병 발현이 많다.

(4) 대사증후군

제2형 당뇨병이나 이상지질혈증 및 고혈압과 다른 심혈관계 질환이 동시에 같이 나타나는 현상을 대사증후군이라고 하는데, 비만한 사람들에게서 대사증후군 발현이 많다.

(5) 뇌졸중

제2형 당뇨병이나 고혈압 및 이상지질혈증과 같은 동반 질환이 있는 경우에는, 체질량지수가 25~29.9 범위에 있더라도 뇌졸중 유병률이 증가하는 것으로 보고되고 있다.

(6) 여성 생식기계 이상

비만은 다낭성 난소증후군, 불임, 월경이상 등과 같은 질환과 연관되어 있다. 그리고 임신부의 비만은 출산할 때의 건강에 대한 문제와 태아 이상과도 연관되어 있다.

이러한 위험 증가는, 성인기에 비만해진 경우뿐만 아니라, 아동기나 청소년기에 비만해진 경우에도 관련이 있다. 복부 비만은 안드로겐의 과잉분비를 유도하여 호르몬의 변화를 유발하므로 월경이상과 불임의 중요한 원인이 된다.

(7) 호흡기능

비만한 남녀에게서 수면무호흡증은 흔하다. 특히 복부와 목 둘레 비만이 폐색성 수면무호흡증과 연관되어 있다. 이것은 누운 자세에서 상기도가 좁아지기 때문이며, 심한 경우에는 급사를 초래할 수도 있다. 비만과 연관된 다른 호흡기계 이상으로는 폐성 고혈압이나 수술 후의 위험 증가 등이 있다.

(8) 근골격계 이상

비만은 척추와 관절에 부담을 줌으로써 요통과 골관절염의 위험을 증가시킨다. 또한 비만은 고요산혈증을 유발하여 통풍발생의 위험을 증가시킨다.

(9) 암

비만한 남성은 대장암이나 결장암 등의 발현이 많으며, 비만한 여성은 유방암이나 자궁암 발생이 정상체중의 여성보다 매우 높다.

(10) 간·담도계 질환

비만한 사람은 담낭 질환이 많은데, 이는 담즙내 콜레스테롤 농도가 증가하여 담석이 생기기 때문이다. 비만한 사람은 간 질환, 특히 지방간이 흔하다.

(11) 정신적·사회적 문제

비만한 여성과 어린이는 사회적 편견이나 차별대우를 받음으로써 자아존중감이 낮고 우울증에 빠지는 등 감정적이고 사회적인 문제를 더 많이 일으킬 수 있다.

4. 영양관리 및 예방

비만은 예방이 중요하다. 비만인 경우는 꾸준한 영양관리나 운동관리 등이 일생동안 지속되어야 하며, 행동수정 등을 통해 정신적으로 변화되어야 한다.

(1) 식사의 횟수와 양

식사는 매일 알맞게 3회로 배분하여 조절하고 식사 시간을 일정하게 하며 식사 속도는 천천히 하도록 하는 것이 좋다.

(2) 에너지 섭취감소 및 영양소의 적정비율 섭취

당질 55~60%, 지방 15~20%, 단백질 20~25% 비율로 식사를 하는 것이 바람직하다.

① 단백질

에너지 섭취를 줄이면 체단백질이 분해되어 에너지로 사용되므로 근육조직이 약화되고 장기의 내장 단백질이 소모되어 손상되기 쉽다. 그러므로 단백질을 줄이기보다는 단백질과 지질이 함께 들어있는 육류 등의 섭취를 줄인다. 그리고 두부, 두유, 콩류, 흰살생선, 난백, 닭가슴살 등 지방이 적은 단백질 식품을 섭취하는 것이 좋다.

② 지방

지방의 섭취를 줄이다 보면 필수지방산의 섭취가 부족하게 되어 성장장애나 피부염의 원인이 될 수 있다. 특히 지용성 비타민은 지방과 함께 섭취되므로 하루 총열량의 15~25% 정도를 섭취한다. 동맥경화 등의 예방을 위해 P/S 비를 1~1.5 정도로 하여 섭취하는 것이 좋다.

③ 탄수화물

탄수화물을 지나치게 제한하면 지방의 불완전 산화로 케톤체를 생산하여 케토시스(ketosis)의 원인이 된다. 뇌신경계는 포도당을 에너지원으로 사용하므로, 하루에 최소 100 g 정도의 탄수화물은 꼭 섭취해야 한다.

④ 비타민과 무기질

비타민과 무기질은 체내 대사를 원활하게 해주므로 충분히 섭취한다. 특히 비타민 B 복합체와 비타민 C 등의 섭취를 충분히 하고 무기질 중에서 칼슘이나 철분 등의 섭취가 부족하지 않도록 한다.

⑤ 물

물은 체내 대사를 촉진하며 포만감을 주고 노폐물을 체외로 배출시킨다. 그러므로 하루에 7~8컵 이상 섭취하는 것이 좋다.

⑥ 알코올과 흡연

알코올은 간에서 주로 대사되어 1 g당 7 kcal의 고열량을 낸다. 알코올이 분해되는 동안에는 체지방의 연소가 억제되므로 가능한 한 섭취하지 않는 것이 좋다. 흡연은 알코올과 함께 하는 경우가 많다. 그래서 간접적으로 비만을 악화시키는 경우가 많으므로 주의한다.

(3) 조리방법의 변화

조리방법도 열량을 생각해 튀김보다 국물요리나 찜요리를 한다. 그리고 쌀밥보다 잡곡이 많은 음식으로 섭취하는 것이 좋다.

(4) 비만관리를 위한 식품선택

① 자극적인 것은 식욕을 촉진해서 열량과잉을 유도할 수 있으므로 맵고 짠 음식보다는 담백한 음식을 먹도록 한다.

② 포만감을 많이 주는 식품을 섭취하며, 위 안에 머무르는 시간이 긴 식품을 선택해서 조리한다.

(5) 식이섬유의 섭취

① 수분을 흡수해서 팽창하기 때문에 소화관의 운동을 활발히 한다.

② 장 안에서 유해성분을 흡착해서 변의 용적을 증가시키기 때문에 변비를 억제한다.

③ 흡수성과 점도가 강하므로 당지방의 흡수를 지연시켜서 혈당상승을 억제한다.

④ 열량이 없으면서 팽창하기 때문에 포만감을 준다.

⑤ 담즙산과 콜레스테롤을 흡착해서 배출하여 혈중 콜레스테롤을 낮추어 주므로 동맥경화와 담석증을 예방한다.

⑥ 위와 십이지장 점막을 보호하고 위궤양을 예방한다.

⑦ 장 안에 생성된 발암물질을 흡수하는 동시에, 장 안의 미생물 대사에 영향을 주며, 유해세균을 분해 · 배설하므로 유해물질의 억제효과가 있다.

⑧ 함유식품으로는 고구마, 우무(곤약), 콩, 과일, 김, 땅콩, 보리빵, 감자, 당근, 버섯류, 채소류 등이 있다.

(6) n-6계와 n-3계 지방산 균형

인체 내에서 n-6계와 n-3계 지방산은 서로 상호전환되지 못하며 대사과정에서 서로 경쟁한다. 그러므로 이들 지방산 비의 균형이 중요하다. 우리나라에서는 4 : 1에서 10 : 1의 비율을 권장하고 있다.

n-6계 지방산이 많은 식품으로는 들기름, 카놀라유, 두유, 호두 등이 있다. 연어, 고등어, 정어리 같은 어류는 n-3계 지방산인 EPA와 DHA를 많이 함유하고 있다.

(7) 저인슐린 분비 유도 식사(Low GI diet)

① 원리

식사를 하면 혈당이 상승하는데, 혈당이 상승하면 췌장에서 인슐린이 분비되어 간과 근육으로 포도당을 운반하고 여분의 에너지는 지방의 형태로 저장한다. 따라서 혈당치를 급격하게 증가시키는 식품들을 섭취하면, 그만큼 인슐린 분비가 증가되고 여분의 에너지가 지방으로 축적되기 쉽다.

그러므로 혈당치를 서서히 증가시키는 GI 수치가 낮은 음식을 섭취해야 혈당이 서서히 상승해서 체지방의 축적이 덜 일어난다. 즉, 혈당을 천천히 상승시키는 식품(혈당지수인 GI 수치가 60 이하인 식품)이라든가 인슐린 분비를 적게 하는 식품으로 식단을 계획해서 식사조절을 한다.

② 혈당지수(Glycemic Index, GI)

어떤 식품이 어떤 속도로 혈액에 포도당을 제공하며 인슐린 분비를 얼마나 요구하는지를 측정하는 방법이다. 포도당을 섭취했을 때에 상승하는 혈당치를 100으로 봤을 때를 기준으로, 다른 식품을 섭취했을 때의 혈당치 상승률을 계산한 것이 GI 값이다. GI 수치가 높은 음식을 줄이는 만큼 GI 수치가 낮은 다른 음식으로 대체해 먹으면 된다. 그러므로 음식의 전체 양은 줄이지 않아도 된다.

식품의 GI 수치 *Check point*

밥류: 백미(84), 찹쌀(80), 현미 + 백미(65), 현미(56), 보리(50)

빵류: 식빵(91), 롤빵(83), 베이글(73), 콘플레이크(73), 크루아상(70), 현미 플레이크(65), 통밀빵(50)

※ 정백하지 않은 밀 > 곱게 빻은 밀 > 거칠게 빻은 밀 > 정백한 밀

가공과정이 많은 식품은 GI 수치가 높은데, 이는 가공 과정 중에 당분이 첨가되는 경우가 많기 때문이다.

분식류: 우동(85), 소면(80), 라면(73), 마카로니(71), 파스타(65), 메밀국수(54)

백서류: 감자(90), 당근(80), 옥수수(75), 참마(65), 호박(65), 토란(64), 밤(60), 은행(58), 고구마(55), 그 밖의 야채나 버섯은 자유롭게 선택해서 충분히 먹어도 좋다.

육어류: 육류, 어패류는 GI 수치가 60 이하지만 동물성 지방의 섭취량이 너무 증가하지 않도록 주의한다.

두유: 콩류나 견과류 중에서는 빵이나 떡 속에 주로 들어가는 앙금의 섭취만 제한한다. 특히, 두부(42)나 콩은 단백질의 좋은 급원이므로 자주 섭취한다.

유제품과 난류: 유제품과 달걀은 GI 수치가 40으로 우유나 유제품을 하루 한 번 정도 간식으로 섭취하는 것도 좋다. 집에서 만들어 먹는 플레인 요구르트라면 당분의 첨가를 최소화할 수 있으므로 더 좋다.

과일류: 파인애플(65), 과일 캔, 잼, 말린 과일의 섭취를 제한한다.

간식: 설탕, 과자류, 아이스크림, 케이크는 모두 GI 수치가 매우 높다. 그러므로 제한한다.

해조류: GI 수치와 열량이 모두 매우 낮고, 섬유질이 풍부하여 포만감을 주는 식품이다.

③ GI diet 시에 주의할 점

에너지를 과잉섭취하지 않도록 하며 세포에 포도당을 일정한 속도로 공급하도록 한다. GI 수치가 낮은 식품을 선택해 인슐린 요구도를 높이지 않아야 한다. 수용성 식이섬유소를 함유하는 식품은 GI가 낮다. 떡은 밥보다 GI가 높으며, 설탕이나 포도당보다 과당은 GI가 낮다. 단백질이나 지방을 함께 섭취하면 GI 수치가 낮아진다.

(8) 에너지 제한식사(Restriction caloric diet, RCD)

체중당 10~20 kcal로 하루에 1,200~1,500 kcal 정도의 에너지를 공급한다. Restriction Caloric Diet의 경우 당질은 전체 섭취 에너지의 50~60% 정도로 단당류보다 다당류가 섭취 에너지에 비해 포만감을 주므로 권장된다.

단백질은 섭취가 허용되는 범위에서 최대의 양을 공급하는데, 이는 섭취 에너지 제한으로 인해 체지방은 줄이고 체단백질의 이화를 막기 위해서이다. 그러므로 보통 체중 1 kg당 1~1.5 g 또는 그 이상의 섭취가 필요하다.

지방도 전체 섭취 에너지의 20~25% 정도를 공급하면 위 내의 체류시간이 길어져서 포만감 유지와 공복감 지연을 위해서 좋다. 또한, 비타민과 무기질이 부족하지 않도록 한다.

(9) 고지방, 저당질 식사(Ketogenic diet)

Unbalanced LCD(Low Caloric Diet)는 '케토제닉 식사(ketogenic diet)'로 저당질 식사(당질공급이 총 섭취 에너지의 20% 이하, 지방 55~65%, 단백질 10~25%)가 특징으로 당질이 부족하면 에너지원을 주로 지질에 의존하게 되므로 TCA cycle이 원활히 진행되지 못하고 불완전 연소물인 케톤(ketone)체를 생성하여 케토시스(ketosis)를 유발한다.

케톤체(ketone body)를 요로 배설하기 위해 이뇨작용이 왕성하며 혈중 케톤체(ketone body)의 농도가 높아지므로 식욕이 상실되어 에너지 섭취량이 감소된다. 초기에는 체중감소가 크지만 ketosis로 인해 위험하다. 고단백 · 고지방으로 구성된 식사로, 특히 고콜레스테롤식이므로 고콜레스테롤혈증을 유발하며 멀미와 저혈압을 일으킨다.

또한 적혈구 등은 포도당만을 에너지원으로 사용한다. 그러므로 저당질 식사를 할 경우는 아미노산으로부터 포도당을 생성하기 위해 근육조직이 손실된다. 그러나 저탄수화물 식이는 단백질 함량이 높으므로 근육조직 손실은 방지할 수 있을 것이다.

신장에 문제가 있는 사람은 저탄수화물 식이는 하지 않는 것이 바람직하다. 저당질 식이의 가장 큰 단점은 건강에 도움이 되는 과일, 채소, 전곡류 등이 제한되어 식이섬유소나 피토케미컬 등이 부족해진다.

5. 운동관리

운동을 함으로써 체지방이 감소하지만, 운동 초기에는 반드시 체중의 감소로 이어지는 것은 아니다. 왜냐하면, 운동 초기에는 근육량의 증가와 비지방 성분의 밀도가 높아지므로 체중은 변화하지 않는다. 그러나 지속적으로 운동을 하면 근육량 증가의 수용력 한계로 지방량을 감소시켜 이를 극복하기 때문에 체중이 감소된다.

그림 10-3 비만과 운동

따라서 장기간에 걸친 규칙적인 운동이 필요하다. 격렬한 운동은 산소소모량이 크므로 체내에서 당질을 연소하여 에너지를 소모한다. 하지만 산소소모량이 크지 않은 중등도 이하의 운동에서는 체지방을 에너지원으로 이용한다.

당질은 지방에 비해 분자 내에 산소를 많이 함유하므로 산소소모량이 큰 운동의 에너지원으로 이용된다. 지방은 산소소모량이 적은 운동에서 유효한 에너지원이 된다. 따라서 체지방을 줄이기 위해서는 달리는 것보다는 꾸준히 걷는 것이 좋다.

또한, 운동은 혈장 인슐린과 중성지방을 감소시키며 인슐린에 대한 조직의 민감도를 높이고 인슐린 저항을 개선하여 비만에서 오는 합병증을 예방한다. 혈장 지질에 있어서도 HDL-콜레스테롤을 증가시키고 VLDL과 LDL을 감소시킴으로써 비만의 합병증인 심혈관질환을 예방한다.

6. 행동수정

활동과 식습관을 변화시키는 것을 말한다. 식사시간, 식사장소, 식사 중 식사태도, 식사와 관련된 행동, 식사 시의 감정상태, 식사 시에 배고픔의 정도, 식사 형태와 양 등을 기록하여 분석함으로써 행동을 변화시킨다.

① 실천 가능한 목표를 세운다.
② 일정한 장소에서 규칙적으로 식사한다.
③ 적은 용기를 사용하고 식사를 한 후에 바로 식탁에서 일어난다.
④ 먹는 동안에 TV나 책을 보지 않는다.
⑤ 식품 구입은 필요 식품만을 사며, 인스턴트나 조리된 음식의 주문배달은 피한다.
⑥ 회식의 경우, 너무 배가 고픈 시간에 가지 않도록 한다.
⑦ 올바른 영양지식을 익힌다. 그리고 가능한 한, 식사일지를 자세히 기록한다.
⑧ 규칙적인 운동을 한다.

7. 약물 및 수술요법

약제를 복용하면 입안의 건조, 불면증, 불안, 흥분, 변비 등의 여러 부작용이 나타 나기도 한다. 그러므로 단독적인 약물 사용은 바람직하지 않다.

수술은 병적으로 비만하여 심장질환으로 조기에 사망할 위험이 있는 경우에 실시한다. 소장회로 수술, 위 성형술, 위회로 수술 등이 있다. 수술 후에는 적은 양의 에너지와 영양소가 흡수되어 체중감소를 가져온다. 그러나 저칼륨혈증, 저칼슘혈증, 비타민 결핍, 관절염, 신결석 등의 합병증을 수반하기 쉽다.

그림 10-4 비만의 치료방법

8. 생활습관

① 정상체중을 유지한다.

② 매일 유산소 운동을 30분~1시간 정도씩 꾸준히 한다.

③ 탄수화물과 지질 위주의 식품보다 야채, 과실, 콩제품, 우유, 생선, 잡곡 등의 식품 위주로 식사한다.

④ 짜게 먹지 않도록 한다.

Q & A

1. 비만 환자의 식사요법으로 옳은 것은?

① 지방 함량이 많은 어육류를 제한한다.
② 식이섬유소를 제한한다.
③ 단음식을 제한한다.
④ 단백질을 제한한다.

㈎ ①, ②, ③ ㈏ ①, ③ ㈐ ②, ④ ㈑ ④

2. 비만을 조절하기 위해 행하는 바람직한 운동방법은?

㈎ 가벼운 운동을 단시간 하는 것이 좋다.
㈏ 중등강도 이하의 지속적인 운동을 하는 것이 좋다.
㈐ 강도 높은 운동을 지속적으로 하는 것이 효율적이다.
㈑ 강도 높은 운동과 가벼운 운동을 병행하는 것이 좋다.

3. 비만으로 오는 합병증으로 맞는 것은?

① 혈압상승으로 고혈압이 되기 쉽다.
② 고지혈증을 유발한다.
③ 간 기능에 이상이 온다.
④ 당뇨병에 걸리기 쉽다.

㈎ ①, ②, ③ ㈏ ①, ③ ㈐ ②, ④ ㈑ ①, ②, ③, ④

4. 비만 환자의 행동수정에 관한 항목으로 옳은 것은?

① 일정한 장소에서 규칙적으로 식사하도록 한다.
② 식품구입 시에 인스턴트식품이나 조리된 음식을 구입하도록 한다.
③ 올바른 영양지식을 익히며 식사일지를 기록하게 한다.
④ 먹는 동안에 편안함을 주기 위해 TV나 책을 보도록 한다.

㈎ ①, ②, ③ ㈏ ①, ③ ㈐ ②, ④ ㈑ ④

Chapter 11

미용을 위한 통합요법

통합대체의료(complementary and alternatvie medicine)에 대한 관심은 현대 의학의 추세이다. 특히 미용 분야에서는 대체의료에 대한 관심이 증가하고 있다.

표 11–1 통합대체의료요법

대체의약계	식품요법
자연요법(주술 등) 동종유사요법 전통적인 중의학 아유르베다(인도의 고대의학)	식이보충제 호르몬 음식물과 특정 식이 방향요법 허브 제품
	수기요법
	척추지압교정 접골요법 마사지 요법 반사법
정신요법	**에너지 요법**
명상 신념적 치료(기도) 정신 치료(최면요법) 음악, 미술, 무용치료	biofield 요법(치료적 접촉, 침술, 기공) 생체 전기적 요법(전기장 및 자기장 영역)

그러므로 이에 대한 지식을 습득하고 이해하는 것은 매우 필요한 일이다.

1. 통합대체의료요법

통합대체의료요법에는 전통적인 의학이 아닌 여러 가지 다른 처치도 포함되므로 수백 가지의 요법이 있다. 가장 일반적인 대체요법은 식이 보충제와 허브 치료제 같은 천연의 산물을 치유 목적으로 사용하는 것이다.

인간은 이미 선사시대부터 식물이나 동물 및 광물들을 치료제로 사용하였다. 의료기술이 없었던 시대에는 전쟁으로 인한 부상이나 여러 병을 치료하는 데 있어서 주술을 사용하거나 특정 식물을 끓여 마시게 했으며, 식물을 그대로 사용하기도 하고 향기로 치료하였는데 이것이 대체의료요법의 시작이라고 할 수 있다.

많은 경험을 통해 특정한 식물이 특정한 질환에 치료 효과를 나타낸다는 것을 알게 된 것이 허브 요법의 시작이라고 할 수 있다.

2. 통합대체의료요법의 종류

1. 자연치유요법

질병은 병균이나 외상 등에 의해서도 오지만 내적인 요인에 의해 오는 것이 많다는 이론으로 자연적으로 치유하는 것을 가장 좋은 치료법이라고 주장한다. 특별한 식사나 금식, 허브 치료, 식이보충제, 침술, 동종요법, 마사지 등 다양한 수단을 통해서 신체의 자연적인 치유력을 강조한다.

2. 동종요법

특정 증상을 유발하는 물질이 유사한 증상을 가진 질병을 치유하는 데 쓰일 수 있다는 이론이다. 동종요법은 세계적으로 이용되고 있는 무독성의 특수한 건강관리 방법이다. 환자의 몸, 마음, 정신을 생각하는 전인적인 체계이다.

동종요법은 비슷한 것이 비슷한 것을 고친다는 'like cures like' 원리에 바탕을 두고 있다. 어떤 물질의 작은 용량으로 신체가 회복될 수 있게 자극하게 하는 것이다.

1800년대 말에 사무엘 하네만(Samuel Hahnemann)은 열악한 의료실태를 보고 인간적인 치료법을 개발하고자 노력하였다. 말라리아를 치료한다고 알려진 페루산 나무껍질(peruvian bark)인 치코나(chicona)를 먹었을 때에 말라리아와 아주 비슷한 증상이 나타나는 것과 치코나를 끊었을 때는 증상이 사라지는 것을 관찰한 것이 동종요법의 효시이다.

하네만은 다량의 어떤 물질이 어떤 병을 유발하면 소량은 우리 신체가 그 병을 이기게 도와준다는 학설을 만들어 수많은 다른 물질을 실험하여 동종요법의 학설을 세웠고, 지금까지 동양과 서양에서 사용되어 많은 효과를 보고 있다.

동종요법의 원리 *Check point*

① 비슷한 것이 비슷한 것을 치료한다.
② 극소용량의 법칙(law of infinitesimal dose): 적은 양을 사용할수록 효과적이다.
③ 어떤 질환은 어떤 사람에게만 특이하게 생긴다.

3. 전통적인 중의학

중국에서 기원한 수많은 민간요법으로 신체는 기(氣)라는 에너지를 전도하는 경로가 있으며, 기의 흐름이 방해되는 것이 질병을 일으킨다는 이론이다.

기의 흐름을 증진시켜 치료하는 것으로 침술, 기공, 허브 치료, 식이요법, 마사지 등이 있다. 일부 행위자들은 특정 에너지 영역이 손끝에 의해 조작되어 적절한 에너지의 흐름이 치료를 유도한다고 말한다.

열(heat)과 한(cold), 습함(dampness)과 건조(dryness) 등의 변화, 음양의 변화, 기(氣)와 혈(血)의 흐름으로 환자를 진료한다. 기의 흐름이 불균형해지면 질병을 유발한다. 기는 인체의 길 혹은 경락(meridian)을 통해 흐르며, 경락은 여러 신체장기로 연결되어 있어서 경락에 따라 침술로 자극하는 것은 기의 막힘을 완화시켜 우리 몸을 건강상태로 돌아오게 한다는 것이다. 경혈자극은 침을 찌르고 경혈을 누르며 전극 자극으로 가능하다.

(1) 침술(Acupuncture therapy)

침술사가 침술, 허브, 특수한 음식 등으로 우리 몸의 불균형을 고쳐서 항상성을 회복시키는 것으로 침은 일회용이어야 하며 스테인레스(stainless steel)로 만들어야 한다. 인체에는 12개의 경락과 360개의 경혈이 있으며, 이 경혈마다 상응하는 신체장기가 있으며 다른 기능이 있다.

침술의 효과는 개인차가 있다. 어떤 사람은 침이 피부로 들어오는 것조차 모르지만, 어떤 사람은 따가운 느낌과 저린 감각 및 경련이나 가려움증을 느끼는 경우도 있다. 기가 체내로 들어오는 느낌이 있을 수도 있고 근육이완과 진정을 느끼는 경우도 있지만, 이 모두는 건강을 위한 과정이다.

각각의 경혈은 다른 기능을 하며 합해져서 축적효과를 보인다. 미국국립보건원(NIH)에서는 침술이 뇌졸중의 재활, 두통, 생리통, 테니스 엘보, 근섬유통, 요통 등에 사용할 수 있다고 하였다. 사이몬(Simon)박사에 의해 개발된 전기침술은 늘어진 피부나 얼굴과 목의 노화 주름살 치료에 이용되어 왔다.

이 원리는 전극자극에 의한 조직 재생성의 정확한 생리학적인 기전은 아직 잘 모르나, 콜라겐과 엘라스틴 치료부위가 재생되는 것이 주름 치료를 가능하게 하는 것으로 보인다. 중국의학의 효과가 있는 것은 사실이나 그 치료기전을 과학적으로 입증하는 것이 매우 어렵고 생약의 다양한 약효를 구명하는 것도 쉽지 않다.

(2) 생약

중의학에서 피부질환은 내부 장기의 불균형으로 인해 초래된다고 보고 침술과 함께 생약성분을 사용해 치료효과를 높인다. 효과가 입증된 것은 많지 않으나 치료의 개선을 보인다고 한다. 그러나 허브제들은 안정성의 문제가 있는 경우가 많다. 비록 식물이지만 사람에게 사용했을 때에 위험할 수도 있기 때문이다.

중국 허브 제제는 차, 정제, 가루로 만들어지는데 어떤 허브는 특정 경혈이나 장기를 치료하는 데 쓰이며 침술과 함께 하면 더욱 효과적일 수 있다.

4. 척추지압교정

신경계의 장애를 없애면 치료과정이 척추신경계를 통해서 전도되기 때문에 신체가 스스로 질병을 치유할 수 있다는 것으로 조정을 통해 끼어 있는 신경이나 정렬되지 않은 척추를 교정하는 것과 신체의 자연적인 치유능력을 회복시키기 위해 손으로 하는 조작이다.

척추조작이 요통을 완화시키는 데 도움이 된다고 할지라도 대부분의 행위자들은 척추지압교정이 단순히 증상을 완화시키기보다는 질병을 치료할 수 있다고 주장한다.

5. 마사지 요법

통증을 완화시키거나 근육기능을 향상시키기 위해 근육과 결체조직에 온열이나 냉기를 적용하여 근육상태를 향상시킨다. 일부 행위자들이 광범위한 질병을 치료하는 데 마사지가 유용하다는 잘못된 제안을 하기는 하지만 종종 전통적인 물리치료법과 통합된다. 마사지는 손끝이나 발끝 등 몸의 말단에서 심장을 향해 행해지며, 동양의 안마는 몸의 중심부터 손끝과 발끝으로 행한다.

6. 바이오필드 요법

인체를 둘러싸는 에너지에 영향을 주어 인체의 에너지 흐름을 강화하거나 회복시킬 수 있다고 주장하는 것이다. 여기에는 침술, 기공, 치료적 접촉 등이 있다. CAM 옹호자들은 종종 에너지라는 용어를 비과학적으로 사용하고 이런 종류의 에너지 흐름에 관한 객관적인 증거는 없다.

통합대체요법의 종류 *Check point*

① **침술**(acupuncture): 특정 해부학적 위치의 피부에 신체의 에너지 흐름을 교정하기 위해 가느다란 바늘을 꽂는 것을 포함하는 요법

② **아로마 요법**(aromatherapy): 질병을 치료하거나 건강을 증진시키기 위해 식물의 오일 추출물을 흡입하는 방향요법

③ **아유르베다**(ayurveda): 질병의 예방과 치료에 식사요법, 허브 명상, 마사지, 요가를 하는 인도의 전통적인 의학체계

④ **생체전기요법**(bioelectrical or bioelectromagnetic therapies): 질병 치료에 전기나 자기 영역을 비전형적으로 사용하는 치료요법

⑤ **생체조절요법**(biofeedback): 스트레스나 분노를 삭이기 위해 체온이나 뇌파활동과 같은 어떤 생리적 과정을 스스로 조절할 수 있도록 훈련하는 기술로 치료하는 것을 말한다.

⑥ **바이오필드 요법**(biofield therapies): 신체를 관통하거나 둘러싸고 있는 에너지 영역을 조작함으로써 질병이 치료될 수 있다는 신념에 기초한 치료방법이다. 침술, 기공, 치료적인 접촉을 포함한다.

⑦ **카이로프락틱 요법**(chiropractic): 척추조작이 건강을 회복시킬 수 있다는 입증되지 않은 이론에 기초한 대체의학으로, 척추의 잘못된 정렬이나 변질이 질병을 일으킬 수 있기 때문에 손끝으로 척추를 조정한다.

⑧ **신념요법**(faith healing): 치료를 위해 기도나 믿음이 중요하다고 생각한다.

⑨ **동종요법**(homeopathic medicine): 유사한 것이 유사한 것을 치료한다는 이론에 기초한 행위로 어떤 질병을 유발한다고 믿는 물질을 극히 소량으로 같은 증상을 치료하는 데 처방된다.

⑩ **최면요법**(hypnotherapy): 통증을 완화하며 치료효과를 위해 최면술을 쓴다.

⑪ **마사지 요법**(massage therapy): 긴장 완화, 혈액순환 증진, 관절의 움직임 향상, 질병치료 촉진을 위해 근육을 손으로 풀어 주고 이완시키는 방법이다.

⑫ **기공요법**(qi gong): 운동, 명상, 숨쉬는 기술을 포함하는 중국의 시스템으로 신체의 '기'라는 에너지의 흐름을 강화함으로써 질병을 치유한다.

3. 허브 요법

허브 요법은 자연 식물에서 추출한 물질을 치료에 이용하는 것으로 건강관리 방법 중 가장 오랜 역사를 가지고 있다. 선사시대 유적지에서 식물로부터 추출된 물질로 색소를 만들어 사용한 흔적이 발견되었으며, 5,000년 전의 것으로 밝혀진 정향 오일과 향수의 흔적이 있는 용기가 파키스탄에서 발견되기도 했다.

오늘날에도 피부에 유익한 식물성분을 이용해 화장품을 제조하고 있다. 허브는 앞으로도 일부 화학약품의 부작용을 대체할 수 있으며, 인체에 유해하지 않는 한 계속 사용될 것이다.

허브는 식물과 식물의 일부를 이용해 약물, 식품첨가물, 방향유를 만든다. 약물 중 25%는 식물에서 유래되었으며, 허브는 식물의 꽃, 잎, 줄기, 씨, 뿌리, 열매, 껍질 등에서 유래된다.

허브는 화학성분이 밝혀져 있고 생리기능도 알려져 있는 것들이 많으며, 생화학적 물질을 가지고 있기 때문에 오늘날 사용하는 약물도 허브에서 유래된 것이다.

허브의 활성성분을 농축하고 안정하게 하여 약을 제조한다. Foxglove에서 심장약인 digitalis, snakeroot에서 이뇨제인 reserpine, poppy에서 진통제인 morphine 등이 만들어졌다. 서양에서 허브는 각각의 생리학적인 효능–항경련 작용, 이뇨작용, 구토작용–에 따라 분류되어 처방되고 있다.

미국 FDA는 허브의 사용을 승인해 1994년에는 허브 작용을 용기에 명시하는 것을 가능하게 하였다. 허브 산업계는 허브 재배와 생산 유통을 위해 표준을 만들었다. 특히 유럽에서는 정부에서 허브의학만 관장하는 기구를 만들어 연구하고 있다.

German komission E는 300여 개의 식물들에 관한 연구를 시행하여 임상적 효과를 측정하고 어떤 허브가 어떻게 유용한지를 1998년에 허브 책자로 발간하였다.

1. 허브 제품의 유효성과 안전성

허브 보충제 산업은 지난 10년 동안 급속히 성장하였다. 가장 많이 판매된 것은 인삼, 에키나시아(Echinacea), 은행, 마늘, St. John's wort였다. 최근에는 효력이 모호한 허브 치료제들이 범람하고 있다. 허브가 천연의 생리활성 물질을 함유하는 데는 의심의 여지가 없으나 확실하게 시험된 허브 제품은 거의 없으며 오염물이나 독성효과를 가진 것도 있다.

(1) 효능

허브는 수세기 동안 의학적 용도로 사용되어 왔고 특정 질병에 효과적이라는 세평을 얻은 것도 많으나 유감스럽게도 아주 제한된 임상연구에서 입증되었고 효과가 없다는 연구 결과들은 거의 공표되지 않았다.

(2) 허브 성분의 농도

허브는 수많은 화합물을 함유하나 효능이 있는지는 불명확한데, 이는 허브의 화합물은 종류마다 다르고 식물의 생육조건에 영향을 받으며 다른 샘플의 허브는 다른 화학 조성을 가질 수 있기 때문이다.

조제방법도 허브 제품의 조성에 변화를 일으킬 수 있어서 표준화를 시도하나, 활성 성분이 안전하고 효과적임을 보여 줄 때조차도 제품 표시에 언급된 활성 성분을 제공하지 못할 수도 있다.

(3) 안전성 문제

허브 제품의 소비자들은 식물이 '천연의 것'이므로 무해하다고 믿으나 허브 치료제 중 독성 효과를 가진 것도 많다. 가장 흔한 부작용은 설사, 메스꺼움, 구토 등이다.

일반적인 약과 마찬가지로 허브도 다른 약이나 허브의 효과를 강화하거나 억제하지만 허브와 약의 상호작용에 관한 정보는 제한되어 있고 통제된 임상 실험보다는 사례연구로부터 얻은 것이 많다.

허브는 약제의 효능을 증진시키거나 경감시키기도 하고 독성의 위험을 증가시키기도 한다.

예를 들면 마늘이나 은행 및 인삼은 항응혈제와 같이 쓰일 때에 출혈의 위험이 증가되고 St. John's wort는 경구 피임약이나 항응혈제 등을 저해하는 것으로 밝혀졌다.

사용하는 허브가 유사한 효과를 가질 때에는 약의 부작용에 대해 더욱 취약하다. 예를 들어 생강과 인삼은 혈압을 높이는 성분이 함유되어 유사한 부작용을 갖는 약의 독성을 증가시킬 수 있다.

표 11-2 허브의 용도와 부작용

허 브	학 명	용 도	부작용
Black cohosh	*Cimicifuga racemosa*	폐경증상 완화	드물게 복통, 두통, 체중 증가
Chaparral	*Larrea tridentata*	강장제, 간염, 암, 관절염 치료	간염, 간부전
컴프리	*Symphytum officinale*	국부적 상처 치유	간 손상
에키나시아	*Echiancea augustifolia, E., pallida E.purpurea*	상부 호흡기 감염의 예방과 치료	드물게 일시적 알레르기 반응
피버퓨	*Tanacetum parthenium*	편두통 예방	구강, 혀의 염증, 입술부종, 위장 불편
마늘	*Allium sativum*	혈액응고, 동맥경화 혈압, 혈중 콜레스테롤 감소	구취, 마늘 냄새, 일시적인 소화불량증, 헛배부름, 과도한 출혈, 거식증, 알레르기 반응
생강	*Zingiber officinale*	메스꺼움, 드물다, 일시적 가슴앓이	드물다, 일시적 가슴앓이
은행	*Ginkgo biloba*	치매, 기억상실, 순환장애 치료	드물다, 일시적 복통, 두통, 피부과민, 과도한 출혈
인삼	*Panax ginseng, P. quinquefolius*	강장제, 혈당 감소	드물다.
카바	*Piper methysticum*	분노, 스트레스, 불면 치료	소화불량증, 불안감, 졸음, 진전, 두통, 피부염(과량 시), 일시적 간염, 간부전

(계속)

허 브	학 명	용 도	부작용
St. John's wort	*Hypericum perforatum*	경미한 우울증 치료	드물게 일시적 복통, 피로, 어지러움, 두통, 구강 건조, 피부염, 피부 감광성
Saw palmetto	*Serenoa repens*	전립선 비대와 관련된 증상 완화	드물다.
Valerian	*Valeriana officinalis*	진정, 불면증 치료	드물다.
요힘베	*Pausinystalia yohimbe*	발기부전 치료	분노, 두통, 어지러움, 메스꺼움, 심박 증가, 고혈압, 빈뇨, 신부전, 혈액 이상, 기도 협색증

표 11-3 허브와 약물의 상호작용 예

허 브	약 물	상호작용
미국산 인삼	에스트로겐, 부신피질호르몬제 유방암 치료제	호르몬 반응 강화, 암세포의 성장 저해
미국산 인삼, karela	혈당 조절제	혈당 수준 영향
에키나시아 (면역증강 기능)	Cyclosporine, 부신피질호르몬제(면역억제제)	약물의 효능 감소
달맞이꽃유, 지치	항경련제	발작 역치 저하
화란국화	아스피린, ibuprofen, 항염증제	허브의 편두통 치료효과 무효화
화란국화, 인삼, 은행, 생강, 아시아 인삼	Warfrin, coumarin(항응혈제)	출혈시간 연장, 출혈 증가
마늘	단백질 분해효소 저해제	약효 감소
카바, 쥐오줌풀	마취제	약효 증강
켈프(다시마류, 요오드 급원)	Synthroid 갑상선호르몬 대체제	약효 저해
Kyushin, 감초, 질경이, uzara root, 서양산사나무, 아시아 인삼	Digoxin(허브 디기탈리스에서 제조한 심장약)	약물 효과 저해
St. John's wort, 톱야자, black tea	철분	허브에 있는 탄닌이 철 흡수 저해
쥐오줌풀	Barbiturates	과도한 진정 작용

허브 제품의 오염도 문제가 되는데 어떤 제품은 납이나 유독 금속을 상당량 함유하는 것으로 밝혀졌고, 식용작물에 사용이 금지된 살충제도 빈번히 발견된다. 수입 제품의 불균질도 심각한 문제로 표시에 없는 합성약을 포함한다든지 의도적이거나 부주의한 치환으로 인해 심각한 질병을 유발하고 사망에 이르게 한 보고도 있다.

Check point

나무가 아닌 허브는 생육시기가 끝나면 종자를 남기는 식물이다. 허브 보충제는 마늘이나 은행과 같은 다른 형태의 식물학적 산물도 포함하며 식물이 아닌 효소나 상어 연골 같은 상품도 있다.

2. 허브의 효능

(1) 아르니카

아르니카 몬타나(Arnica montana)는 동종요법 시술자들이 감기, 열, 기침, 기관지염 등에 수백 년 동안 쓰던 허브이다. 아르니카(Arnica)는 피부에 도포하면 염증반응 및 멍드는 것을 감소시키고 궤양치료 및 탈모에 효과가 있다고 한다.

아르니카 몬타나는 둥근 잎과 밝은 노란색 꽃을 가진 다년생 식물이다.

러시아, 스칸디나비아 및 유럽에서 주로 자란다. 꽃봉오리에 허브 성분이 있어서 모두 사용하거나 잘라서 복용하기도 하고 가루 액체 혹은 겔 등으로 만든다.

항염 및 항응고작용이 있기 때문에 보톡스 및 콜라겐 주사 수술 후 피부에 멍드는 것을 방지하고자 아르니카를 쓰고 있다. 부작용으로 접촉성 피부염이 흔하고 손상된 피부에 장기간 도포하면 농포를 형성해 부종이나 습진이 생길 수도 있다.

고농도의 아르니카를 사용하면 일차적 독성피부반응과 피부괴사까지도 올 수 있다. 도포 시에 체내흡수는 확실치 않지만, 혈관계에 영향을 주는 물질이 있기 때문에 아르니카를 복용해서는 안 된다. 복용 시에는 독성위장관염, 신경장애, 맥박의 변화, 심각한 근육약화, 실신, 사망에까지 이를 수 있다.

(2) 녹차

전 세계적으로 부작용 없이 사용되고 있다. 보습제, 세정제, 목욕 및 샤워겔, 치약, 탈모제, 샴푸, 향수 같은 뷰티 및 건강 증진제에 들어가는 주요 성분이다.

녹차잎에 있는 폴리페놀의 항산화 작용은 자유기를 제거하여 지질산화, DNA 손상, 염증 등을 예방한다.

녹차의 항산화 성분은 카테킨(catechins), 에피카테킨(epicatechin), 에피카테킨-3-갈레이트(epicatechin-3-gallate), 에피갈로카테킨-3-갈레이트(epigallo catechins, epigallocatechin-3-gallate)가 있다. 이들 성분은 항암작용도 있으며 유리기를 제거하므로 항노화 작용을 할 것으로 생각된다. 하루 녹차 8~10잔을 마신 후 체내의 항산화 상태가 증가하였다고 한다.

EGCG를 자외선 B 조사 전에 피부에 바르면 염증반응을 억제하고 자외선 B로 인한 피부홍반반응을 감소시키며, EGCG를 부분적으로 바르면 자외선으로 인한 과증식과 자유기 형성이 감소되고 염증세포의 침윤 및 접촉과민반응이 억제되며 종양 괴사인자인 TNF-α를 억제하는 효과가 있다고 한다.

녹차를 마시는 경우에도 인체 피부의 녹차 페놀이 증가했다고 한다. 녹차 성분을 포함한 화장품은 EGCG를 주로 사용하는데 EGCG의 순수형태는 매우 비싸며 녹차 추출물의 50%를 차지한다. 녹차 성분의 항염 · 항암 효과를 이용해 많은 스킨케어 제품이 생산될 수 있다.

녹차는 안전하고 접촉 알레르기 같은 부작용이 없으며 6개월 동안 하루에 15정의 녹차정제(2.25 mg, 녹차추출물 337.5 mg, 카페인 135 mg)를 섭취해도 부작용은 없다고 한다. EGCG는 추출이 어려우므로 비싸다. 이런 문제점이 있음에도 불구하고, 녹차는 비교적 안전하며 항산화제이므로 사용하는 것을 막을 필요는 없으나 더 연구되어야 한다.

(3) 콩

아시아에서 콩은 완전한 식물성 단백질 식품으로 생으로 혹은 익히고 발효시켜 먹는 식탁에서 빠지지 않는 건강음식이다. 콩의 여러 가지 성분은 심장병, 유방암, 전립선암, 골다공증, 폐경, 호르몬의 매개 질환 등을 치료하는 데 효과를 보이고 있다.

60%의 인구가 콩단백질을 소비하는 동남아시아에서는 심장병, 유방암, 폐암, 백혈병, 전립선암, 골다공증의 발병률이 낮다고 한다.

서양으로 이민 온 아시아인은 콩 소비가 적고 동물성 단백질을 많이 섭취하므로 이러한 질환의 발병률이 높았다고 한다. 콩단백의 장점이 널리 알려지면서 많은 뷰티 제품에서 이용되기 시작했다. 콩이 피부암의 발생을 감소시킬 것이라는 기대와 콩의 에스트로겐 효과로 피부의 노화를 늦출 수 있으며 항산화 효과가 있는 것으로 생각되기 때문이다.

콩의 이소플라본(isoflavone), 제니스테인(genistein)과 다이드겐(diadzein) 성분은 유방암, 폐암, 전립선암과 백혈병 세포의 성장을 막는 것으로 보고되었다.

콩추출물인 소이셀렉트[soyselect(isoflavone과 saponin으로 구성됨)]는 안면홍조를 감소시키며, 암 발생에 관계된 티로신인산화효소(tyrosine kinase)를 억제하는 제니스테인(genistein)은 유방, 폐, 전립선암을 예방한다고 한다.

소이 이소플라본(Soy isoflavones)은 피토에스트로겐(phytoestrogen)으로 약한 에스트로겐 효과를 가진 식물중합체이다. 이물질은 에스트로겐 수치가 높을 때는 체내의 에스트로겐 수용체 부위에 경쟁적으로 부착하여 과도한 에스트로겐이 간을 통해 체외로 배출되도록 한다.

폐경으로 에스트로겐이 낮아질 때는 제니스틴(genistin)과 다이드겐(diadzein) 같은 피토에스트로겐(phytoestrogen)이 모자라는 인체 에스트로겐을 대체하여 에스트로겐 부족증상을 완화시킨다.

4. 아로마 요법

식물에서 추출한 휘발성과 방향성의 에센셜 오일을 이용한 치료법이다. 허브 의학의 한 분야인 향기치료에서 에센셜 오일은 건강과 웰빙을 추구한다. 향기치료 오일은 흡입하거나 피부에 도포하면 분자 크기가 작아서 쉽게 피부 속으로 침투하여 치료를 돕는다. 오일이 흡입되면 면역체계를 자극하여 면역반응을 조절하고 분

위기와 정서를 조화하여 신경계통 치료에 효과적이다.

오렌지, 자스민, 장미 같은 오일은 뇌파를 안정과 행복감을 만드는 리듬으로 변형하므로 진정효과가 있으며 바질, 후추, 페퍼민트, 로즈마리, 카다멈(cardamom)은 자극 효과가 있다고 한다.

1. 아로마 요법의 효능

향기치료는 피부 건강, 여드름, 주사, 주름 치료에도 효과적일 수 있다. 연구 결과는 거의 없으나 향기치료는 목욕 오일, 보습제, 샴푸 등에 첨가되어 많이 사용되고 있다.

2. 아로마 요법에 사용되는 허브

(1) 티트리오일(Tea tree oil)

호주에서 오래전부터 사용되고 있는 피부소독제로 항균효과가 있다고 한다. 5% 티트리오일과 5% 과산화벤조일(benzoyl peroxide) 모두 여드름의 염증을 줄이는데 효과가 있으며, 부작용도 적었다고 한다. 피부과에서 이용되고 있으며, 환자의 질병치료에 도움이 된다.

(2) 타임(Thyme)

원형 탈모증에 쓰인다. 로즈마리, 라벤더, 시더우드(cedarwood)에 캐리어 오일(carrier oil)인 호호바(jojoba), 포도씨를 섞어 만든 것을 바른 집단이 캐리어 오일만 바른 집단보다 통계적으로 의미있는 치료개선 효과가 있었다고 한다.

(3) 위치하젤(Witch hazel)

피부병 치료에 오래전부터 사용되어 왔다.

(4) 캐모마일(Chamomile)

이집트와 로마 시대까지 거슬러 올라갈 정도로 수 세기 동안 캐모마일은 의학적 용도로 널리 사용되어 왔다. 주로 항염증제와 진경제 및 진정제의 용도로 많이 사용되고 있다. 염증성 피부와 점막 질환에는 외용제로, 미약한 복통이 동반되는 소화기계 질환과 불안 및 신경과민에는 경구제로 사용된다.

아울러 음료, 식품 첨가제, 조미료, 화장품, 목욕용품 및 모발용품 등에 광범위하게 쓰이고 있다. 피부염에 효과가 있으며, 하루 2~4 g(경구용, 아로마용, 크림 등 다양한 형태가 있음) 정도의 사용은 안전하다고 한다.

Check point

허브 제품의 적당한 사용법과 부작용 등에 대한 연구와 이해가 매우 필요한 시점이 되었다. 그러나 아직도 허브 제품은 효능이나 안전성을 입증할 증거가 거의 없으므로 신뢰성이 없으며, 활성성분의 농도도 크게 차이가 난다.

허브 자체의 부작용, 허브와 약의 상호작용, 오염물질 등 안전성에도 많은 논란이 있으며, 허브 사용으로 인하여 질병을 치료하는 적절한 시기를 놓칠 수 있다. 그러나 허브치료는 과거로부터 사용되어 온 유용한 치료방법으로 대체의학에 대한 관심이 과거 어느 때보다 높은 요즘에 피부관련 뷰티 분야와 접목시키면 많은 장점이 있다.

Part IV 피부미용 건강을 위한 영양 소재

Chapter 12

피부건강 관련 기능성 소재

현대사회의 가장 큰 관심사는 건강으로 이에 부응하여 식품이 가진 생체조절 기능을 좀 더 발휘할 수 있도록 하는 기능성이 있는 많은 식품들이 지속적으로 개발되고 있다.

미용 영양관련 분야 또한 예외가 아니다. 여성의 아름다움을 더 돋보이게 하기 위한 수많은 식소재, 식품, 화장품 등이 개발되고 있으며 끊임없이 발전되고 있다.

1. 건강기능식품이란?

건강기능식품(functional food)이란 인체에 유용한 기능성을 가진 원료나 성분을 사용하여 캡슐(capsule) 등의 형태로 제조가공한 식품을 말한다. 그리고 기능성이라 함은 인체의 구조 및 기능에 대해 영양소를 조절하거나 생리학적 작용 등과 같은 보건용도에 유용한 효과를 얻는 것을 말한다.

표 12-1 건강기능식품의 정의

구분	식품	건강기능식품	의약품
정의	의약으로 섭취하는 것을 제외한 모든 음식물	인체에 유용한 기능을 가진 원료나 성분을 사용하여 제조한 식품	사람이나 동물의 질병을 치료 예방할 목적으로 사용하는 물품 및 사람이나 동물의 구조와 기능에 약리학적 영향을 줄 목적으로 사용하는 물품
관련법	식품위생법 축산물위생관리법	건강기능식품에 대한 법률	약사법

표 12-2 건강기능식품의 종류

식이보충제 (dietary supplements)	미국에서 사용되고 있는 식품군으로 1990년 NLEA(Nutrition Labeling and Education Act)와 1994년 DSHEA(Dietary Supplement Health and Education Act)에 의해 식품에 건강강조표시(health claim)가 허용되면서 용어를 사용하기 시작하였다. 식이보충제는 '식품성분 중 한 가지 이상을 함유하면서 식사를 보충하는 식품'을 말하며 식품성분이란 '비타민, 무기질, 허브 또는 그 밖의 식물성분, 아미노산, 식사의 섭취량을 증가시키기 위해 사용되는 음식물 또는 이들 성분의 농축 대사물, 구성 물질, 추출물 혹은 혼합물 중 한 기지 이상을 함유하면서 식사를 보충하는 식품'으로 정의되어 있다.
기능성 식품 (functional food)	미 연방 과학아카데미의 식품영양위원회(The Food and Nutrition Board of the National Academy of Sciences)는 기능성 식품을 '그것이 포함하고 있는 전통적인 영양소를 넘어서 건강에 이익을 제공할 수 있는 수정된 식품 또는 식품성분'으로 정의하였다. 또한 "어떠한 방식으로 가공되었는지 여부와 관계없이 특수한 건강상의 효과를 위해서 조성되었거나 소비되는 식품을 말한다"라고 정의하기도 한다.
약효식품 (nutraceuticals)	'Nutrient'와 'pharmaceutical'의 합성어로 1989년 미국약효식품협회(Amerian Nutraceutical Association)에 의해 제안된 것이며 '잠재적으로 질병 예방적이고 건강증진적인 특성을 갖는 기능성 식품으로서 의약품 형태와 일반식품 형태를 모두 포함하는 용어'라고 정의하고 있다. 약효식품은 식이보충제, 기능성 식품 및 그 밖의 건강증진제품을 모두 포괄하는 상업적 용어라고 할 수 있다.

2. 건강기능식품 기능성 원료

1. 기능성 원료

기능성 원료는 식품의약품안전처에서 「건강기능식품공전」에 기준 및 규격을 고시하여 누구나 사용할 수 있는 고시된 원료와 개별적으로 식품의약품안전처의 심사를 거쳐 인정받은 영업자만이 사용할 수 있는 개별인정 원료로 나눈다.

(1) 고시된 원료

원료가 「건강기능식품공전」에 등재되어 있다. 공전에서 정한 제조기준, 규격, 최종 제품의 요건에 적합할 때 별도의 인정절차가 필요하지 않다. 비타민, 무기질, 식이섬유 등 약 83여 종의 원료가 등재되어 있다.

(2) 개별인정 원료

원료가 「건강기능식품공전」에 등재되지 않아 식품의약품안전처장이 개별적으로 인정한다. 이 경우, 영업자가 원료의 안전성, 기능성, 기준 및 규격 등의 자료를 제출하여 관련 규정에 따라 평가를 통해 기능성 원료로 인정을 받아야 하며, 인정받은 업체만이 원료를 제조 또는 판매할 수 있다. 그러나 다음 중 하나에 해당될 경우 「건강기능식품공전」에 등재되어 고시형 원료로 전환될 수 있다. 다만 당해 영업자가 요청할 경우 타당성을 검토하여 기능성 원료 인정 후 품목제조 신고 또는 수입신고한 날로부터 5년 이내에서 유예할 수 있다.

건강기능식품 제조에 사용되는 기타 원료 *Check point*

건강기능식품 제조에 사용되는 기능성 원료를 제외한 원료 또는 성분은 다음 중 하나에 해당되어야 한다.

- 「식품의 기준 및 규격」에 적합한 것
- 「식품첨가물의 기준 및 규격」에 적합한 것
- 「축산물의 가공기준 및 성분규격」(국립수의과학검역원 고시)에 적합한 것
- 기능성 원료(정해진 일일 섭취량 미만으로 사용, 개별인정 원료인 경우 인정서를 발급받은 영업자에 한하여 사용)

2. 기능성 종류

'건강기능식품'의 기능성은 의약품과 같이 질병을 직접적으로 치료하거나 예방하기 위한 것이 아니라 인체의 생리적 기능을 활성화하거나 유지 또는 촉진시켜 건강을 유지하거나 개선하는 것을 말한다. 즉' 영양소 기능' ,'생리활성기능' 및' 질병 발생 위험 감소 기능'을 한다.

(1) 영양소 기능

인체의 성장 · 증진 및 정상적인 기능에 유지에 필요한 영양소의 생리학적 작용 조절 기능

(2) 생리활성기능

인체의 정상기능이나 생물학적 활동에 특별한 효과가 있어 건강상의 기여나 기능 향상 또는 건강 유지 · 개선을 나타내는 기능

(3) 질병 발생 위험 감소 기능

식품의 섭취가 질병의 발생 또는 건강상태의 위험을 감소시키는 기능

3. 기능성 등급

기능성 입증자료의 수준에 따라 '생리활성기능 1, 2, 3등급'으로 세분화되어 있다.

표 12-3 기능성 구분 및 기능성 내용

<table>
<tr><th>구분</th><th colspan="2">내용</th></tr>
<tr><td>영양소의 기능</td><td colspan="2">인체의 정상적인 기능이나 생물학적 활동에 대한 영양소의 생리학적 적용</td></tr>
<tr><td rowspan="6">생리활성기능</td><td colspan="2">인체의 정상기능이나 생물학적 활동에 특별한 효과가 있어 건강상의 기여나 기능향상 또는 건강유지, 개선을 나타내는 기능</td></tr>
<tr><td colspan="2">※ 과학적 근거 정도에 따라 1~3등급으로 구분</td></tr>
<tr><th>기능성 등급</th><th>기능성 내용</th></tr>
<tr><td>생리활성기능 1등급</td><td>○○에 도움을 줌</td></tr>
<tr><td>생리활성기능 2등급</td><td>○○에 도움을 줄 수도 있음</td></tr>
<tr><td>생리활성기능 3등급</td><td>○○에 도움을 줄 수 있으나 인체적용시험이 미흡함</td></tr>
<tr><td>질병 발생 위험 감소 기능</td><td colspan="2">질병의 발생 또는 건강상태의 위험 감소와 관련한 기능</td></tr>
</table>

4. 기능성 내용

(1) 영양소 기능

비타민, 무기질, 단백질, 식이섬유 및 필수지방산 등 영양소의 생리학적 작용 조절 기능이다

(2) 생리활성기능

인체의 구조 및 기능에 생리학적 작용을 하는 보건용도에 유용한 효과를 내는 것으로, 31개의 기능성 표 1-5 이 있다. 예를 들어 '기억력 개선'에 해당된다면, '기억력 개선에 도움을 줌(줄 수 있음, 줄 수 있으나 관련 인체적용시험이 미흡)'으로 인정된다.

(3) 질병 발생 위험 감소 기능

- 골다공증 발생 위험 감소에 도움을 줌
  - 칼슘(일일 섭취량 : 210~800 mg)
  - 비타민 D(일일 섭취량 : 1.5~10 μg)
- 충치 발생 위험 감소에 도움을 줌
  - 자일리톨(개별인정 원료)

표 12-4 영양소 기능 목록(2018. 9. 21 기준)

번호	영양소	기능성 내용	기능성 (지표)성분	일일섭취량	섭취시 주의사항
1	비타민 A	• 어두운 곳에서 시각 적응을 위해 필요 • 피부와 점막을 형성하고 기능을 유지하는 데 필요 • 상피세포의 성장과 발달에 필요	비타민 A	210~ 1,000 μg RE	–
2	베타카로틴	• 어두운 곳에서 시각 적응을 위해 필요 • 피부와 점막을 형성하고 기능을 유지하는 데 필요 • 상피세포의 성장과 발달	베타카로틴	0.47~7 mg	–
3	비타민 D	• 칼슘과 인이 흡수되고 이용되는 데 필요 • 뼈의 형성과 유지에 필요 • 골다공증 발생 위험 감소에 도움을 줌	비타민 D	1.5~10 μg	–
4	비타민 E	• 유해산소로부터 세포를 보호하는 데 필요	비타민 E	3.3~ 400 mg α–TE	–
5	비타민 K	• 정상적인 혈액응고에 필요 • 뼈의 구성에 필요	비타민 K	21~ 1,000 μg	–
6	비타민 B_1	• 탄수화물과 에너지 대사에 필요	비타민 B_1	0.36~ 100 mg	–

(계속)

번호	영양소	기능성 내용	기능성 (지표)성분	일일섭취량	섭취시 주의사항
7	비타민 B_2	• 체내 에너지 생성에 필요	비타민 B_2	0.42~40 mg	–
8	나이아신	• 체내 에너지 생성에 필요	나이아신	니코틴산 4.5~23 mg 니코틴산아미드 4.5~670 mg	–
9	판토텐산	• 지방, 탄수화물, 단백질 대사와 에너지 생성에 필요	판토텐산	1.5~200 mg	–
10	비타민 B_6	• 단백질 및 아미노산 이용에 필요 • 혈액의 호모시스테인 수준을 정상으로 유지하는 데 필요	비타민 B_6	0.45~67 mg	–
11	엽산	• 세포와 혈액 생성에 필요 • 태아 신경관의 정상 발달에 필요 • 혈액의 호모시테인 수준을 정상으로 유지하는 데 필요	엽산	120~400 μg	–
12	비타민 B_{12}	• 정상적인 엽산 대사에 필요	비타민 B_{12}	0.72~2,000 μg	–
13	비오틴	• 지방, 탄수화물, 단백질 대사와 에너지 생성에 필요	비오틴	9~900 μg	–
14	비타민 C	• 결합조직 형성과 기능 유지에 필요 • 철의 흡수에 필요 • 유해산소로부터 세포를 보호하는 데 필요	비타민 C	30~1,000 mg	–
15	칼슘	• 뼈와 치아 형성에 필요 • 신경과 근육기능 유지에 필요 • 정상적인 혈액 응고에 필요 • 골다공증 발생 위험 감소에 도움 (2011. 11. 1 시행)	칼슘	210~800 mg	–
16	마그네슘	• 에너지 이용에 필요 • 신경과 근육기능 유지에 필요	마그네슘	94.5~250 mg	–
17	철	• 체내 산소 운반과 혈액 생성에 필요 • 에너지 생성에 필요	철	3.6~15 mg	특히 6세 이하는 과량섭취하지 않도록 주의
18	아연	• 정상적인 면역기능에 필요 • 정상적인 세포분열에 필요	아연	3.6~15 mg	–
19	구리	• 철의 운반과 이용에 필요 • 유해산소로부터 세로를 보호하는 데 필요	구리	0.24~7.0 mg	–

(계속)

번호	영양소	기능성 내용	기능성(지표)성분	일일섭취량	섭취시 주의사항
20	셀레늄(셀렌)	• 유해산소로부터 세포를 보호하는 데 필요	셀레늄(셀렌)	16.5~135 μg	-
21	요오드	• 갑상샘호르몬 합성에 필요 • 에너지 생성에 필요 • 신경발달에 필요	요오드	45~150 μg	-

3. 건강기능식품의 조건

건강기능 식품은 먹어서 효과가 나타나야 하며 화학구조가 밝혀져 있는 기능성 인자가 들어 있어야 하며, 그 인자들이 식품 중에서 결합형으로 있는지 유리형으로 있는지 밝혀져야 한다. 또한 기능성 성분의 작용 기전이 밝혀져 있어야 하고, 식품 중에 안정화 되어야 하며, 누구나 식품으로 받아들일 수 있어야 한다.

4. 건강기능식품에 사용할 수 없는 원료

원료의 특성상 독성이 있거나 약리작용이 강하여 건강기능식품에 사용하기에 적합하지 않은 원료들은 처음부터 건강기능식품에 사용하지 못하도록 목록을 정해놓고 있다.

① '건강기능식품의 기준 및 규격'표(표 12-5)를 포함하여 원료의 특성상 심각한 독성이나 부작용이 있는 것으로 알려져 있는 것

② 의약품의 용도로만 사용되는 원료 등 섭취방법 또는 섭취량에 대해 의·약학적 전문지식을 필요로 하는 것

표 12-5 건강기능식품에 사용할 수 없는 원료

식물성 원료	
감수(甘遂)	겔세민(Gelsemine)
견우자(牽牛子)	관동(款冬)
낙타봉(駱駝蓬)	다투라(Datura)
대극(大戟)	대황(大黃)
독미나리	등황(藤黃)
디기탈리스(Digitalis)	마두령(馬兜鈴)
마전자(馬錢子)	마편초(馬鞭草)
마황(麻黃)	만년청(萬年青)
면마(綿馬)	목단피(牧丹皮)
목방기(木防己)	목통(木桶)
반하(半夏)	방기(防己)
방풍(防風)	백굴채(白屈菜)
백부자(白附子)	백선피(白鮮皮)
베라트룸(Veratrum)	벨라돈나(Belladonna)
보두(寶豆)	복수초(福壽草)
부자(附子)	빈랑자
사리풀(Henbane leaf)	상륙(商陸)
석류피(石榴皮)	세네키오(Senecio)
스코폴리아(Scopolia)	스트로판투스(Strophanthus)
쓴쑥(Wormwood)	앵속(罌粟)
얄라파(Jalapae)	영란(鈴蘭)
요힘베(Yohimbe)	운향풀(루타그래베올랜스)
원화	위령선(威靈仙)
인도사목(印度蛇木)	저백피(樗白皮)
천남성(天南星)	천초근
청목향(青木香)	초오(草烏)
채퍼랠(Chaparral)	카바카바(Kava kava)
카스카라사그라다(Cascara sagrada)	카트(Khat)
컴프리(Comfrey)	콜로신스(Colocynth)
콜키쿰(Colchicum)	키나(Quina)
탠지(Tansy)	토근(吐根)

(계속)

식물성 원료	
투보쿠라린(Tubocurarine)	파두(巴豆)
팔각련(八角蓮)	해총
행인(杏仁)	황백(黃栢)
동물성 원료	
건조갑상선(Dried thyroid)	담즙 · 담낭(Bile & gall bladder)
맥각(麥角, Ergot)	반묘(斑猫, Blister beetle)
사독(蛇毒, Venom)	사람의 태반(Human placenta)
사람의 혈액(Human Blood)	사향(麝香, Musk)
섬수(Toad Venom)	오공(蜈蚣, Scolopendrae Corpus)
기타 원료	
로벨린 또는 그 염류(Lobeline or its salts)	불보카프닌 또는 그 염류(Bulbocapnine or its salts)
브루신 또는 그 염류(Brucine or its salts)	사비나유(Sabina oil)
세파란틴(Cepharanthin)	아가리틴 또는 그 염류(Agaritine or its salts)
아레콜린 또는 그 염류(Arecoline or its salts)	카이닌산(Kainic acid)
코타르닌 또는 그 염류 (Cotarnine or its salts)	트로파코카인 또는 그 염류 (Tropacocaine or its salts)
방사성물질(Radioactive substance)	

「식품의 기준 및 규격」 제2. 식품일반에 대한 공통기준 및 규격 5. 식품일반의기준 및 규격 12) 기타 유해물질 (1)부터 (3)까지에서 정한 화학구조가 의약품과 근원적으로 유사한 합성물질

출처: 식품의약품안전처, 2011

Chapter 13

미용 영양 소재

여성들뿐만 아니라 남성들도 연령에 상관없이 피부 보호나 아름다움을 위해, 또는 건강에 도움이 되고자 식품과 음식을 섭취하거나 얼굴이나 피부에 바르거나 약제로 복용한다. 대부분의 피부 미용을 위한 소재들은 영양소인 경우가 많으며, 이들은 화장품 등의 원료로도 사용된다. 레시틴이나 토코페롤 등은 천연항산화제로 사용된다.

1. 지방

지방은 자연계에 존재하는 동물체나 식물체에서 얻어지며, 예로부터 사용되어 온 대표적인 뷰티 식소재이다. 유지류는 고급지방산과 저급알코올의 에스테르 화합물이며 왁스류는 고급지방산과 고급알코올의 에스테르 화합물이다.

지방은 피부에 유연성을 제공하고 피부의 수분 증발을 막아서 건조를 방지하며, 피부에 소수성 피막을 형성하고 윤기를 준다. 또한 피부를 보호하며 화장품에 첨가하였을 때는 제품을 고형화하며 광택을 유지시킨다.

상온에서 액상이면 불포화지방산(예: 올레인산, 리놀레산, 리놀렌산)이며, 상온에서 고체이면 포화지방산(예: 스테아르산)이다.

1. 식물성 유지

식물의 잎이나 열매에서 추출하며 부패하기 쉬운 단점이 있고 피부 흡수가 느리다. 식물유 중 화장품의 원료로 사용되는 대부분이 불건성유로, 건성유는 거의 사용하지 않는다.

(1) 올리브유

올리브 나무의 열매를 냉동 · 압착하여 추출하는 대표적인 불건성유이다. 에탄올에 용해되며, 피부흡수가 좋고 윤활성이 있다. 각종 크림, 유액, 마사지용 오일로 사용한다. 알레르기를 유발할 수 있으나 비교적 피부에 잘 흡수되고 수분 증발 억제나 사용감 향상 등의 목적으로 이용한다.

(2) 동백유(Camellia oil)

동백의 종자에서 추출하며 올레인산이 많이 포함되어 항산화에 중요한 역할을 한다. 융점이 －15℃이므로 겨울철에도 액상이며 피부 흡수성이 좋다. 주로 모발용 화장품에 사용된다. 보습효과가 뛰어나다.

(3) 피마자유(Castor oil)

피마자 종자에서 추출하며 '아주까리'라고도 한다. 다른 식물류와는 달리 친수성이 높고 점도가 커서 에탄올과 잘 섞이고 착색료도 잘 용해되어 립스틱이나 네일 에나멜 등에 주로 사용된다.

(4) 야자유

야자의 종자에서 추출하며 저급지방산의 트리글리세리드를 많이 함유하고 있어서 피부 자극성이 있다. 주로 비누나 샴푸 등 씻어내는 제품에 사용된다.

(5) 포도씨유(Grape seed oil)

포도씨에서 추출하고 리놀레산이 함유되어 있다. 자극성과 알레르기성이 없으면서 사용감이 부드럽고 유분감이 적어서 보습제로 많이 사용한다.

(6) 카카오유

카카오의 종자에서 추출하며 초콜릿과 같은 냄새를 가진다. 융점이 31~35℃ 이므로 실온에서는 고체이지만, 피부에 도포하면 체온에 의해 녹는다. 각종 립스틱, 포마드, 비누 등의 원료가 된다.

(7) 경화유

불포화지방산의 글리세리드를 많이 포함하는 대두유나 어유 등은 상온에서 액체의 지방유이다. 그러나 수소를 첨가시켜 환원하면 불포화 결합이 포화되어 포화 지방산의 글리세리드가 되고 상온에서 고체의 지방으로 변한다. 주로 마가린의 용도이지만 비누나 공업용 스테아르산 등의 제조에도 사용된다.

(8) 목랍

거망옻나무의 과피에서 채취되는 지방으로 실온에서는 납상의 고체로 있으며 포마드의 원료로 중요하다. 립스틱과 볼연지 등의 유제 주요 원료로 사용된다.

Check point

- 건성유(Drying oil): 공기 중에서 산소를 흡수하여 산화중합되면 점성이 증가하고 고화된다. 요오드가가 130 이상인 기름이다. 아마인유, 호두기름, 생선유 등이 있다.
- 불건성유(Non-Drying oil): 산소와 결합하기 어려워 공기 중에 방치해도 고화 · 건조하지 않는 기름으로 동백기름, 올리브유 등이 있다. 요오드가가 100 이하이다.
- 반건성유(Semi-Drying oil): 요오드가 100~130 사이인 기름으로 불포화도가 높다. 참기름, 유채유, 미강유, 콩기름, 면실유 등이 있다.
- 요오드가(Iodine value, IV): 불포화지방산의 이중결합부위는 수소이온이나 할로겐원소에 의해 쉽게 부가반응을 일으키는 것을 이용해 유지의 불포화도를 측정하는 값으로 유지 100 g에 첨가되는 요오드의 g수를 말한다.

(9) 검은까치밤나무씨 오일(Black currant seed oil)

검은까치밤나무씨에서 추출하는 것으로 각질층을 보호하는 기능이 있다.

(10) 당귀 오일(Lovage oil)

당귀의 뿌리에서 추출하는 것으로 클렌징 효과 및 지성피부에 효과적이다.

(11) 당근 오일(Carrot oil)

당근의 뿌리에서 추출하는 것으로 클렌징과 정화 및 배수작용이 있다.

(12) 달맞이꽃 오일(Evening primrose oil)

달맞이꽃의 씨앗에서 추출하며 보습 및 세포재생 등의 효과가 있다.

(13) 로즈힙 오일(Rosehip oil)

칠레산 야생장미의 종자에서 추출한 것으로 피지선의 분비조절을 돕는다.

(14) 맥아 오일(Wheat germ oil)

밀의 배아(씨눈)를 냉동 · 압착하여 추출한 것으로 비타민 A와 E가 함유되어 있어서 항산화 효과가 있고 혈액순환을 돕는다.

(15) 마늘 오일(Garlic oil)

마늘로부터 추출하며, 항균작용이 있다.

(16) 마카다미아넛 오일(Macadamia nut oil)

상록수인 마카다미아넛의 열매에서 추출한 것으로 크림과 유액 및 립스틱에 사용한다.

(17) 목화씨 오일(Cotton oil)

목화의 씨에서 추출하며, 비누와 크림 및 유아용 크림 제조 등에 많이 사용된다.

(18) 박하 오일(Mint oil)

청량감과 방부 및 이완효과가 있고, 향료로 사용되기도 한다.

(19) 백리향 오일(Thyme oil)

강력한 방부효과가 있다. 고대로부터 보온과 자극 및 클렌징에 사용해 왔다.

(20) 삼나무 오일(Cypress oil)

방부제, 수렴제, 치료, 진정 및 항경련효과가 있다.

(21) 생강 오일(Cardamom oil)

방부와 방취의 성질이 있다.

(22) 살구씨 오일(Apricot kernel oil)

끈적임이 적고 유연성이 좋다.

(23) 클라리 세이지 오일(Clary sage oil)

진정과 항염증효과가 있으며, 향료로 사용된다.

(24) 아몬드 오일(Almond oil)

각종 크림과 유액 및 마사지 오일 등에 사용한다.

(25) 아보카도 오일(Avocado oil)

피부친화성과 퍼짐성이 좋다.

(26) 유칼립투스 오일(Eucalyptus oil)

방부와 감염방지 및 혈액순환 촉진 등의 효과가 있다.

(27) 자스민 오일(Jasmine oil)

건성피부와 민감성 피부 및 피부염을 가진 피부에 사용한다.

(28) 제라늄 오일(Geranium oil)

청량감과 항자극 및 수렴 등의 효과가 있다.

(29) 카모마일 오일(Chamomile oil)

모세혈관벽 구성인자, 항알레르기, 방부제, 냉각작용, 진통 및 치료작용 등이 있다.

(30) 코코넛 오일(Coconut oil)

크림 베이스로 사용되며, 비누의 원료를 비롯하여 연고와 마사지크림 및 자외선 차단제품 등의 원료물질이다.

(31) 해바라기씨 오일(Sunflower seed oil)

크림의 원료로 많이 사용된다.

(32) 파슬리 오일(Parsley oil)

비타민 A와 C를 비롯하여 칼슘 및 철분이 많이 함유되어 있으며, 진정과 항가려움 및 방부제로 사용된다.

(33) 쌀 오일(Rice oil)

복합성 피부를 위한 제품에 사용된다.

2. 동물성 유지

동물의 피하조직이나 장기에서 추출하므로 정제하여 사용한다. 피부친화성이 좋고 흡수가 빠르다.

(1) 난황유

계란의 노른자에서 추출하며 레시틴이 있어서 민감성 피부의 유화제로 사용한다. 비타민 A, D, E를 함유하여 영양크림에 사용된다.

(2) 밍크유

밍크의 피하지방에서 추출한다. 피부친화성이 좋아서 유액, 크림, 베이비 오일, 두발용으로 사용된다.

(3) 스쿠알렌

심해 상어의 간에서 추출한다. 인체 피지와 유사하며 피부친화성이 우수하여 보습제, 유연제로 사용된다. 무색투명하고 응고점이 낮아서 내한성 윤활유의 원료로도 사용되며, 사용감이 좋아서 크림과 같은 기초화장품과 그 밖의 화장품의 원료로 사용된다.

3. 왁스

고형의 유성성분으로 고급 지방산과 고급 알코올이 결합된 에스테르이다. 왁스는 화장품의 고형화와 광택부여 및 사용감을 향상시키기 때문에 립스틱과 제모용 왁스에 널리 사용된다.

(1) 호호바 오일

호호바 나무의 열매를 냉동 · 압착하여 추출한다. 화학적으로 트리글리세리드를 가지지 않기 때문에 보통의 식물유와는 다르며, 고급 지방산과 고급 알코올의 에스테르 화합물로 액체 왁스에 속한다. 인체의 피지 성분과 유사하여 피부친화성과 퍼짐성이 좋다. 각종 화장품의 유성기제로 사용된다.

(2) 카르나우바 왁스

브라질산 카르나우바 야자나무의 잎에서 추출한다. 융점이 80~86℃로 식물성 왁스 중 가장 높고, 광택성이 뛰어나다. 립스틱이나 고형 마스카라 등 스틱형의 화장품 및 제모용으로 사용된다.

(3) 칸델리라 왁스

칸델리라 식물의 줄기에서 추출한다. 융점은 68~72℃이다. 립스틱, 고형 마스카라 등 스틱형의 화장품에 주로 사용된다.

(4) 밀랍

벌집에서 추출한다. 유럽산이 동양산보다 유리지방산을 더 많이 함유한다. 융점은 60~67℃이다. 촉감이 부드러워 크림, 로션, 파운데이션, 아이섀도, 마스카라 등 화장품 전반에 사용되지만 피부 알레르기를 유발할 수 있다.

(5) 경납

고래의 머리 부분에 있는 납질의 고형성분을 정제하여 얻는다. 펄 광택이 나는 반투명의 백색 납이다. 융점이 42~50℃이다. 유화되기 쉬우며, 크림이나 립스틱에 사용된다. 근래에는 고래잡이의 금지로 합성 경납을 사용한다.

(6) 라놀린

양털에서 추출되는 반고체의 양모지를 정제하여 얻어진다. 피부친화성, 부착성, 윤택성 등이 우수하다. 융점은 69~42℃이다. 기초 메이크업, 모발 화장품 등에 폭넓게 사용된다. 피부 알레르기를 유발할 수 있다.

2. 아미노산

천연보습인자이다. 보습제는 피부에 수분을 공급하여 피부건조를 방지한다.

Check point

보습제의 조건

① 적절한 수분흡수 능력이 있을 것
② 수분흡수 능력이 지속적일 것
③ 수분흡수 능력이 외부 환경조건에 영향을 잘 받지 않을 것
④ 수분흡수 능력이 피부와 제품에 영향을 끼칠 것
⑤ 점도가 적당할 것
⑥ 사용감이 좋으며 피부친화성이 좋을 것
⑦ 안정할 것

천연보습제에는 요소, 젖산염, 피로리돈카르본산염이 있다. **고분자 보습제류**에는 히아루론산염, 콘드로이친황산염, 가수분해콜라겐, 베타인 등이 있다.

3. 비타민

(1) 비타민 A 팔미테이트

'레티닐 팔미테이트'라고도 한다. 비정상적인 각질화 피부와 건성피부를 치유하는 작용을 한다. 비타민 A는 쉽게 산화되므로 에스테르 타입인 비타민 A 팔미테이트가 주로 사용된다.

(2) 레티놀

레틴산의 전구물질로 쉽게 산화된다. 잔주름 개선효과가 있다.

(3) 비타민 B_2

'리보플라빈'이라고도 한다. 입술 주변의 염증이나 지루성 피부염 등을 예방한다. 과다사용 시에는 광과민증을 일으킨다.

(4) 비타민 B_6

'피리독신'이라고 한다. 피지분비 억제작용이 있다.

(5) 비타민 C 팔미테이트

'아스코르빌 팔미테이트'라고도 한다. 콜라겐 합성 촉진이나 피부 미백 등의 효과가 있다. 비타민 C 자체는 쉽게 산화되며 수용성으로 피부 흡수가 용이하지 않으므로, 비타민 C의 안정성을 높이고 피부 흡수를 촉진하기 위해 에스테르 타입인 비타민 C 팔미테이트로 주로 사용한다.

(6) 비타민 E 아세테이트

'토코페릴 아세테이트'라고도 한다. 혈행촉진과 노화억제 및 유해산소 제거 등의 효과가 있다. 비타민 E 자체는 쉽게 산화되므로 에스테르 타입인 비타민 E 아세테이트를 사용한다. 피부에 흡수된 후 에스테라제에 의해 비타민 E로 전환된다.

(7) 디 - 판테놀

비타민 B_5(D−판토텐산)의 전구체이다. '프로비타민 B_5' 또는 '판토테닐알코올'이라고도 한다. 세포증식을 돕고, 끈적임 없이 보습 효과를 부여한다. 피부 진정효과로 민감성 화장품 및 선탠 제품에 사용된다. 피부 자극이 판토텐산보다 적고 피부 흡수가 용이하다.

(8) 비오틴

'비타민 H'라고도 한다. 세포성장인자이며 결핍되면 지루성 피부염이 발생한다. 손상된 케라틴 단백질을 회복시키므로 손톱이나 모발 등의 치유에 사용한다.

4. 카테킨(catechin)

알킬로이드(티오필린, 티오브로민)에 의한 지방가수분해를 촉진하며, 식이섭취 감소 작용이 있다. 녹차의 카테킨류(EGCG)는 항산화 효과가 있다.

표 13-1 녹차의 성분과 효능

성분	효능
카테킨(Catechin)	항산화, 항돌연변이, 항암, 혈중 Cholesterol 저하, 혈압상승 억제, 혈당상승 억제, 혈소판 응집 억제, 항균, 항virus, 충치예방, 항알레르기, 항궤양
카페인(Caffeine)	중추신경 흥분, 수면방지, 이뇨, 항천식, 대사활성화
비타민C	항괴혈병, 항산화, 암 예방, Cholesterol 저하
비타민E	항산화, 암 예방
플라보놀(Flavonol)	모세혈관 저항성 증가, 항산화, 혈압강하
폴리삭차라이드(Polysaccharide)	혈당상승 억제
β-카로틴	항산화, 암 예방, 면역반응 증강
γ-아미노부틸라이트	혈압상승 억제
사포닌(Saponin)	항암, 항염증

카테킨의 종류에는 카테킨, 갈로카테킨, 에피카테킨갈레이트, 에피갈로카테킨갈레이트 등이 있다. 강력한 항산화 작용으로 피부노화를 예방한다.

부 록

1. 미용 분야 국제자격증

ITEC(International Therapy Examination Council) 국제자격증

(1) 영양과 식이요법 및 대체의학 치료사 자격증 취득을 위한 과목

(Diploma in Diet & Nutrition for Complementary Therapists)

ITEC Level 3 Diploma in Diet and Nutrition for Complementary Therapists
Unit 7 Diet and Nutrition for Complementary Therapists
Recommended guided learning hours–100
Pre–requisite *– Students must hold an ITEC Diploma in a Complementary Therapy or ITEC Diploma in Body Treatments or equivalent*
QCA Qualification Accreditation Number: 100/2445/1

Learning outcome	Underpinning knowledge
Students will be able to 1. Understand and explain the structure and function of the organs and accessory organs of the digestive system	To include: • Alimentary canal · Salivary glands · Tongue · Epiglottis • Oesophagus · Stomach • Small intestine (Jejunum, Ileum, Duodenum) · Appendix • Large intestine · Rectum · Anus • Accessory organs · Liver · Gall bladder · Pancreas
2. Understand and explain the process of absorption	To include: • Process of absorption of nutrients by the villi and lacteals contained in the small intestine
3. Understand and explain the process by which food stuffs are broken down by the alimentary canal during the digestive process	To include: • Action of Rennin, hydrochloric acid and pepsin in the stomach • Action of pancreatic juice, i.e. trypsin, lipase, amylase on peptones, fats and polysaccharides • Action of bile on fat to include the action of intestinal juice·maltase, sucrase, lactase on disaccharides
4. Understand and explain the function and where in the digestive system you would find the following	• Enzyme · Proteins · Peptones · Polypeptides • Amino acids · Carbohydrates · Disaccharides • Monosaccharides · Fats · Fatty acids

(계속)

Learning outcome	Underpinning knowledge
5. Understand and explain the causes of the following diseases and disorders of the Digestive system	To include: • Appendicitis · Cirrhosis of the liver · Jaundice · Heartburn • Irritable bowel syndrome (IBS) · Ulcer · Hernia · Stress • Anorexia Nervosa · Bulimia Nervosa · Constipation • Gall stones · Diarrhoea, Constipation · Candida • Diverticulitis · Crohn's disease · Coeliac disease • Ulcerative colitis
6. Understand and explain the interrelationship of the digestive system with other systems of the body	To include: • Circulatory · Endocrine · Lymphatic · Muscular · Nervous
7. Understand and explain the effect of factors on dietary requirements	To include: • Age · Body size · Gender · Occupation · Pregnancy • Elderly and sedentary adults ·Menopause
8. Understand and explain the function of water in the diet and it's effects	• Hydration · Forms 95% of plasma · Bathes the tissues
9. Understand and explain the effects of dehydration on the body	To include: • Thirst · Headaches · Toxicity and the strain placed on other organs, e.g. skin and liver
10. Understand and explain calorie and kilojoule	To include: • Definition of a calorie · Definition of a kilojoule
11. Understand and explain the role of carbohydrates in the diet	To include: • Monosaccharides · Disaccharides · Starch • Non starch polysaccharides · Sources of carbohydrates • Simple and complex carbohydrates and their nutritional value • Medical conditions resulting form excessive intake of simple sugars
12. Understand and explain the role of fats/lipids in the diet	To include: • Function of fat in the diet · Properties of fat • Differences between saturated, unsaturated, monounsatu-rated, polyunsaturated fatty acids and essential fatty acids: gamma linolenic acid, omega 3 & 6, trans fats • Identify sources of fat • Recommended daily allowances/intake

(2) 영양학 및 식이요법 시험 예

1	**Ingestion takes place in the:**		1
A Stomach		**B** Small intestine	
C Mouth		**D** Large intestine	
2	**Coeliacs disease is defined as an intolerance to:**		2
A Proteins		**B** Dairy	
C Zinc		**D** Gluten	
3	**The action of pepsin is to:**		3
A Curdle milk		**B** Break down proteins to pep?tones	
C Break down polypeptides into amino acids		**D** Break down polysaccharides to disaccharides	
4	**A deficiency of vitamin K could be the cause of:**		4
A Anaemia		**B** Lack of energy	
C Haemorrhaging		**D** Slow wound healing	
5	**Excessive intake of simple sugars could result in:**		5
A Anorexia		**B** Obesity	
C Constipation		**D** Diarrhoea	
6	**The symptoms of hypoglycaemia include:**		6
A Disturbed behaviour, over activity		**B** Increased thirst, frequent urination	
C Impulsiveness, aggressiveness		**D** Dizziness, hunger	
7	**Sources of magnesium can be found in:**		7
A Cocoa powder, sunflower seeds		**B** Curry powder, ground ginger	
C Chicken stock cubes, Soya mince		**D** Lamb's kid?neys, dried mushrooms	
8	**Hydrochloric acid activates the enzyme:**		8
A Trypsin		**B** Rennin	
C Lactase		**D** Pepsin	
9	**Coffee interferes with the absorption of: they consume:**		9
A Iron		**B** Zinc	
C Calcium		**D** Vitamin D	
10	**For optimum results athletes should ensure**		10
A Proteins		**B** Fats	
C Carbohydrates		**D** Vitamins	

2. 피부와 미용관련사이트

관련학회/기관

대한한방피부미용학회	http://www.hanbangbeauty.com/
대한화장품공업협회	http://www.kcia.or.kr
한국아로마테라피협회	http://www.worldaroma.co.kr
대한향기협회	http://www.aroma.or.kr
CIDESCO	http://www.cidesco.com/
ITEC	http://www.itecworld.co.uk/

3. 식품의 지방, 지방산 및 콜레스테롤 함량

식 품 명	총 지방량 (g)	콜레스테롤 (mg/100g)	p/s	지 방 산(%)			
				포화	올레산	리놀레산	리놀렌산& PA, DHA, AA
달걀	11.2	470	0.51	34.1	43.6	13.4	3.8
노른자	31.2	1,300	0.51	37.5	43.6	13.4	3.8
흰자	0	1		32.4	41.7	12.7	8.2
우유	3.5	11	0.05	54	24.9	2.7	0.5
모유	3.5	15	0.48	39	36.4	15	2.6
조제분유	26.8	28	0.45	45	32.4	18.9	1.5
가공 치즈	26	80	0.03	65.2	24.8	1.6	0.7
식빵	3.8	0	1.68	24	34.2	31.9	7.9
쌀밥	0.5	0	1.06	34.9	25.2	37.1	1.4
땅콩	49.5	0	1.67	15.5	48.2	31.2	0.2
호두	68.7	0	7.23	10	14.9	61.2	13.4
마요네즈	72.5	200	3.83	11.1	44.9	33.2	9.4
새우	0.5	130	2	22.7	22.6	1	42
오징어	1	300	1.57	34.4	3.5		56.2
굴	1.8	50	1.37	34.5	10.9	2.3	28.4
어묵	7.2	30	0.36	39.9	40.8	12.6	1.5
연어	8.4	65	1.2	22.3	23.4	0.8	21.9
고등어	16.5	55	1.04	27.6	26.5	1.4	24.4
대구	0.4	60	2.6	22.9	12.7	0.5	54.3

(계속)

식 품 명	총 지방량 (g)	콜레스테롤 (mg/100g)	p/s	지 방 산(%)			
				포화	올레산	리놀레산	리놀렌산& PA, DHA, AA
안심	16.2	70	0.06	42.1	44.2	2.6	0.1
쇠간	3.7	240	0.69	39.2	19.8	9.9	9.3
돼지(등심)	25.7	55	0.25	42.5	42.5	9.5	0.9
돼지(삼겹살)	38.3	60	0.25	42.4	42.3	9.7	0.8
베이컨	39.1	60	0.24	40.3	44.9	8.4	1.1
소시지	24.8	60	0.35	38.1	43.8	12	1
햄	13.8	40	0.28	41.1	42.9	9.5	1.6
닭가슴살	2.4	70	0.59	32.4	41	14.7	3.5
닭다리 (껍질포함)	14.6	95	0.58	31	43.2	15.2	2.3

*자료 : 농촌진흥청 농촌생활연구소, 식품성분표 제7차 개정, 2006
- P/S : 불포화지방산/포화지방산
- EPA : Eicosapentaenoic acid
- DHA : Docosahexaenoic acid
- AA : Arachidonic acid
- 식품의 지방, 지방산, 콜레스테롤 함량

4. 식품 중에 함유된 총 식이섬유 함량(g/100 g 가식부)

식 품 명	총 식이섬유 g/100g 가식부	식 품 명	총 식이섬유 g/100g 가식부
냉면	3.73	가래떡	1.06
밀가루(중력분)	3.36	떡, 시루떡	4.95
빵가루	4.46	떡, 인절미	1.73
국수(마른 것)	2.64	옥수수	3.75
라면	3.09	조	4.56
빵, 곰보빵	4.51	혼합잡곡	6.88
도넛(링도넛)	2.12	감자	1.42
롤빵	2.80	고구마	3.76
스낵과자-감자스낵	3.01	당면	1.56
스낵과자-새우깡	2.69	초콜릿	1.59
스낵과자-옥수수	1.71	강낭콩	19.15
식빵	3.45	녹두(깐 녹두)	8.15
식빵-옥수수식빵	4.28	대두	16.67

(계속)

식 품 명	총 식이섬유 g/100g 가식부	식 품 명	총 식이섬유 g/100g 가식부
초코파이	2.05	두부	2.47
카스텔라	1.79	두유	1.52
케이크-생크림케이크	0.60	완두콩	6.75
케이크-파운드케이크	0.74	팥	17.59
과자, 버터링쿠키	2.85	묵, 도토리묵	1.21
크래커, 에이스크래커	2.52	들깨가루	13.38
빵, 단팥빵	4.71	땅콩	3.32
피자	2.72	밤	3.59
햄버거	2.98	참깨	11.81
보리	11.20	가지	1.85
수수	6.95	고구마줄기(익힌 것)	3.90
시리얼-콘푸로스트	1.77	고사리(익힌 것)	5.14
시리얼-아몬드플레이크	3.07	풋고추	4.68
현미	3.29	고춧잎	4.56
백미	1.51	근대	2.95
찹쌀	0.60	갓김치	3.97
깍두기	2.84	나박김치	1.54
동치미	0.79	취나물	5.80
배추김치	2.98	콩나물	2.55
백김치	1.43	토란대(익힌 것)	4.41
열무김치	3.32	토마토	1.34
오이소박이	2.50	토마토주스	0.76
총각김치	2.89	파	2.63
파김치	5.05	피망	2.43
깻잎	7.90	늙은 호박	3.43
냉이	5.68	애호박	1.40
당근	3.06	느타리버섯	1.70
더덕	5.10	양송이버섯	2.36
도라지	3.99	팽이버섯	2.94
마늘	5.90	표고버섯(생것)	2.44

(계속)

식 품 명	총 식이섬유 g/100g 가식부	식 품 명	총 식이섬유 g/100g 가식부
마늘쫑	5.35	요구르트(호상)	0.18
무	1.49	당근 주스	0.04
무청	2.26	감	2.46
미나리	2.46	귤	1.12
배추	1.50	대추(건과)	12.75
부추	2.11	딸기	1.82
브로콜리	2.86	멜론	0.89
상추	1.83	바나나	1.85
생강	2.88	배	1.76
셀러리	1.38	복숭아	2.05
숙주나물	1.81	사과	1.40
시금치	3.24	수박	0.16
쑥	8.55	오렌지	1.95
쑥갓	2.27	오렌지주스	0.10
아욱	4.21	자두	2.18
양배추	2.18	참외	1.13
양파	1.47	포도	1.93
연근	2.31	건포도	3.58
오이	1.46	포도주스	0.02
소시지(비엔나소시지)	0.00	우엉	4.10
햄	0.00	고춧가루	39.69
돼지고기 가공품 (런천 미트)	0.00	강낭콩	19.15
어묵(튀김어묵)	0.00	팥	17.59
김(조선 김)	33.60	대두	16.67
다시마(말린 것)	27.56	들깨가루	13.38
미역(말린 것)	43.43	대추(건과)	12.75
파래	4.60	깨	11.81

5. 각 나라의 식생활 지침

(1) 미국의 식생활 지침

- 적정한 체중을 유지한다.
- 매일 꾸준히 운동한다.
- 포화지방이나 콜레스테롤이 많은 식품의 섭취를 줄인다.
- 설탕의 섭취를 줄인다.
- 소금의 섭취를 줄인다.
- 알코올은 적당히 섭취한다.

(2) 일본의 식생활 지침

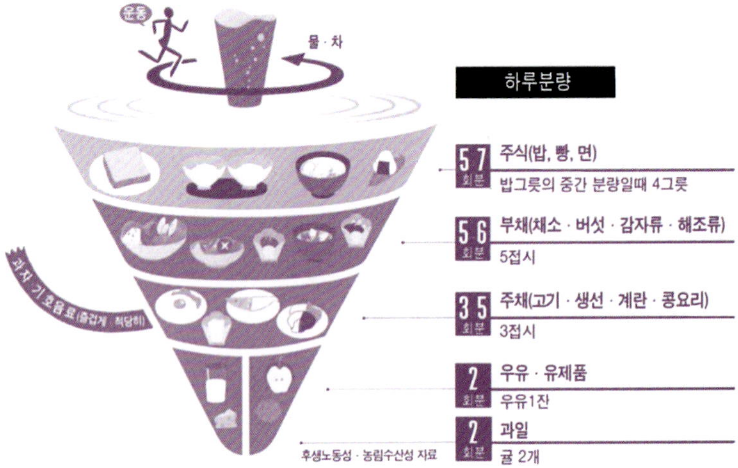

후생노동성 · 농림수산성 자료

- 식사를 즐겁게 한다.
- 채소, 과일, 우유, 유제품, 콩, 생선 등을 골고루 섭취한다.
- 식염을 과잉 섭취하지 않는다.
- 동물성 지방보다 식물성 지방을 섭취한다.
- 적정체중을 유지하고 매일의 활동에 알맞은 식사를 한다.

(3) 영국의 식생활 지침

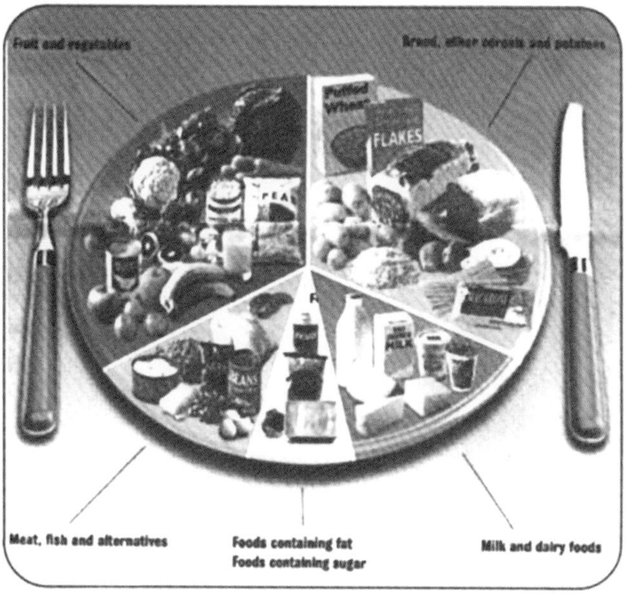

- 여러 가지 음식을 고루 섭취한다.
- 적정체중을 유지하고 운동한다.
- 포화지방을 너무 섭취하지 않는다.
- 전분과 섬유소가 많은 식품을 섭취한다.
- 단 음식을 많이 섭취하지 않는다.
- 비타민과 무기질을 충분히 섭취한다.
- 알코올은 적당량 섭취한다.
- 염분이 적은 음식을 섭취한다.
- 칼슘이 많이 함유된 식품을 섭취한다.

(4) 캐나다의 식생활 지침

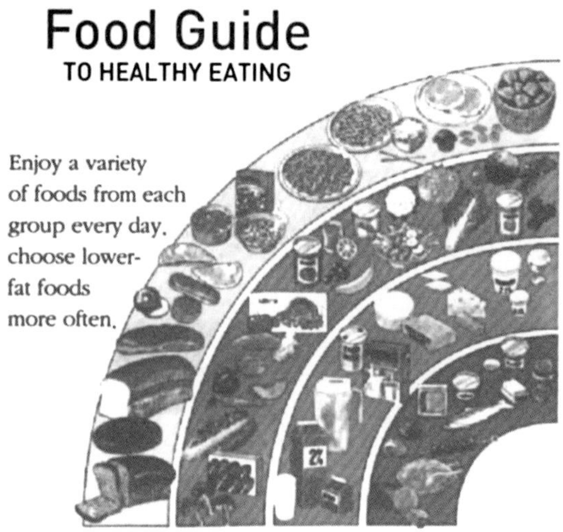

- 다양한 식품을 섭취한다.
- 저지방 유제품과 지방이 적은 육류 등을 섭취한다.
- 정기적인 운동과 건강한 식사로 정상체중을 유지한다.
- 소금, 알코올, 카페인을 제한한다.
- 곡류, 채소류, 과일류를 충분히 섭취한다.

(5) 중국의 식생활 지침

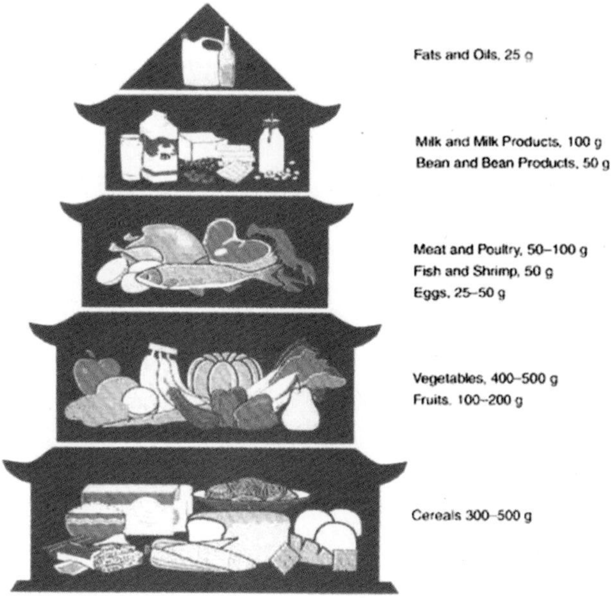

- 다양한 식품을 섭취한다.
- 채소와 과일을 충분히 섭취한다.
- 유제품이나 두류 등의 식품을 매일 섭취한다.
- 동물성 지방의 섭취를 줄이고 생선류나 가금류 등을 골고루 섭취한다.
- 염분과 지방이 적은 식사를 한다.
- 적정 체중을 유지하기 위해 식사와 운동의 균형을 유지한다.
- 절주한다.
- 비위생적인 음식은 먹지 않는다.

(6) 호주의 식생활 지침

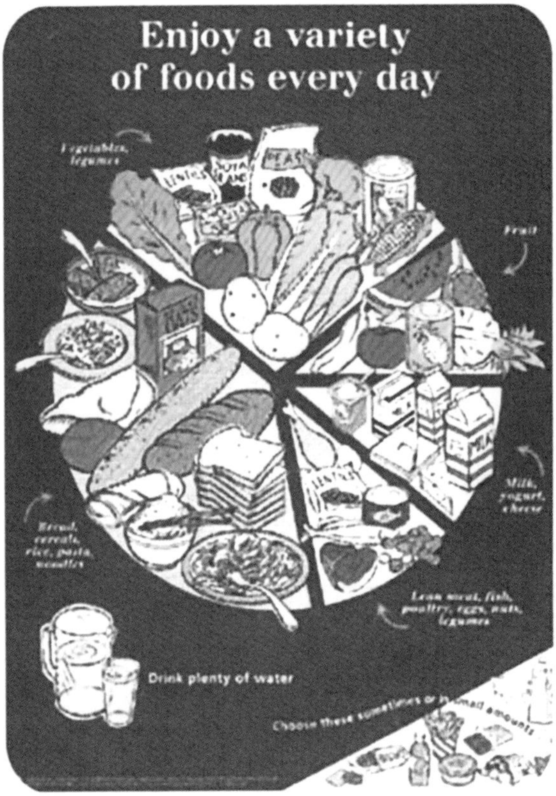

- 적정 체중을 유지하고 운동한다.
- 채소와 과일을 충분히 섭취한다.
- 포화지방이 적은 식사를 하고 염분이 적은 식사를 한다.
- 설탕의 섭취를 줄인다.
- 칼슘이 많이 함유된 식품을 섭취한다.
- 절주한다.

참고 문헌

- 김기영·김봉인·강근영·권해진·김주리·김훈·신규옥·안경민·정인경·주은령·최성임, "미용인을 위한 해부생리학", 메디시언, 2016.
- 김기영·권오혁·김경란·김서희·김연숙·박은준·안경민·이숙영·이현숙·최은미, "에센스미용학개론", 메디시언, 2016.
- 김선효 외 5인", 식생활과 건강", 파워북 2013.
- 김세나 외 8인, "식품영양가표(제 2개정판)", 교문사, 2012.
- 김해남, "기초피부미용학", 정담미디어, 2013.
- 김화영 외 3인, "영양판정(2판)", 교문사, 2016.
- 김화영 외 13인, "영양 그리고 건강(제 3판)", 교문사, 2012.
- 농촌진흥청, "2011 표준식품성분표(제 8개정판)", 2012.
- 대한비만학회, "비만치료지침", 2015.
- 백형환 대표역자, "리핀코트의 그림으로 보는 생화학(제 4판)", 도서출판 신일북스, 2009.
- 변기원 외 4인, "고급영양학", 교문사, 2016.
- 보건복지부, 한국영양학회, "2015년한국인영양소 섭취기준", 2015.
- 안홍석·홍란희·김명숙·김문주·최성임·강신옥, "미용건강학", 파워북, 2007.
- 여상미, "미용학개론", 교문사, 2013.
- 이명천 외 7인, "운동영양학(8판)", 라이프사이언스, 2008.
- 이순례·심은경·이성·김경미·김현서, "미용피부학", 정담미디어, 2016.
- 이주희 외 5인, "대사를 중심으로 한 생화학", 교문사, 2013.
- 임국환·김미·박명준·박재원, "New 공중보건학", 지구문화, 2015.
- 장남수 외 8인, 여성과 맞춤영양, 교문사, 2011.
- 장유경·박혜련·변기원·이보경·권종숙, "기초영양학",2017.
- 전미순·최혜정·유승미·김희영 외, "공중보건학", 정담미디어, 2016.
- 질병관리청, "국민건강영양조사", 2014.
- 표영희·박은경·한영숙·장미혜·김주연·김인숙·김혜남, "메디컬스킨케어", 파워북, 2007.
- 한국해부생리학교수협의회, "생리학", 정담미디어, 2017.
- 한정순 외 3인, "현대인의 식생활과 건강(제2개정판)", 지구문화, 2016.

- Leslie Baumann, *Cosmetic dermatology 2nd*, McGrow Hill, 2009.
- Michele Grodner, Sylvia Escott–Stump, Suzanne Dorner, "*Nutritional foundations and clinical applications 6 ed, Elsevier*", 2016.
- DeBruyne, Pinna, Whithney, "*Nuutrition and Diet Therapy 7th ed*", Thomson, 2007.
- Michelle McGuire, Kathy A Beerman, "*National sciences from fundamentals to food 3rd edition*", Wadsworth, 2013.
- Dale B. Hahn, Wayne A. Payne, Ellen B. Mauer, "*Focus on health 11th edition*", McGraw Hill, 2013.
- Michele Grodner, Sara Long Roth, Bonnie C. Walkingshaw, "*Nutritional foundations and clinical applications A nursing approach 5th edition*", Elsevier, 2007.
- Pamela C. Champe, Richard A. Harvey, "*Lippincott's illustrated reviews Biochemistry 4th edition*", the Point, 2008.
- Robert D Lee. "*Nutritional assessment 5ed*", McGraw–Hill, 2010.
- Schiff, "*Nutrition for healthy living*", MGH, 2009.
- http://health.mw.go.kr 국가건강정보포털, 보건복지부.

찾아보기

ㅈ

ㅊ

ㅋ

ㅌ

ㅍ

ㅎ

기타

Essence

미용 영양학

1판 1쇄 인쇄 | 2021년 9월 10일
1판 1쇄 발행 | 2021년 9월 15일

지은이 | 한정순 · 권혜영 · 김경란
박민선 · 송미경 · 하명희

발행인 | 주병오 · 주민기

발행처 | 메디시인

등록번호 | 제 406-2005-000045호
등록일자 | 2005년 2월 16일

경기도 파주시 회동길 209 (파주출판도시)
대표전화 031-955-2777, 팩시밀리 031-955-7730

ISBN 979-11-90839-38-9
값 22,000원